Geomatik

Josefine Klaus
(Hrsg.)

Geomatik

Eine Einführung

 Springer Spektrum

Hrsg.
Josefine Klaus
Frankfurt am Main, Deutschland

ISBN 978-3-662-66273-1   ISBN 978-3-662-66274-8   (eBook)
https://doi.org/10.1007/978-3-662-66274-8

Die Deutsche Nationalbibliothek verzeichnet diese Publikation in der Deutschen Nationalbibliografie; detaillierte bibliografische Daten sind im Internet über http://dnb.d-nb.de abrufbar.

Planung/Lektorat: Simon Shah-Rohlfs
Springer Spektrum ist ein Imprint der eingetragenen Gesellschaft Springer-Verlag GmbH, DE und ist ein Teil von Springer Nature.
Die Anschrift der Gesellschaft ist: Heidelberger Platz 3, 14197 Berlin, Germany

Für Luise und Markus und eure anhaltende Inspiration und Unterstützung. Und für alle angehenden Geomatiker:innen.

Geleitwort

Ich schreibe dieses Vorwort bei rund 60° nördlicher Breite an der norwegischen West-
küste. Natürlich habe ich diese Information meinem Navigationssystem zu verdanken,
genauso wie verschiedenste Apps mich über die Entwicklung des Wetters oder mit topographischen Daten versorgen. Blitzschnell kann ich mich in einem mir völlig neuem
Gebiet orientieren und die Familie mit einem sensationellen Rastplatz und Ausblick auf
den Fjord überraschen oder das nächste Café ansteuern. Was heute selbstverständlich ist,
hat zur Zeit der Neuordnung des Berufsbildes Geomatik seinen Anfang genommen und
wäre zur Ausbildungszeit der meisten Berufsschullehrer noch eher als Science-Fiction
eingestuft worden. Diese Entwicklung der Geodienste hätte in den 1980er-Jahren nur
ungläubiges Staunen verursacht, eine Zeit in der man noch mit Landkarten unterwegs
war und das Berufsbild Kartograph stark von der graphischen Komponente geprägt war.
Seit der Neuordnung des Berufsbildes zur Geomatik im Jahr 2010 ist die Entwicklung
weiter vorangeschritten, zum Teil disruptiv geworden. Wir wissen heute schneller als
jemals zuvor und mit beeindruckender Präzision, wo Wuhan liegt und wie weit die
Krim von Berlin entfernt ist, aber hat sich dadurch die Erkenntnislage verbessert? Sind
heutige Auszubildende besser in der Lage, Rauminformationen zu generieren, Geobasisdaten zielführender zu nutzen und mehrdimensionale Geoprodukte zu entwickeln als die
Generation „analog"?

Diese Fragen lassen sich nach der Lektüre des vorliegenden Lehrbuches vielleicht
beantworten, denn hier geht es um ein Lehrbuch der Geomatik, welches von einer Ver-
treterin der neuen Generation Geomatiker:innen herausgegeben wird: Josefine Klaus
hat im Sommer 2018 ihre Ausbildung zur Geomatikerin erfolgreich abgeschlossen und
unmittelbar danach den Entschluss gefasst, in einem Lehrbuch die wesentlichen Inhalte
der Ausbildung darzustellen. Ihr Studium der Kulturwissenschaften in Leipzig ermög-
lichte eine akademische Sichtweise auf die Ausbildung. Das Lehrbuch orientiert sich
an den Lernfeldern des Rahmenlehrplans Geomatik und unterstützt zukünftige Auszubildende in der Prüfungsvorbereitung und in dem vorangestellten Berufsschulunterricht.

Gesellschaftliche Veränderungen sorgen für einen Verständniswandel im Umgang
mit frei verfügbaren Geodaten. Die Sensibilität gegenüber Rauminformationen sollte
zunehmen, und so ist es ein sehr anerkennenswerter Schritt, dieses Lehrbuch als eine

Begleitung für die Ausbildung zu verfassen und das Projekt in dieser Zeit abzuschließen. Durch technologische Innovationen verändern sich gerade in den Bereichen Geoinformationstechnik und Geodatenmanagement die beruflichen Anforderungen ständig. Die Berufe der Geoinformationstechnologie bekommen eine immer wichtigere gesellschaftliche Schlüsselstellung und die eingangs gestellten Fragen erhalten nochmals eine tiefere Bedeutung, da die zukünftigen Geomatiker:innen unsere Gesellschaft ganz wesentlich mitbeschreiben.

Josefine Klaus ermöglicht in Zusammenarbeit mit ihren ehemaligen Mitauszubildenden Julika Miehlbradt, Manuela Schäfer, Michael Franz und Richard Kupser den Auszubildenden einen Einstieg in die aktuelle Welt der Geomatikausbildung. Hier werden ganz pragmatisch die Ausbildungsinhalte thematisiert und wichtige Hinweise zum Fachverständnis gegeben. Ein Buch aus der Praxis und der eigenen Erfahrung, welches den Auszubildenden und allen Lehrenden und an der Branche Interessierten eine wichtige Unterstützung bietet. Die Ausbildungskommission der DGfK hat lange über mögliche Lehr- und Lernhilfen diskutiert. Durch die Maßnahmen während der Coronazeit hat der Berufsschulunterricht einen neuen Blickwinkel auf Digitalität und soziale Lernformen erfahren. Die verschiedensten Formate von Workshops über Onlinetools wurden erprobt und man begleitet die Entwicklung und unterstützt junge Menschen, die das Berufsbild Geomatik für sich entdecken. Die Ausbildungskommission ist sehr froh über dieses in sich geschlossene Lehrbuch, über den aktuellen Austausch und wünscht dem Buch und seinen Leser:innen sehr viel Erfolg!

Dirk Zellmer Leiter der Ausbildungskommission der DGfK

Vorwort

Im Jahr 2010 wurde die Ausbildung zur/zum Geomatiker:in erstmalig in Deutschland angeboten. Durch die Zusammenführung der Inhalte und Berufsfelder von Kartographie und Vermessungstechnik wurde ein neuer Ausbildungsberuf geschaffen, in dem die zeitgemäße Erfassung, Bearbeitung und Bereitstellung von Geodaten im Zentrum steht.

2016 habe ich die Ausbildung zur Geomatikerin beim Katasteramt Westerburg begonnen und am Landesamt für Vermessung und Geobasisinformation Rheinland-Pfalz in Koblenz 2018 beendet. Das zweite Lehrjahr konnte ich verkürzen und sah mich daher in der Situation, mir die Inhalte selbstständig erarbeiten zu müssen. Zu diesem Zeitpunkt ist das Skript entstanden, auf dem dieses Lehrbuch basiert. Mein damaliger Berufsschullehrer hat davon Wind bekommen und mich ermuntert, eine Veröffentlichung anzustreben. Gemeinsam mit meinen ehemaligen Mitauszubildenden Julika Miehlbradt, Manuela Schäfer (Illustratorin), Michael Franz und Richard Kupser habe ich mich ans Werk gemacht.

Der Aufbau orientiert sich an den Lernfeldern des Rahmenlehrplans, um die aufeinander aufbauenden Inhalte im Zuge der Ausbildung logisch nachvollziehen zu können. Gleichzeitig haben wir uns die Freiheit herausgenommen, Themen in andere Kapitel zu verschieben, wenn es inhaltlich sinnvoll erschien. Einige praktische Themen werden genannt, aber nicht behandelt, da praktisches Lernen in der Praxis nach wie vor am besten funktioniert.

Wir wollen mit der Einführung keine Alternative zu den Inhalten und Übungen der Berufsschulen und Betriebe schaffen, sondern eine Ergänzung, die prüfungsrelevantes Wissen in komprimierter Form und mithilfe verschiedener Lernangebote vermittelt. Insbesondere soll das Werk der Prüfungsvorbereitung in den Prüfungsbereichen 3 und 4 dienen. Wir sind uns bewusst, dass die Ausbildung sich durch die länderspezifische Organisation in Bezug auf die Inhalte, Anforderungen und Strukturen unterscheidet. Gleichzeitig kann ein inhaltlicher Fokus entstehen, da wir alle die Ausbildung in Rheinland-Pfalz absolviert haben. Umso mehr versuchen wir, einen allgemeinen Überblick und Einblick in die Aufgaben in der Ausbildung und dem späteren Beruf als Geomatiker:in zu schaffen. Das gelingt, da wir alle in unterschiedlichen Betrieben gelernt und in unterschiedliche berufliche Richtungen weitergegangen sind.

Die Idee des Werks ist, Wissen und Kompetenzen von (ehemaligen) Auszubildenden für zukünftige Auszubildende aufzubereiten. Gleichzeitig wird immer wieder auf externe Lehr- und Lernangebote verwiesen, die bereits von vielen schlauen Köpfen erstellt wurden.

An dieser Stelle möchte ich mich insbesondere für die Zusammenarbeit mit Dirk Zellmer und der Ausbildungskommission der DGfK e. V. bedanken, die das Projekt von Anfang an mit Rat und Tat unterstützt haben.

Außerdem vielen Dank an die Lektor:innen:

Andrea Arens (Vermessungsingenieurin, FH), Andreas Gollenstede (Dipl.-Ing., LfbA Kartographie und Geoinformatik an der Jade HS, GIS-Dienstleister), Jessica Ziemke (Mediengestalterin), Laura Hallauer (Oberstudienrätin), Laura Miehlbradt (MA Sozialpädagogik, Geschäftsführung Katholischer Deutscher Frauenbund (KDFB) Landesbildungswerk Bayern e. V.), Luise Klaus (Humangeographin), Mario Sungen (Vermessungsingenieur, B. Sc.), Randolf Rüsch (Dipl.-Ing., Berufsschullehrer BBS Technik Koblenz), Prof. Dr. rer. nat. habil. Roland Pesch (Professur für Grundlagen und Anwendungen von Geoinformationssystemen an der Jade HS), Sigrid Napierala (Dipl.-Ing., Kartographin, Marketing und Öffentlichkeitsarbeit beim LGLN in der Regionaldirektion Oldenburg-Cloppenburg, FH).

Frankfurt   Josefine Klaus
der 29.08.2022

Inhaltsverzeichnis

Herausgeber- und Autorenverzeichnis

Über die Herausgeberin

Josefine Klaus hat 2018 ihre Ausbildung als Geomatikerin am Landesamt für Vermessung und Geobasisinformation RLP in Koblenz abgeschlossen. Sie studierte Kulturwissenschaften in Leipzig und war 2022 bei der Erstellung der kartenbasierten Geschichtsapp „Frankfurt History" beteiligt. Ihr Schwerpunkt ist niedrigschwellige und zeitgemäße Wissensvermittlung.

Autor*innenverzeichnis

Michael Franz Vermessungs- und Katasteramt Westeifel-Mosel, Bernkastel-Kues, Deutschland

Richard Kupser Oldenburg, Deutschland

Julika Miehlbradt Oldenburg, Deutschland

Illustratorin

Manuela Schäfer hat 2019 die Ausbildung zur Vermessungstechnikerin abgeschlossen und anschließend den Vorbereitungsdienst beim Vermessungs- und Katasteramt Westerwald – Taunus absolviert, wo sie seither arbeitet. Bereits 2010 hat sie eine Ausbildung zur staatlich geprüften Chemisch Technischen Assistentin Fachrichtung Umweltanalytik absolviert und studiert zur Zeit neben dem Beruf im Masterstudiengang „Angewandte Umweltwissenschaften" an der Universität Koblenz-Landau.

Betriebe der Geoinformationstechnologie vorstellen

Josefine Klaus

1.1 Lernziele und -inhalte

Ziel dieses Kapitels ist es, Aufbau, Organisation und Produkte der verschiedenen Ausbildungsbetriebe für Geomatiker:innen zu veranschaulichen. Besonders die berufsspezifischen rechtlichen Grundlagen und die Struktur des öffentlichen Vermessungs- und Geoinformationswesens stehen dabei im Fokus. Da Letzteres Ländersache ist, kommt es zu Unterschieden der Organisation in den einzelnen Bundesländern.

Darüber hinaus werden allgemeine Rechtsgrundlagen in Bezug auf Ausbildungs- und Arbeitsrecht aufgeführt und erläutert. Das duale System der Ausbildung wird ausführlich behandelt und die Rechte und Pflichten von Ausbildenden und Auszubildenden werden vorgestellt. In die für die berufliche Kompetenzbildung zentralen Themen Tarifrecht, Arbeits- und Umweltschutz und Urheberrecht wird eingeführt. Die Inhalte von Lernfeld 1 finden sich überblicksartig in Abb. 1.1.

1.2 Aufbau, Organisation und Produkte des Vermessungs- und Geoinformationswesens

Die Oberaufsicht des Vermessungs- und Geoinformationswesens in Deutschland liegt beim *Bundesministerium des Innern, für Bau und Heimat* (BMI). Dem BMI ist das *Bundesamt für Kartographie und Geodäsie* (BKG) nachgeordnet. Es bietet bundesweite Produkte und Dienstleistungen der öffentlichen Geoinformationsverwaltung an.

J. Klaus (✉)
Frankfurt am Main, Deutschland
E-Mail: josefine.klaus@posteo.de

J. Klaus (Hrsg.), *Geomatik,* https://doi.org/10.1007/978-3-662-66274-8_1

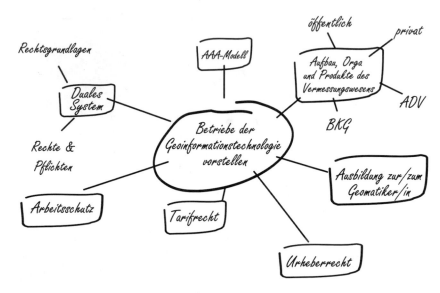

Abb. 1.1 Lernziele und -inhalte von Lernfeld 1

Das BKG ist in vier Abteilungen organisiert, die die verschiedenen Aufgabenbereiche des Bundesamtes bewältigen:

- Zentrale Dienste
- Geodienstleistungen
- Geodaten
- Geodäsie

(BKG 2020, o. S.).
Wesentliche Aufgaben des BKG sind:

- Bundesweite Bereitstellung räumlicher Bezugsysteme und Geobasisinformationen
- Mitarbeit bei Auf- und Ausbau einer Geodateninfrastruktur
- Entwicklung erforderlicher Technologien
- Beratung der Regierung auf den Gebieten Geodäsie und Geoinformationswesen
- Internationale Interessenvertretung Deutschland

(BKG 2018, S. 6/7).
Zu den Produkten des BKG gehören:

- „Gedruckte (analoge) und digitale topographische Karten [TK und DTK] und Informationssysteme [z. B. WebAtlasDE]

- Digitale Landschaftsmodelle [DLM]: Sie repräsentieren die künstlichen und natürlichen Objekte der Landschaft wie Siedlungen, Verkehrswege, Gewässer oder Bodenbedeckung in digitaler Form. […]
- Digitale Geländemodelle [DGM]: Sie stellen die Geländehöhen und -formen der Erdoberfläche dar und finden etwa bei der Planung von Verkehrsprojekten oder der Simulation von Überflutungsszenarien Anwendung.
- Das BKG erstellt die kleinmaßstäbigen Produkte, das heißt alle Produkte im Maßstabsbereich 1:200 000 bis 1:1 000 000; Daten und Karten in größeren Maßstäben werden von den Landesvermessungseinrichtungen bereitgestellt und vom BKG harmonisiert. Über sein Dienstleistungszentrum (DLZ) stellt das BKG topographische Geobasisdaten von Deutschland zur Verfügung." (BKG 2018, S. 8)

Um eine einheitliche Führung der erhobenen Daten und einen einfachen Zugriff auf diese zu gewährleisten, erarbeiten Bund, Länder und Kommunen eine gemeinsame *Geodateninfrastruktur für Deutschland* (GDI-DE). Sie soll auf nationaler und internationaler Ebene zu einem unkomplizierten, effizienten Geodatenaustausch beitragen, was unter anderem im Umweltmonitoring und Katastrophenschutz sinnvoll Anwendung findet. Dafür folgt sie der EU-Richtlinie INSPIRE (*Infrastructure for Spatial Information in Europe*). Die zentrale Onlineplattform des BKG zur Bereitstellung der verknüpften öffentlichen Geodaten ist das *Geoportal.de* (https://www.geoportal.de/) (BKG 2018, S. 10–11).

Eine ausführliche Darstellung des Aufbaus und der Funktion der GDI-DE und der internationalen Geodateninfrastruktur erfolgt in Kap. 9.

▶ **Definition** *Geobasisdaten/-informationen* „sind grundlegende amtliche Geodaten, welche die Landschaft (Topographie), die Grundstücke und die Gebäude anwendungsneutral in einem einheitlichen geodätischen Bezugssystem beschreiben" (BMI 2020a, o. S.). Sie werden von der Vermessungsverwaltung erhoben und bereitgestellt und dienen als Grundlage für Geofachdaten.

Geofachdaten „sind die in den jeweiligen Fachdisziplinen erhobenen Daten. Durch den Zusatz „Geo" wird deutlich, dass diese Daten einen Raumbezug besitzen" (BMI 2020, o. S.).

Eine einheitliche, bundesweite Verwaltung des amtlichen Vermessungswesens ist Ziel der *Arbeitsgemeinschaft der Vermessungsverwaltungen der Länder der Bundesrepublik Deutschland* (AdV). Diese ist zuständig für die

- Bundesweite Verwaltung der Landesvermessungen und Liegenschaftskatasters
- Entwicklung vereinheitlichender Empfehlungen und Regelungen des Vermessungswesens (Harmonisierung)
- Bundesweite Umsetzung gemeinsamer Vorhaben (und Zusammenarbeit mit fachnahen Institutionen)

- Entwicklung und Anwendung technischer Verfahren
- Stellungnahme zu Gesetzesentwürfen
- Fachbezogene Beratung (Organisation, Personal, Ausbildung, prüfungs-, kosten-, nutzungsrechtliche Angelegenheiten)
- Vertretung des amtlichen deutschen Vermessungswesens in der EU

Die AdV ist in fünf Arbeitskreise gegliedert:

- Raumbezug (AK RB)
- Geotopographie (AK GT)
- Liegenschaftskataster (AK LK)
- Informations- und Kommunikationstechnik (AK IK)
- Public Relations und Marketing (AK PRM)

(AdV 2017, o. S.).

1.2.1 Das amtliche deutsche Vermessungswesen

Wie einleitend bereits erwähnt ist die Katasterverwaltung in Deutschland Ländersache. Die Länder selbst stellen auf ihren jeweiligen Webseiten ausführliche Informationen über die Verwaltungsstrukturen und angebotenen Produkte zur Verfügung. Die Nutzung dieser Quellen wird an dieser Stelle nachdrücklich empfohlen.

Zwischen den einzelnen Bundesländern herrschen teilweise erhebliche Unterschiede in der Organisation der zuständigen amtlichen Institutionen (s. Tab. 1.1). Nachfolgend wird versucht, die allgemeingültigen Strukturen, hoheitlichen Aufgaben und Angebote der öffentlichen Vermessungs- und Geoinformationsverwaltung zu erläutern und in Abb. 1.2 abzubilden. Abweichungen zu länderspezifischen Besonderheiten und in den genauen Begrifflichkeiten sind möglich. Die jeweiligen Ausbildungsbetriebe für Geomatiker:innen und die länderspezifischen rechtlichen Grundlagen im Vermessungs- und Geoinformationswesen sollen laut Rahmenlehrplan im Berufsschulunterricht erarbeitet und vorgestellt werden.

Oberste Aufsichtsbehörde ist das jeweilige Innenministerium. Ihm obliegt die Dienstaufsicht über das Vermessungs- und Katasterwesen, es vertritt dieses außerhalb des eigenen Bundeslandes und erarbeitet Gesetze, Verordnungen und Richtlinien für die Erhebung, Führung und Übermittlung von Geobasisinformationen. Außerdem hat es den Vorsitz im Lenkungsausschuss für Geodateninfrastruktur inne.

Obere Vermessungs- und Katasterbehörden, wie z. B. Landesämter erheben landesweit Geobasisinformationen und stellen diese bereit. Sie gewährleisten den vermessungstechnischen Raumbezug und erstellen topographische Karten, Luftbilder und Orthophotos. Außerdem sind sie die Aufsichtsbehörde der jeweiligen

Tab. 1.1 Überblick über die länderspezifische Organisation des Vermessungs- und Geoinformationswesens in Deutschland

Organisation des Vermessungs- und Geoinformationswesens in den Bundesländern	
Baden-Württemberg	• Landesamt für Geoinformation und Landentwicklung (LGL), https://www.lgl-bw.de/Ueber-Uns/ • Landratsämter • Untere Flurbereinigungsbehörden • Verband der Teilnehmergemeinschaften Baden-Württemberg – Körperschaft des öffentlichen Rechts
Bayern	• Landesamt für Digitalisierung, Breitband und Vermessung (LDBV) – Oberste Dienstbehörde der Bayrischen Vermessungs-verwaltung (BVV), https://www.ldbv.bayern.de/vermessung/bvv.html • Ämter für Digitalisierung, Breitband und Vermessung
Berlin	• Senatsverwaltung für Stadtentwicklung und Wohnen, http://www.stadtentwicklung.berlin.de/wir_ueber_uns/organisation/ • Vermessungsämter Berlin, https://www.berlin.de/vermessungsaemter/
Brandenburg	• Landesvermessung und Geobasisinformation Brandenburg (LGB), https://geobasis-bb.de/lgb/de/ • Katasterbehörden
Bremen	• Landesamt GeoInformation Bremen, https://www.geo.bremen.de/
Hamburg	• Behörde für Stadtentwicklung und Wohnen, https://www.hamburg.de/bsw/ • Landesbetrieb Geoinformation und Vermessung Hamburg (LGV), https://www.hamburg.de/bsw/landesbetrieb-geo-information-und-vermessung/
Hessen	• Hessische Verwaltung für Bodenmanagement und Geo-information (HVBG), https://hvbg.hessen.de/ • Ämter für Bodenmanagement (ÄfB)
Mecklenburg-Vorpommern	• Amt für Geoinformation, Vermessungs- und Katasterwesen (AFGVK) im Landesamt für innere Verwaltung (LAiV), https://www.laiv-mv.de/ • Untere Vermessungs- und Geoinformationsbehörden (uVGB)
Niedersachsen	• Landesamt für Geoinformation und Landesvermessung Nieder-sachsen, https://www.lgln.niedersachsen.de/startseite/ • Katasterämter
Nordrhein-Westfalen	• Bezirksregierung Köln, https://www.bezreg-koeln.nrw.de/brk_internet/geobasis/index.html • Katasterbehörden

(Fortsetzung)

Tab. 1.1 (Fortsetzung)

Organisation des Vermessungs- und Geoinformationswesens in den Bundesländern	
Rheinland-Pfalz	• Landesamt für Vermessung und Geobasisinformation Rheinland-Pfalz (LVermGeo RLP), https://lvermgeo.rlp.de/de/startseite/ • Vermessungs- und Katasterämter (VermKÄ), https://lvermgeo.rlp.de/de/service/vermessungs-und-katasteraemter/
Saarland	• Landesamt für Vermessung, Geoinformation und Landentwicklung (LVGL), https://www.saarland.de/lvgl/DE/home/home_node.html • Außenstellen des LVGL
Sachsen	• Staatsbetrieb Geobasisinformation und Vermessung Sachsen (GeoSN), http://www.geosn.sachsen.de/ • Untere Vermessungsbehörden
Sachsen-Anhalt	• Landesamt für Vermessung und Geoinformation Sachsen-Anhalt, https://www.lvermgeo.sachsen-anhalt.de/
Schleswig-Holstein	• Landesamt für Vermessung und Geoinformation Schleswig-Holstein (LVermGeo SH), https://www.schleswig-holstein.de/DE/Landesregierung/LVERMGEOSH/lvermgeosh_node.html • Verschiedene Standorte für Abteilungen des Liegenschaftskatasters
Thüringen	• Thüringer Landesamt für Bodenmanagement und Geoinformation (TLBG), https://tlbg.thueringen.de/ • Katasterbereiche innerhalb des TLBG

unteren Vermessungs- und Katasterbehörden und der *Öffentlich bestellten Vermessungsingenieur:innen* (ÖbVI).

Hintergrundinformation

„Der *vermessungstechnische Raumbezug* wird realisiert durch ein bundesweit einheitliches, homogenes Festpunktfeld, das sich in die europaweiten und globalen Raumbezugssysteme einfügt und das durch länderspezifische Festpunktfelder ergänzt wird (LVermGeo o. D., o. S.)."

Bei den ÖbVI handelt es sich um einen freien Berufsstand, der aufgrund rechtlicher Zulassungen die gleichen Rechte und Aufgaben hat wie untere Katasterbehörden (in der Regel Vermessungs- und Katasterämter). Zu diesen Aufgaben gehören die Führung des Liegenschaftskatasters, der Bodenordnungsverfahren und der Eigentumsnachweise an Grund und Boden. Dazu gehört die Erhebung von Geobasisdaten und die Bereitstellung der Daten, z. B. in Form topographischer Karten oder online über Webservices. In Bayern gibt es den Berufsstand der ÖbVI nicht.

Abb. 1.2   Aufbau und Organisation des amtlichen Vermessungswesens

1.2.2   Private Betriebe

Zu den privaten Betrieben im Vermessungs- und Geoinformationswesen zählen

- Bauunternehmen
- Ingenieurbüros
- Vermessungsbüros
- IT-Firmen
- Kartographische Verlage
- ...

Sie übernehmen spezifische, nichthoheitliche vermessungs- bzw. informationstechnische oder kartographische Aufgaben.

1.3   Das AFIS-ALKIS-ATKIS-Modell

Auf nationaler Ebene hat sich im Bereich der Vermessungs- und Geoinformationstechnik der Einsatz von Standards und Nomen bewährt. Durch die länderspezifische Regelung des Vermessungswesens in Deutschland ist die Notwendigkeit einheitlicher Vorgehensweisen entstanden. Um dies zu realisieren, hat die AdV das *AFIS-ALKIS-ATKIS-Modell* (AAA-Modell) entwickelt (s. Abb. 1.3).

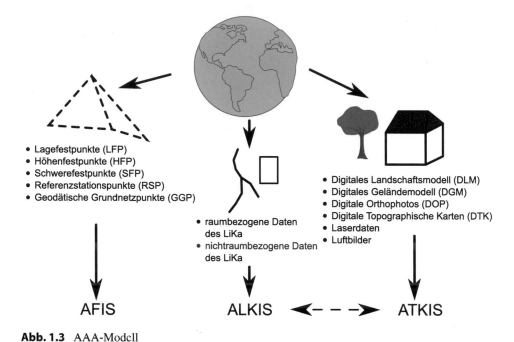

- Lagefestpunkte (LFP)
- Höhenfestpunkte (HFP)
- Schwerefestpunkte (SFP)
- Referenzstationspunkte (RSP)
- Geodätische Grundnetzpunkte (GGP)

- raumbezogene Daten des LiKa
- nichtraumbezogene Daten des LiKa

- Digitales Landschaftsmodell (DLM)
- Digitales Geländemodell (DGM)
- Digitale Orthophotos (DOP)
- Digitale Topographische Karten (DTK)
- Laserdaten
- Luftbilder

AFIS   **ALKIS** ←– – –→ **ATKIS**

Abb. 1.3 AAA-Modell

Ziel des Projekts ist die Bereitstellung der erhobenen Geobasisdaten in einer bundesweit einheitlichen Darstellung und Beschreibung der Informationen in digitaler Form für Verwaltung, Wirtschaft und private Nutzer (AdV 2021a, o. S.). Dabei stellen die Anforderungen an die Daten im AAA-Modell den Mindestinhalt dar. Je nach Bundesländern können spezifische Datensätze und Visualisierungsformen ergänzt werden. Das AAA-Modell trägt wesentlich zur Realisierung der Ziele der Geodateninfrastruktur Deutschland (GDI-DE) bei (mehr dazu in Kap. 9).

1.3.1 Normen und Standards

Normen und Standards dienen vorrangig dazu, einen niedrigschwelligen und nutzungsfreundlichen Datengebrauch und -austausch zu ermöglichen. Bei einem *Standard* handelt es sich um einen sogenannten De-facto-Standard, d. h., es ist eine weit verbreitete und übliche Vorgehensweise bzw. Struktur. Normierungsorganisationen können Standards durch offizielle Festlegungen und technische Regelungen zu einer *Norm* erheben (De-jure-Standard) (de Lange 2013, S. 234).

Diese Organisationen existieren auf nationaler und internationaler Ebene. So gibt es in Deutschland unter anderem das *Deutsche Institut für Normung e. V.* (DIN), in Europa das *Comité Européen de Normalisation* (CEN).

Die *International Organization for Standardization* (ISO) legt internationale Regelungen fest. Aufgebaut ist die Institution in sogenannte Technische Komitees (TC). Für die Erarbeitung von Standards und Normen zur Geoinformatik ist das *TC 211 Geographic Information/Geomatics* zuständig (de Lange 2013, S. 234–235). Eine weitere internationale Organisation ist das *Open Geospatial Consortium* (OGC), in dem mehr als 500 Institutionen an gebührenfreien, frei verfügbaren räumlichen Standards arbeiten. Die Mission von OGC folgt dem FAIR-Prinzip: „Make location information more *Findable, Accessible, Interoperable and Reusable*" (OGC 2021, o. S.).

An dieser Stelle wird der Besuch der jeweiligen Websites der Organisationen empfohlen, um ausführliche Informationen zu erhalten.

1.3.2 Amtliches Festpunktinformationssystem (AFIS)

Im *Amtlichen Festpunktinformationssystem* (AFIS) werden die Festpunkte des geodätischen Raumbezugs gespeichert. Dazu gehören die amtlichen *Lage-* (LFP), *Höhe-* (HFP) und *Schwerefestpunkte* (SFP). Außerdem werden dort die Nachweise der SAPOS-Referenzstationspunkte (RSP) und die Geodätischen Grundnetzpunkte (GGP) geführt (AdV 2021b, o. S.).

▶ SAPOS (Satellitenpositionierungsdienst der deutschen Landesvermessung) ist der Satellitenpositionierungsdienst der AdV zur flächendeckenden Herstellung des amtlichen Raumbezugs (AdV 2021c, o. S.).

Viele Länder stellen die Daten aus dem AAA-Modell kostenfrei und digital als Open Data zur Verfügung. So beispielsweise die *Landesvermessung und Geobasisinformation Brandenburg* (LGB) auf dem Portal *Geobroker*: https://geobroker.geobasis-bb.de/.

Die AFIS-Daten von Brandenburg werden mithilfe des Web Map Services (s. Kap. 9) *AFIS Brandenburg* bereitgestellt: https://geobroker.geobasis-bb.de/gbss.php?MODE=Ge tProductPreview&PRODUCTID=21a19f87-cff3-4143-bcbe-433fbde81988. Der Dienst ermöglicht die Auswahl verschiedener Layer, sodass je nach Bedarf die verschiedenen Datensätze auf AFIS ein- oder ausgeblendet werden können.

1.3.3 Amtliches Liegenschaftskatasterinformationssystem (ALKIS)

Das *Amtliche Liegenschaftskatasterinformationssystem* (ALKIS) verknüpft die Daten aus den bis dahin genutzten Systemen *Automatisierte Liegenschaftskarte* (ALK) und *Automatisiertes Liegenschaftsbuch* (ALB). Dadurch werden die raumbezogenen und nichtraumbezogenen Daten zukünftig redundanzfrei geführt. ALKIS wird mit dem *Amtlichen Topographisch-Kartographischen Informationssystem* (ATKIS) harmonisiert (AdV 2021d, o. S.).

Über Geobroker kann analog zur Datenbereitstellung von AFIS Brandenburg auf die ALKIS-Daten des LGB zugegriffen werden: https://geobroker.geobasis-bb.de/gbss.php? MODE=GetProductPreview&PRODUCTID=31591bca-bb40-4d8a-98ad-35efc37524c9.

1.3.4 Amtliches Topographisch-Kartographisches Informationssystem (ATKIS)

ATKIS beinhaltet analoge und digitale Topographische Karten (TK und DTK) und Digitale Landschafts- und Geländemodelle (DLM und DGM/DOM) zur Beschreibung der Erdoberfläche und Orthophotos (DOP) (AdV 2021e, o. S.). Exemplarisch kannst du dir die verschiedenen ATKIS-Produkte für Brandenburg unter „Daten der Geotopographie" auf dem Geobrokerportal (s. Link in Abschn. 1.3.2) ansehen.

In der *Dokumentation zur Modellierung der Geobasisinformationen des amtlichen Vermessungswesens* (GeoInfoDok) werden die technischen Umsetzungen des AAA-Modells beschrieben. Dazu gehören unter anderem die Metadaten, zusätzliche Informationen, die zusammen mit den erhobenen Geodaten gespeichert werden. Wird zum Beispiel ein Grenzstein neu gesetzt, werden zusätzlich zu den Koordinaten das genaue Datum der Einmessung, der oder die Verantwortliche und das Material des Grenzsteins gespeichert. Die aktuelle Version und der Stand der Migration in den jeweiligen Bundesländern finden sich unter www.adv-online.de/GeoInfoDok/.

Hintergrundinformation
Um dir besser vorstellen zu können, was das AAA-Modell beinhaltet, stelle dir eine Landkarte vor:
AFIS zeigt dir alle einzelnen Punkte auf dieser Karte an und gibt dir Informationen darüber, wo genau der jeweilige Punkt in Bezug zu den anderen Punkten liegt. ALKIS liefert die Linien – Straßen und Gebäudeumrisse –, die die Punkte verbinden, und schafft somit einen Überblick über die Gliederung des Bildes. ATKIS füllt alle Flächen aus und beschreibt das gesamte Gelände möglichst wirklichkeitsgetreu.
(Das Beispiel dient der Veranschaulichung des Prinzips und ist stark vereinfacht.)

1.4 Das duale System in der Berufsausbildung

Das duale System ist eine Form der Berufsausbildung, bei der zwei Lernorte für die Vermittlung der Ausbildungsinhalte zuständig sind. Demnach sind die Partner im dualen System der Ausbildungsbetrieb und die Berufsschule (s. Abb. 1.4). Letztere ist vorrangig für die Vermittlung der Fachtheorie verantwortlich. Der jeweilige Betrieb vermittelt die praktischen und theoretischen Fachkompetenzen. Der Berufsausbildungsvertrag, den der oder die Auszubildende und der Ausbildungsbetrieb schließen, bildet die rechtliche Grundlage der Ausbildung. Darüber hinaus gelten weitere allgemeine

Abb. 1.4 Parteien im dualen
System der Berufsausbildung

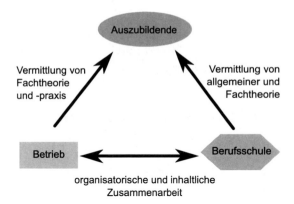

und berufsspezifische Vorschriften, die im Rahmen einer Ausbildung beachtet werden müssen. Die wichtigsten sind:

- Berufsbildungsgesetz (BBiG), https://www.gesetze-im-internet.de/bbig_2005/
- Arbeitsgesetze (ArbG) (insbesondere das Arbeitszeitgesetz (ArbZG) für erwachsene Auszubildende), https://www.gesetze-im-internet.de/arbzg/
- Jugendarbeitsschutzgesetz (JArbSchG), https://www.gesetze-im-internet.de/jarbschg/index.html
- Ausbildungsverordnung für Geomatiker:innen, https://www.gesetze-im-internet.de/geoitausbv/index.html
- Berufsschulverordnung
- Ausbildungsrahmenplan, https://www.gesetze-im-internet.de/geoitausbv/anlage_1.html
- Rahmenlehrplan, https://zfamedien.de/downloads/Geomatiker/Grundlagen/Rahmenlehrplan-Geomatiker.pdf

Da ein geübter Umgang mit Gesetzestexten eine wichtige berufliche Kompetenz ist, werden in diesem Kapitel ausgewählten Paragraphen in ihrer ursprünglichen Form abgedruckt. Es kann eine gute Übung sein, wesentliche Aussagen und Inhalte umformuliert herauszuschreiben.

Gesetzestext

JArbSchG.

§ 2 Kind, Jugendlicher

(1) Kind im Sinne dieses Gesetzes ist, wer noch nicht 15 Jahre alt ist.
(2) Jugendlicher im Sinne dieses Gesetzes ist, wer 15, aber noch nicht 18 Jahre alt ist.

Durch den Vertragsabschluss zur Berufsausbildung willigen beide Vertragsparteien ein, einige Pflichten während der Dauer der Berufsausbildung zu beachten (BBiG bzw. JArbSchG). Aus den Pflichten der Ausbildenden bzw. Auszubildenden ergeben sich gleichzeitig die Rechte der jeweils anderen.

1.4.1 Pflichten der Ausbildenden

- Ausbildungsziel: Vermittlung von Fertigkeiten und Kenntnissen, die zum Erreichen des Ausbildungsziels in der vorgesehenen Ausbildungszeit erforderlich sind
- Ausbilder:innen: Beauftragung persönlich oder fachlich geeigneter Ausbilder oder Ausbilderinnen oder eigenständige Ausbildung
- Ausbildungsordnung: kostenlose Aushändigung der Ausbildungsordnung an die/den Auszubildende
- Ausbildungsmittel: kostenlose Bereitstellung von Ausbildungsmitteln (Werkzeuge, Werkstoffe, Fachliteratur), die zur Berufsausbildung und zum Ablegen von Zwischen- und Abschlussprüfung erforderlich sind
- Freistellung: Freistellung zum Besuch der Berufsschule und weiterer Ausbildungs- abschnitte außerhalb des Ausbildungsortes und zur Teilnahme an Prüfungen
- Ausbildungsnachweis: Bereitstellung und Kontrolle eines schriftlichen oder elektronischen Ausbildungsnachweis
- Ausbildungsbezogene Tätigkeiten: Übertragung von Aufgaben, die dem Ausbildungs- zweck dienen und die körperlichen Fähigkeiten der/des Auszubildenden angemessen sind
- Sorgepflicht: charakterliche Förderung der/des Auszubildenden
- Ärztliche Untersuchung (bei minderjährigen Auszubildenden): Kenntnisnahme der Bescheinigungen der Untersuchungen der/des Auszubildenden
  - vor Ausbildungsbeginn
  - nach dem ersten Ausbildungsjahr
- Eintragungsantrag: Zusendung eines Exemplars des Ausbildungsvertrages und Antragsstellung zur Aufnahme des Berufsausbildungsvertrag in das Verzeichnis der Berufsausbildungsverhältnisse bei der zuständigen Stelle
- Anmeldung zu Prüfungen

(BMBF 2020, S. 256–258).

1.4.2 Pflichten der Auszubildenden

- Lernpflicht: Bemühen, die Fertigkeiten und Kenntnisse zu erwerben, die zur Erreichung des Ausbildungsziels erforderlich sind
- Teilnahmepflicht: Teilnahme am Berufsschulunterricht und an den Prüfungen sowie an Ausbildungsmaßnahmen außerhalb der Ausbildungsstätte

- Weisungsgebundenheit: Folgen von Weisungen, die im Rahmen der Berufsausbildung von Ausbildenden erteilt werden
- Betriebliche Ordnung: Beachtung der für die Ausbildung geltenden Ordnungen
- Sorgfaltspflicht: sorgfältige Ausführung der im Rahmen der Berufsausbildung aufgetragenen Verrichtungen und pflegliche Behandlung von Werkzeugen, Maschinen und sonstigen Gegenständen und Einrichtungen
- Betriebsgeheimnisse: Bewahren der Schweigepflicht über Betriebs- und Geschäftsgeheimnisse
- Ausbildungsnachweis: Führen eines schriftlichen oder elektronischen Ausbildungsnachweises (Teil der Arbeitszeit)
- Benachrichtigung: Benachrichtigung und Vorlage einer ärztlichen Bescheinigung bei Arbeitsausfall
- Ärztliche Untersuchung

(BMBF 2020, S. 258–260).

1.4.3   Der Ausbildungsvertrag

Der Ausbildungsvertrag ist schriftlich und in dreifacher Ausführung zu erstellen und von den Ausbildenden und Auszubildenden (und im Falle minderjähriger Auszubildende deren gesetzlichen Vertreter:innen) zu unterzeichnen. Jede Vertragspartei erhält ein Exemplar und die Ausbildungsstätte ist dazu verpflichtet, eine Version an die jeweilige zuständige Stelle zu schicken und dort die Eintragung in das Verzeichnis der Berufsausbildungsverhältnisse zu beantragen.

Aufgaben der zuständigen Stelle sind u. a. die Führung des Verzeichnisses der Berufsausbildungsberufe, Ausbildungsbetreuung, Feststellung der Ausbildungseignung und Durchführung der Zwischen- und Abschlussprüfungen sowie Vergabe der Prüfungszeugnisse. Für handwerkliche Berufsausbildungen in privaten Unternehmen übernimmt dies die Handwerkskammer (BBiG § 71 Absatz 1), für nichthandwerkliche Berufsausbildungen in privaten Unternehmen die Industrie- und Handelskammer (BBiG § 71 Absatz 2). Im Bereich des öffentlichen Dienstes bestimmen die Länder die jeweilige zuständige Stelle (BBiG § 73).

Zwingend notwendige Inhalte des Ausbildungsvertrages sind in § 11 BBiG festgehalten:

Berufsbildungsgesetz (BBiG)

§ 11 Vertragsniederschrift

(1) Ausbildende haben unverzüglich nach Abschluss des Berufsausbildungsvertrages, spätestens vor Beginn der Berufsausbildung, den wesentlichen Inhalt des Vertrages gemäß Satz 2 schriftlich niederzulegen; die elektronische Form ist ausgeschlossen. In die Niederschrift sind mindestens aufzunehmen

1. Art, sachliche und zeitliche Gliederung sowie Ziel der Berufsausbildung, insbesondere die Berufstätigkeit, für die ausgebildet werden soll,
2. Beginn und Dauer der Berufsausbildung,
3. Ausbildungsmaßnahmen außerhalb der Ausbildungsstätte,
4. Dauer der regelmäßigen täglichen Ausbildungszeit,
5. Dauer der Probezeit,
6. Zahlung und Höhe der Vergütung,
7. Dauer des Urlaubs,
8. Voraussetzungen, unter denen der Berufsausbildungsvertrag gekündigt werden kann,
9. ein in allgemeiner Form gehaltener Hinweis auf die Tarifverträge, Betriebs- oder Dienstvereinbarungen, die auf das Berufsausbildungsverhältnis anzuwenden sind,
10. die Form des Ausbildungsnachweises nach § 13 Satz 2 Nr. 7.

(2) Die Niederschrift ist von den Ausbildenden, den Auszubildenden und deren gesetzlichen Vertretern und Vertreterinnen zu unterzeichnen.

(3) Ausbildende haben den Auszubildenden und deren gesetzlichen Vertretern und Vertreterinnen eine Ausfertigung der unterzeichneten Niederschrift unverzüglich auszuhändigen.

(4) Bei Änderungen des Berufsausbildungsvertrages gelten die Absätze 1 bis 3 entsprechend.

1.4.4 Jugendarbeitsschutzgesetz (JArbSchG)

Da die meisten Auszubildenden im Vermessungs- und Geoinformationswesen (wenigstens zu Ausbildungsbeginn) noch unter 18 Jahren alt sind, wird in diesem Kapitel explizit auf das JArbSchG eingegangen. Einige zentrale Inhalte, die den Ausbildungsverlauf bestimmen und prüfungsrelevant sein können, werden hier kurz vorgestellt. Darüber hinaus sollte der gesamte Inhalt des JArbSchG grob bekannt sein bzw. bekannt sein, wo man die Informationen nachschlagen kann. Das Gesetz gilt für Jugendliche, das heißt Personen, die unter 18 Jahre alt sind. Danach gilt das Arbeitsrecht.

Gesetz zum Schutze der arbeitenden Jugend (Jugendarbeitsschutzgesetz – JArbSchG)

§ 8 Dauer der Arbeitszeit

(1) Jugendliche dürfen nicht mehr als acht Stunden täglich und nicht mehr als 40 h wöchentlich beschäftigt werden.

(2) Wenn in Verbindung mit Feiertagen an Werktagen nicht gearbeitet wird, damit die Beschäftigten eine längere zusammenhängende Freizeit haben, so darf die ausfallende Arbeitszeit auf die Werktage von fünf zusammenhängenden, die

Ausfalltage einschließenden Wochen nur dergestalt verteilt werden, daß die Wochenarbeitszeit im Durchschnitt dieser fünf Wochen 40 h nicht überschreitet. Die tägliche Arbeitszeit darf hierbei achteinhalb Stunden nicht überschreiten.

(2a) Wenn an einzelnen Werktagen die Arbeitszeit auf weniger als acht Stunden verkürzt ist, können Jugendliche an den übrigen Werktagen derselben Woche achteinhalb Stunden beschäftigt werden.

(3) In der Landwirtschaft dürfen Jugendliche über 16 Jahre während der Erntezeit nicht mehr als neun Stunden täglich und nicht mehr als 85 h in der Doppelwoche beschäftigt werden.

§ 9 Berufsschule

(1) Der Arbeitgeber hat den Jugendlichen für die Teilnahme am Berufsschulunterricht freizustellen. Er darf den Jugendlichen nicht beschäftigen
1. vor einem vor 9 Uhr beginnenden Unterricht; dies gilt auch für Personen, die über 18 Jahre alt und noch berufsschulpflichtig sind,
2. an einem Berufsschultag mit mehr als fünf Unterrichtsstunden von mindestens je 45 min, einmal in der Woche,
3. in Berufsschulwochen mit einem planmäßigen Blockunterricht von mindestens 25 h an mindestens fünf Tagen; zusätzliche betriebliche Ausbildungsveranstaltungen bis zu zwei Stunden wöchentlich sind zulässig.

(2) Auf die Arbeitszeit des Jugendlichen werden angerechnet
1. Berufsschultage nach Absatz 1 Satz 2 Nr. 2 mit der durchschnittlichen täglichen Arbeitszeit,
2. Berufsschulwochen nach Absatz 1 Satz 2 Nr. 3 mit der durchschnittlichen wöchentlichen Arbeitszeit,
3. im Übrigen die Unterrichtszeit einschließlich der Pausen.

(3) Ein Entgeltausfall darf durch den Besuch der Berufsschule nicht eintreten.

(4) (weggefallen)

§ 10 Prüfungen und außerbetriebliche Ausbildungsmaßnahmen.

(1) Der Arbeitgeber hat den Jugendlichen
1. für die Teilnahme an Prüfungen und Ausbildungsmaßnahmen, die aufgrund öffentlich-rechtlicher oder vertraglicher Bestimmungen außerhalb der Ausbildungsstätte durchzuführen sind,
2. an dem Arbeitstag, der der schriftlichen Abschlußprüfung unmittelbar vorangeht, freizustellen.

(2) Auf die Arbeitszeit des Jugendlichen werden angerechnet
1. die Freistellung nach Absatz 1 Nr. 1 mit der Zeit der Teilnahme einschließlich der Pausen,

2. die Freistellung nach Absatz 1 Nr. 2 mit der durchschnittlichen täglichen Arbeitszeit.

Ein Entgeltausfall darf nicht eintreten.

§ 19 Urlaub

(1) Der Arbeitgeber hat Jugendlichen für jedes Kalenderjahr einen bezahlten Erholungsurlaub zu gewähren.
(2) Der Urlaub beträgt jährlich:
    1. mindestens 30 Werktage, wenn der Jugendliche zu Beginn des Kalenderjahrs noch nicht 16 Jahre alt ist,
    2. mindestens 27 Werktage, wenn der Jugendliche zu Beginn des Kalenderjahrs noch nicht 17 Jahre alt ist,
    3. mindestens 25 Werktage, wenn der Jugendliche zu Beginn des Kalenderjahrs noch nicht 18 Jahre alt ist.
    Jugendliche, die im Bergbau unter Tage beschäftigt werden, erhalten in jeder Altersgruppe einen zusätzlichen Urlaub von drei Werktagen.
(3) Der Urlaub soll Berufsschülern in der Zeit der Berufsschulferien gegeben werden. Soweit er nicht in den Berufsschulferien gegeben wird, ist für jeden Berufsschultag, an dem die Berufsschule während des Urlaubs besucht wird, ein weiterer Urlaubstag zu gewähren.

1.4.5 Berufsbildungsgesetz (BBiG)

Das BBiG regelt die Rahmenbedingungen für die berufliche Bildung. Dabei werden insbesondere die Rechte und Pflichten der Ausbildenden und Auszubildenden festgelegt und bestimmt, welche Inhalte im Ausbildungsvertrag geregelt werden. So soll eine sichere und lehrreiche Ausbildungszeit von rechtlicher Seite her gewährleistet werden.

Weitere Informationen zum Thema Berufsausbildung allgemein bietet die Broschüre „Ausbildung & Beruf. Rechte und Pflichten während der Berufsausbildung", die auf der Seite des BMBF kostenlos bestellt oder als PDF heruntergeladen werden kann: https://www.bmbf.de/publikationen/.

1.5 Ausbildungsberuf Geomatiker:in

Inhalt und Ablauf der Ausbildung zur/zum Geomatiker:in werden in bundesweit gültigen Rechtsvorschriften geregelt. Darüber hinaus existieren länderspezifische Regelungen, die die bundesweiten Vorgaben ergänzen.

Am 30.05.2010 wurde die *Verordnung über die Berufsausbildung in der Geoinformationstechnologie* (GeoITAusbV) verabschiedet (Link in Abschn. 1.4). Sie dient als Ausbildungsordnung im Sinne des § 4 des Berufsbildungsgesetzes und trat am 01.08.2010 in Kraft. Darauf abgestimmt veröffentlichte die Ständige Konferenz der Kultusminister der Länder (*Kultusministerkonferenz*/KMK) einen Rahmenlehrplan für die Berufsschule. Im ersten Berufsschuljahr erlernen angehende Geomatiker:innen gemeinsam mit den Auszubildenden Vermessungstechniker:innen die geoinformatischen und vermessungstechnischen Grundlagen. Danach werden berufsspezifische Inhalte vermittelt.

Tab. 1.2 zeigt die im Rahmenlehrplan festgelegten berufsspezifischen Lernfelder, wie sie auch in diesem Lehrbuch behandelt werden. Der Rahmenlehrplan kann auf der Website der KMK oder des Zentral-Fachausschusses Berufsbildung Druck und Medien (ZFA) heruntergeladen werden (Link in Abschn. 1.4).

Der gesamte Gesetzestext der GeoITAusbV findet sich auf der Seite „Gesetze im Internet". An dieser Stelle wird das nichtamtliche Inhaltsverzeichnis abgedruckt, um einen Überblick über Inhalte und Aufbau sowohl der Verordnung als auch der Ausbildung zu erhalten:

Tab. 1.2 Lernfelder der Berufsausbildung zur/zum Geomatiker:in

Nr	Lernfeld	Lehrjahr	Zeitrichtwert in Unterrichtsstunden
1	Betriebe der Geoinformationstechnologie vorstellen	1	40
2	Geodaten unterscheiden und bewerten	1	100
3	Geodaten erfassen und bearbeiten	1	80
4	Geodaten in Geoinformationssystemen verwenden und präsentieren	1	60
5	Datenbanken erstellen, Geodaten pflegen und verwalten	2	40
6	Geodaten beziehen, modellieren und Geoprodukte gestalten	2	80
7	Geobasisdaten mit Fachdaten verknüpfen und visualisieren	2	80
8	Fernerkundungsdaten auswerten, interpretieren und in ein Geoinformationssystem einbinden	2	80
9	Geodaten in multimedialen Produkten realisieren	3	80
10	Geodaten für Printprodukte aufbereiten	3	60
11	Mehrdimensionale Geoprodukte entwickeln	3	60
12	Geoprodukte kundenorientiert konzipieren und umsetzen	3	80

Verordnung über die Berufsausbildung in der Geoinformationstechnologie (GeoITAusbV)

InhaltsübersichT

Teil 1

Gemeinsame Vorschriften

Teil 2

Vorschriften für den Ausbildungsberuf zum Geomatiker/zur Geomatikerin

Teil 3

Vorschriften für den Ausbildungsberuf zum Vermessungstechniker/zur Vermessungstechnikerin

Teil 4

Schlussvorschriften

Anlagen

Anlage 1   Ausbildungsrahmenplan für die Berufsausbildung zum Geomatiker/zur
            Geomatikerin

Anlage 2   Ausbildungsrahmenplan für die Berufsausbildung zum Vermessungstechniker/zur
            Vermessungstechnikerin

1.5.1 Zwischenprüfung

§ 6 GeoITAusbV regelt die Inhalte und Struktur der Zwischenprüfung:

Die Zwischenprüfung findet am Anfang des zweiten Ausbildungsjahres statt. Sie dient zur Feststellung der Fertigkeiten, Kenntnisse und Fähigkeiten des ersten Ausbildungsjahres. Der Berufsschulunterricht ist modular in je vier Lernfelder pro Ausbildungsjahr aufgebaut. Daraus ergibt sich, dass in der Zwischenprüfung die Lerninhalte und Kompetenzen aus den Lernfeldern 1 bis 4 abgeprüft werden. Die Zwischenprüfung besteht aus einer schriftlichen Prüfung mit einem zeitlichen Umfang von 120 min.

1.5.2 Abschlussprüfung

Die Abschlussprüfungen werden in § 7 GeoITAusbV behandelt. Sie dienen der Feststellung des Erlangens der beruflichen Handlungsfähigkeit. In der Gesamtwertung gilt ein „ausreichend" als bestanden. Die Prüfung für die Geomatiker:innen ist in verschiedene Prüfungsbereiche geglicdert (s. Tab. 1.3).

Darüber hinaus wird eine schriftliche Prüfung mit einer Dauer von 60 min und einer Gewichtung von 10 % in dem Bereich Wirtschafts- und Sozialkunde durchgeführt.

Länderspezifische Rechtsvorschriften in Bezug auf die Ausbildungen im Bereich des Vermessungs- und Geoinformationswesens werden von den jeweiligen Betrieben und Berufsschulen vermittelt.

Tab. 1.3 Prüfungsbereiche der Abschlussprüfung der Geomatiker:innen

Prüfungsbereich	Dauer	Gewichtung
Geodatenprozesse („Betrieblicher Auftrag")	20 h 30 min (inkl. Fachgespräch)	40 %
Geodatenpräsentation	7 h 20 min (inkl. Fachgespräch)	15 %
Geoinformationstechnik	90 min (schriftliche Prüfung)	15 %
Geodatenmanagement	90 min (schriftliche Prüfung)	20 %

1.6   Arbeitsschutz

Im Allgemeinen und im Interesse jeder und jedes Einzelnen soll der eigene Schutz und der Schutz anderer am Arbeitsplatz zentrales Anliegen sein. Dennoch und trotz einiger rechtlicher Vorgaben durch die Gesetzgebenden kann es immer wieder zu Gefahren-situationen und Unfällen kommen. Daher ist es auch für Auszubildende notwendig, einen Überblick über die geltenden Rechtsquellen, Maßnahmen zum berufsbezogenen Arbeitsschutz und das Vorgehen in einem Notfall zu erlangen.

Beteiligte Parteien des Arbeitsschutzes sind Arbeitgeber:innen bzw. Ausbildende, Arbeitnehmer:innen bzw. Auszubildende, Personal- und Betriebsräte (die mittels Dienst- und Betriebsvereinbarungen u. a. an der Arbeitszeit, Arbeitsplatzgestaltung und Unfall-prävention teilhaben können) und Sicherheitsbeauftragte (AK DGfK 2004, 1.2 S. 82). Wer ist in deiner Ausbildungsstätte für den Einhalt des Arbeitsschutzes verantwortlich?

Wichtigste Rechtsquelle ist das Arbeitsschutzgesetz (ArbSchG), das Gesetz über die Durchführung von Maßnahmen des Arbeitsschutzes zur Verbesserung der Sicherheit du des Gesundheitsschutzes der Beschäftigten bei der Arbeit. Daneben existiert eine Viel-zahl spezifischer Gesetze, wie

- das Arbeitssicherheitsgesetz (ArbSichG/AsIG),
- die Arbeitszeitverordnung (AZO),
- das Jugendarbeitsschutzgesetz (JArbSchG),
- das Mutterschutzgesetz (MuSchG),
- das Gerätesicherheitsgesetz (GtA)

(AK DGfK 2004, 1.2. S. 84–86).

Der Arbeitsschutz im Außendienst während und nach der Ausbildung zur/zum Geomatiker:in bezieht sich meistens auf Sicherheitsregeln bei Vermessungsarbeiten. Diese bergen bei nachlässigem Verhalten eine Vielzahl von Gefahren, insbesondere im Straßenbereich. Zu den Verhütungsmaßnahmen von Unfällen und Gefahren gehört der allgemeine und der persönliche Arbeitsschutz:

- Maßnahmen zum allgemeinen Arbeitsschutz
- Pylonen/Leuchtkegel
- Warndreieck
- „Achtung"-Verkehrsschild
- Warnblinkleuchte
- Warnflagge
- Reflektorstreifen (für Fahrzeug und Geräte)
- Auffällige Farbgebung des Fahrzeuges
- Maßnahmen zum persönlichen Arbeitsschutz
- Warnweste

- Sicherheitsschuhe
- Schutzhandschuhe
- Schutzbrille und -helm
- Gehörschutz
- Reflektorstreifen und auffällige Farbgebung der Kleidung

Die Regeln der *Deutschen Gesetzliche Unfallversicherung* (DGUV) dienen dabei als Grundlage des Vorgehens bei Vermessungs- und Vermarkungsarbeiten. In der „GUV-Regel Vermessungsarbeiten" werden die Regelpläne nach RSA 95 (Richtlinien für die Sicherung von Arbeitsstellen an Straßen) aufgeführt (Link zu den Plänen: http://www.rsa-95.de/15/RSA/rsa-online.htm).

1.6.1 Verhalten bei Unfällen

Sollte es trotz aller Verhütungsmaßnahmen zu einem Personenschaden kommen, zählt es, das richtige Verhalten bei Unfällen verinnerlicht zu haben. Abb. 1.5 zeigt schematisch die Vorgehensweise in einem Notfall.

1.6.2 Umweltschutz

Wie können wir unseren Arbeitsplatz umweltfreundlich gestalten? Welches Vorgehen schont die Umwelt und vermeidet unnötigen und gegebenenfalls dauerhaften Schaden? Das Thema Umweltschutz hat in den letzten Jahren eine zunehmende Bedeutung erhalten. Zum Erhalt unseres natürlichen Lebensraums wurden deshalb zahlreiche Rechtsvorschriften verabschiedet, die unter anderem im Beruf dazu dienen sollen, einen bedachten und nachhaltigen Umgang mit unserer Umwelt zu gewährleisten.

Die Umweltbilanz von Betrieben des Vermessungs- und Geoinformationswesens hängt stark von Größe und Ausstattung der jeweiligen Unternehmen ab. Der eigene

Abb. 1.5 Verhalten im Notfall

Verhalten im Notfall

Ruhe bewahren und Unfall melden	
1. UNFALL MELDEN	• Wer meldet? • Was ist passiert? • Wo ist es passiert? • Wie viele Verletzte?
2. ERSTE HILFE	• Unfallort absichern • Verletzte versorgen • Anweisungen von z.B. Ersthelfern beachten
3. WEITERE MASSNAHMEN	• Krankenwagen und Feuerwehr einweisen • Schaulustige entfernen • ...

Umgang beispielsweise mit Computern, Druckern und Servern, aber auch Messfahrzeugen und Aufnahmegeräten entscheidet darüber, wie nachhaltig die persönliche Arbeitsweise ist.

Wesentliche Punkte, die jede und jeder in ihrem oder seinem Arbeitsalltag beachten sollte, sind:

- Verantwortungsvoller Umgang mit Ressourcen
- Sorgfältige Mülltrennung
- Vermeidung unnötiger Fahrten (z. B. durch Bildung von Fahrgemeinschaften zur Berufsschule oder zum Arbeitsplatz, Nutzung öffentlicher Verkehrsmittel oder Fahrrad fahren, gute Planung von Beschaffungsfahrten)
- Kauf verpackungsarmer Arbeitsmaterialien
- Vermeidung unnötiger Probedrucke durch digitale Korrekturen und Vier-Augen-Prinzip
- Löschen des Lichts in unbenutzten Räumen
- Versetzen der Hardware während der Pausen in Energiemodus und ordnungsgemäßes Herunterfahren zum Arbeitsende

1.7 Tarifrecht

Das Tarifvertragsgesetz (TVG, https://www.gesetze-im-internet.de/tvg/index.html#BJNR 700550949BJNE000504119) oder vielmehr auf dessen Grundlage erarbeitete Tarifverträge regeln Rechte und Pflichten der Tarifvertragsparteien. Tarifpartner bzw. *Tarifvertragsparteien* sind Gewerkschaften (z. B. Verdi, IG Bau, IG Metall) als Vereinigungen der Arbeitnehmer:innen sowie Arbeitgeberverbände und einzelne Arbeitgeber:innen.

Das *Bundesministerium für Arbeit und Soziales* (BMAS) kann eine *Allgemeinverbindlichkeitserklärung* aussprechen, durch die geltende Tarifverträge über die Tarifparteien hinaus für alle Beschäftigten wirksam werden. Dies geschieht in der Regel, wenn die Inhalte der Tarifverträge im öffentlichen Interesse breite Bedeutung erhalten oder wenn die Realisierung der Inhalte gegen eventuelle wirtschaftliche Fehlentwicklungen abgesichert werden soll.

Die *Tarifautonomie* bestimmt, dass Verhandlungen von Tarifparteien ohne staatliches Zutun durchgeführt werden. Es werden Tarifverhandlungen zwischen Arbeitgeber:innen und Arbeitnehmer:innen (oder Gewerkschaften) über die aktuellen und zukünftigen Arbeitsbedingungen geführt. Dabei werden meistens die Themen Löhne, Arbeitszeit, Zusatzleistungen, Sicherung der Arbeitsplätze und Arbeitssicherheit behandelt.

Bei einer Einigung der Tarifparteien kommen verschiedene *Tarifvertragsarten* zustande:

- Manteltarifverträge regeln z. B. Arbeitszeiten, Urlaub und Fristen
- Rahmentarifverträge regeln Lohn- und Gehaltsgruppen
- Lohn- und Gehaltstarifverträge regeln Gehaltshöhe der Einzelnen

Bei einem Scheitern der Verhandlungen können die Tarifparteien unabhängige Fach-
personen zur *Schlichtung* einsetzen. Bei einem Scheitern der Schlichtung können von
den Tarifparteien die Kampfmittel des *Streiks* (Arbeitnehmende) oder der *Aussperrung*
(Arbeitgebende) eingesetzt werden.

Das Recht auf Streik ist ein Grundrecht und im Grundgesetz Art. 9 Abs. 3 festgelegt.
Es ist das letzte Mittel von Gewerkschaften zur Durchsetzung ihrer Tarifforderungen
gegenüber den Arbeitgebern bzw. Arbeitgeberverbänden. Aus der rechtmäßigen Teilnahme an einem ordentlichen Streik dürfen keine Konsequenzen vonseiten der
Arbeitgeber:innen für Arbeitnehmer:innen und auch Auszubildende entstehen.

Man unterscheidet zwei Formen des Streiks

- Ordentlicher Streik: nach Urabstimmung mit 75 % Ja-Stimmen, mit einer Dauer von
  einem bis mehrere Tage oder Wochen
- Wilder Streik: Urabstimmung mit weniger als 75 % Ja-Stimmen oder ohne
  Urabstimmung

Darüber hinaus gibt es je nach Taktik einen

- Vollstreik
- Teilstreik
- Schwerpunktstreik
- Warnstreik
- Flächenstreik

1.8   Urheberrecht

Im Geoinformationswesen spielt die Verwendung von Daten und Informationen von
Dritten eine große Rolle. Damit keine Persönlichkeitsrechte verletzt werden, ist es sehr
wichtig, das Urheberrecht zu kennen und dessen Vorschriften einzuhalten.

Das Gesetz über *Urheberrecht und verwandte Schutzrechte* (Urheberrechtsgesetz/
UrG, https://www.gesetze-im-internet.de/urhg/) beschreibt das Recht zum Schutz
persönlicher schöpferischer Leistungen. Damit soll sichergestellt werden, dass niemand
unbefugt die Werke anderer verbreiten oder vervielfältigen kann. Dabei steht vor allem
der daraus möglicherweise entstehende wirtschaftliche Nutzen im Vordergrund.

Bei der Verwendung von Geodaten und Daten im Allgemeinen ist es also notwendig,
vorher genau zu überprüfen, welche Informationen unter welchen Auflagen verwendet
werden dürfen. Ausführliche Beschreibungen dazu finden sich in Kap. 4.

1.8.1 Impressum

Ein wichtiges Instrument zur Einhaltung des Urheberrechts ist das *Impressum*. Es wird in Publikationen verwendet und beinhaltet die gesetzlich vorgeschriebenen Angaben über die für die veröffentlichten Inhalte verantwortlichen (natürlichen oder juristischen) Personen. Das Impressum kann auch dabei helfen, zu erkennen, ob eine Seite oder Publikation seriös ist oder nicht. Wen die Impressumspflicht betrifft und welche Angaben gemacht werden müssen, regelt das Telemediengesetz (TMG, https://www.gesetze-im-internet.de/tmg/). Die Anforderungen an die Angaben in einem Impressum können sich unterscheiden.

Es gibt aber einige allgemeine Mindestangaben für ein Impressum:

- „den Namen (bei natürlichen Personen sind es Vor- und Nachname. Bei Unternehmen, also den sogenannten juristischen Personen, der Unternehmensname sowie Name und Vorname des Vertretungsberechtigten),
- bei juristischen Personen außerdem die Rechtsform,
- die Anschrift (Straße, Hausnummer, Postleitzahl und Ort; nicht ausreichend ist ein Postfach),
- einen Kontakt, unter dem Sie die Person oder das Unternehmen schnell erreichen können – sowohl elektronisch als auch nicht elektronisch. In der Regel sind dies E-Mail-Adresse und Telefonnummer,
- soweit vorhanden, die Umsatzsteuer- oder Wirtschaftssteuer-Identifikationsnummer,
- ebenfalls, soweit vorhanden, das Handels-, Vereins-, Partnerschafts- oder Genossenschaftsregister mit Registernummer"

(BMJV 2021, o. S.).

Zur Nutzung externer Daten muss ein Unternehmen, ein Verlag oder einer Einzelperson zuerst die entsprechenden Lizenzen der Urheber:in einholen und die Nutzungsrechte überprüfen. Die Nennung der Quelle ist in jedem Fall zu empfehlen und teilweise sogar vorgeschrieben.

Wichtige Angaben bei kartographischen Publikationen sind neben den oben genannten Anforderungen:

- Ersteller:in der kartographischen Publikation
- Eventuelle externe Quellen
- Eventuelle Veränderungen oder Bearbeitungen der ursprünglichen Quellen
- Stand der verwendeten Informationen

1.9   Lernaufwand und -angebot

Der Zeitrichtwert dieses Lernfeldes beträgt 40 h. Vorgesehen ist der Unterricht in Lernfeld 1 im ersten Lehrjahr. Einige Inhalte, wie duales System und Tarif- und Urheberrecht, sollten in enger Verbindung mit den Lernstoffen des Faches Wirtschaftslehre und Sozialkunde vermittelt werden.

Die Inhalte von Kap. 1 sind grundlegend für ein Verständnis des Aufbaus der Berufsausbildung im Allgemeinen und im Speziellen. Die Erschließung der rechtlichen Grundlagen mag auf den ersten Blick etwas abstrakt und sachlich erscheinen. Dadurch erlangt man aber die Möglichkeit, die eigene Position als Auszubildende:r auf gesetzlicher Seite nachzuvollziehen und eigene Pflichten und Rechte anzuerkennen und einzufordern. Das ist über die Ausbildung hinaus eine wesentliche Kompetenz im Alltags- und Berufsleben.

Um dich umfassend auf die Prüfungsfragen zum Lernfeld 1 vorbereiten zu können, ist es hilfreich, folgende Fragen und Aufgaben zu bearbeiten:

Fragen

Wie ist das (amtliche) Vermessungswesen in Deutschland aufgebaut? Welche Produkte stellen die einzelnen Institutionen zur Verfügung?

(Es kann helfen, wenn du dir vorstellst, dass du versuchst, es einem Freund oder einer Freundin, der oder die keine Ahnung von dem Thema haben, zu erklären.)

Welche Aufgaben werden als hoheitlich bezeichnet und warum?

Welche drei Datenbestände werden im AAA-Modell gespeichert?

Wie unterscheiden sich Normen und Standards und inwiefern finden sie in der Geodateninfrastruktur Anwendung?

Beschreibe kurz die wesentlichen Inhalte des dualen Systems und nenne die beteiligten Parteien.

Welche beiden rechtlichen Vorschriften regeln insbesondere das Ausbildungsverhältnis?

Nenne vier wesentliche Inhalte des Ausbildungsvertrages.

Nenne jeweils zwei Rechte und Pflichten der Ausbildenden und Auszubildenden.

Nenne jeweils zwei Maßnahmen zum allgemeinen und zum persönlichen Arbeitsschutz bei Vermessungsarbeiten.

Was versteht man unter den Begriffen Tarifautonomie, ordentlicher Streik und Aussperrung?

Was ist das Urheberrecht und wozu dient es? Welche urheberrechtlichen Angaben gehören mindestens in das Impressum einer kartographischen Publikation? Nenne drei unzulässige Handlungen, die zu einer Urheberrechtsverletzung führen.

Welche Bezeichnungen stecken hinter folgenden Abkürzungen.
ALK
ATKIS/AFIS
ÖbVI
BBiG
JArbSchG

Literatur

AdV (Hrsg) (2017) Die AdV. Bundesweit: Geodaten für Wirtschaft, Staat und Gesellschaft. http://www.adv-online.de/Veroeffentlichungen/Broschueren-und-Faltblaetter/Allgemeines/. Zugegriffen: 1. Nov. 2021

AdV (Hrsg) (2021a) AFIS-ALKIS-ATKIS-Modell. https://www.adv-online.de/icc/extdeu/nav/0a1/0a170f15-8e71-3c01-e1f3-351ec0023010&sel_uCon=20b70361-ab30-8d01-3bbc-251ec0023010&uTem=73d607d6-b048-65f1-80fa-29f08a07b51a.htm. Zugegriffen: 1. Nov. 2021a

AdV (Hrsg) (2021b) Amtliches Festpunktinformationssystem (AFIS). http://www.adv-online.de/AdV-Produkte/Integrierter-geodaetischer-Raumbezug/AFIS/. Zugegriffen: 1. Nov. 2021b

AdV (Hrsg) (2021c) SAPOS – Satellitenpositionierungsdienst der deutschen Landesvermessung. https://www.adv-online.de/AdV-Produkte/Integrierter-geodaetischer-Raumbezug/SAPOS/. Zugegriffen: 1. Nov. 2021c

AdV (Hrsg) (2021d) Amtliches Liegenschaftskatasterinformationssystem (ALKIS).https://www.adv-online.de/AdV-Produkte/Liegenschaftskataster/ALKIS/. Zugegriffen: 1. Nov. 2021d

AdV (Hrsg) (2021e) Amtliches Topographisch-Kartographisches Informationssystem (ATKIS). https://www.adv-online.de/AdV-Produkte/Liegenschaftskataster/ALKIS/. Zugegriffen: 1. Nov. 2021e

BMBF (Hrsg) (2020) Ausbildung & Beruf. Rechte und Pflichten während der Berufsausbildung. Bonifatius GmbH, Paderborn

BKG (Hrsg) (2018) Im Profil. Bundesamt für Kartographie und Geodäsie. https://www.bkg.bund.de/SharedDocs/Downloads/BKG/DE/Downloads-DE-Flyer/BKG-Imagebrosch%C3%BCre.html. Zugegriffen: 1. Nov. 2021

BKG (Hrsg) (2020) Organisationsplan. https://www.bkg.bund.de/SharedDocs/Downloads/BKG/DE/Downloads-Allgemein/BKG-Organigramm-DE.html. Zugegriffen: 1. Nov. 2021

BMI (Hrsg) (2020a) Lexikon. https://www.bmi.bund.de/DE/service/lexikon/functions/bmi-lexikon.html;jsessionid=0150B82779E6EDEEF19831EECD426BE0.1_cid295?cms_lv3=9398044&cms_lv2=9391104#doc9398044. Zugegriffen: 27. Aug. 2022

BMI (Hrsg) (2020b) Lexikon. https://www.bmi.bund.de/DE/service/lexikon/functions/bmi-lexikon.html;jsessionid=0150B82779E6EDEEF19831EECD426BE0.1_cid295?cms_lv3=9398056&cms_lv2=9391104#doc9398056. Zugegriffen: 27. Aug. 2022

BMJV (Hrsg) (2021) *Impressumspflicht.* https://www.bmjv.de/DE/Verbraucherportal/DigitalesTelekommunikation/Impressumspflicht/Impressumspflicht_node.html. Zugegriffen: 1. Nov. 2021

de Lange N (2013) Geoinformatik in Theorie und Praxis. Springer Spektrum, Berlin

Kommission Aus- und Weiterbildung DGfK (Hrsg) (2004) Focus. Kartographie. Grundlagen der Geodatenvisualisierung. Ausbildungleitfaden Kartograph/in. CD-ROM im PDF-Format

LVermGeo (Hrsg) (o. D.) Vermessungstechnischer Raumbezug. https://lvermgeo.rlp.de/de/ueber-uns/aufgaben/vermessungstechnischer-raumbezug/. Zugegriffen: 1. Nov. 2021
OGC (Hrsg) (2021) About OGC. https://www.ogc.org/about. Zugegriffen: 1. Nov. 2021

Josefine Klaus hat 2018 ihre Ausbildung als Geomatikerin am Landesamt für Vermessung und Geobasisinformation RLP in Koblenz abgeschlossen. Sie studierte Kulturwissenschaften in Leipzig und war 2022 bei der Erstellung der kartenbasierten Geschichtsapp „Frankfurt History" beteiligt. Ihr Schwerpunkt ist niedrigschwellige und zeitgemäße Wissensvermittlung.

Geodaten unterscheiden und bewerten

2

Josefine Klaus

2.1 Lernziele und -inhalte

In diesem Lernfeld werden Methoden zur Bestimmung der Figur der Erde vermittelt. Das beinhaltet verschiedene Bezugssysteme zur Annäherung an die Erdform und eine Einführung in den Aufbau von Koordinatensystemen. Dieses Basiswissen wird ergänzt durch wesentliche Prozesse und Bestandteile der Kartenherstellung. Dazu gehört es, verschiedene Arten von Geodaten zu unterscheiden und auftragsbezogen zu entscheiden, welche Darstellungsformen verwendet werden (können) (Abb. 2.1).

Um ein umfassendes Verständnis dafür zu erlangen, welche Möglichkeiten Karten bieten und wie sie angewandt werden können, wird das Thema Perspektive (also der zweidimensionalen Darstellung dreidimensionaler Objekte) in diesem Kapitel behandelt. Grundlagen der Winkel- und Dreiecksberechnungen (im Rahmenlehrplan Lernfeld 2 zugeordnet) werden, inhaltlich passend, in Kap. 3 bearbeitet.

2.2 Was sind Geodaten?

Geobasisdaten und *Geofachdaten* werden in Kap. 1 definiert. Was aber sind überhaupt Geodaten?

Geodaten bezeichnen alle Daten, die einen direkten oder indirekten räumlichen Bezug haben. Umgangssprachlich bedeutet Raumbezug eine eindeutige Lage von Objekten

J. Klaus (✉)
Frankfurt am Main, Deutschland
E-Mail: josefine.klaus@posteo.de

J. Klaus (Hrsg.), *Geomatik,* https://doi.org/10.1007/978-3-662-66274-8_2

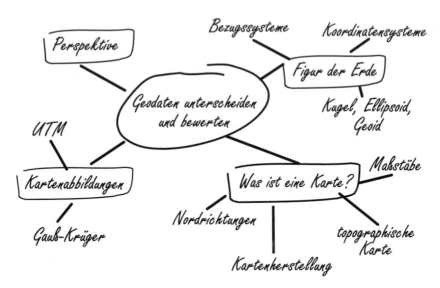

Abb. 2.1 Lernziele und -inhalte von Lernfeld 2

innerhalb eines Raumes (oder auf der Erdoberfläche). In der Geodäsie werden Lage- und Höhenangaben in einem überregionalen Bezugssystem (z. B. bundesweit, europa- weit, global) bezeichnet. Für einen *direkten Raumbezug* werden genaue Koordinaten von einem Objekt oder Bereich auf der Erdoberfläche erfasst und gespeichert. Ein *indirekter Raumbezug* lässt sich beispielsweise durch Lagebeschreibungen und -verhältnisse her- stellen, z. B. durch Adressangaben.

Neben den bereits bekannten *Geobasis- und Geofachdaten* gibt es noch weitere Möglichkeiten der Differenzierung von Geodaten.

Sie werden außerdem unterschieden in Primär- und Sekundärdaten: *Primäre Geo- daten* zeichnen sich dadurch aus, dass sie unmittelbar erhoben wurden (z. B. durch Messungen).

Sekundäre Geodaten werden unter anderem mithilfe von Primärdaten ermittelt (z. B. durch Berechnungen). Sie sind bereits verarbeitete Daten.

Die Bezeichnung primär und sekundär soll keine Wertung der Qualität der Daten beschreiben. Die verschiedenen Formen von Geodaten haben verschiedene Merkmale und können für unterschiedliche Zwecke verwendet werden.

Eine weitere wesentliche Unterscheidung ist die zwischen *analogen und digitalen Geodaten*. Lange Zeit wurden Geodaten analog erfasst und dargestellt. Die Darstellung erfolgte in Form von Tuschezeichnung auf Zeichenkarton und später als Drucke. Mit der Digitalisierung werden Geodaten zunehmend in digitaler Form gesichert. Dafür gibt es spezielle EDV-Anwendungen. Zur Sicherung von Geodaten gibt es Datenbankenmodelle und zur Darstellung Geoinformationssysteme. Digitales Kartenmaterial kann durch Plotter (Großformatdrucker) ausgedruckt werden (Gärtner 2019, S. 54).

2.3 Die Bestimmung der Figur der Erde

Wie einleitend bereits erwähnt ist für die Erhebung von Geodaten ein Raumbezug notwendig. Das bedeutet, dass Geoobjekten eine bestimmte Position auf der Erde und ein Verhältnis zu anderen Geoobjekten zugeordnet werden kann. Dafür ist es zuallererst erforderlich, die Form der Erde so genau wie möglich zu bestimmen. Meistens wird die Erde als Kugel dargestellt, da diese mathematisch am einfachsten erfassbar ist. Das entspricht aber nicht ihrer realen Form; diese ähnelt eher einer Kartoffel mit unterschiedlichen Durchmessern, Höhen- und Schwerewerten. Um Geodaten möglichst genau erheben und darstellen zu können, sind Modelle entwickelt worden, die sich der Figur der Erde möglichst genau annähern und mathematisch erfassbar sind. Diese werden als *Bezugsflächen* (zweidimensional) oder *Bezugskörper* (dreidimensional) bezeichnet (s. Abb. 2.2).

2.3.1 Die Erde als Kugel

Die *Kugel* ist das mathematisch einfachste Modell zur Bestimmung der Figur der Erde. Geht man von der Erde als Kugel aus, werden für Berechnungen meist folgende gerundete Werte verwendet:

- Erdradius: 6370 km
- Erddurchmesser: 12.740 km
- Erdumfang: 40.000 km

Dieses Modell funktioniert in kleinmaßstäbigen Darstellungen (ab 1:2 Mio.), in denen die Form der Erde ohnehin nur noch sehr verallgemeinert abgebildet werden kann. Bei Abbildungen in größeren Maßstäben werden Bezugsellipsoide verwendet, um die Erdform festzulegen (AK DGfK 2004, 2.3, S. 146). Ausführliche Informationen zu Kartenmaßstäben folgen in Abschn. 2.5.5.

Abb. 2.2 Bezugskörper der Erde

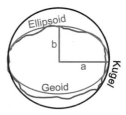

2.3.2 Die Erde als Rotationsellipsoid

Eine genauere Annäherung an die tatsächliche Form der Erde, die mathematisch dennoch einheitlich bestimmbar ist, bietet das sogenannte *Rotationsellipsoid*. Dieser Bezugskörper hat die Form einer oben und unten (an Nord- und Südpol) abgeflachten Kugel, die sich der Figur der Erde unter Einbeziehung der Abplattung durch die Erdrotation annähert. Durch die Rotationskraft der Erde ist der Durchmesser an der Äquatorachse breiter als an der Polachse. Mathematisch lässt sich das Ellipsoid festlegen durch eine große Halbachse a und eine kleine Halbachse b. Das Rotationsellipsoid wird in der Geodäsie als Bezugsfläche für Lage- und Satellitenmessungen verwendet. Letztere werden auch als GNSS-Messungen bezeichnet, wobei die Abkürzung für globale Satellitennavigationssysteme steht (AK DGfK 2004, 2.1, S. 126). Auf die satellitengesteuerte Erfassung von Geodaten wird in Kap. 3 und 8 genauer eingegangen.

Im Laufe der Zeit haben sich durch verschiedene Vermessungsprojekte unterschiedliche Rotationsellipsoide mit abweichenden Halbachsen entwickelt (s. Tab. 2.1).

2.3.3 Die Erde als Geoid

Bedingt durch die Drehung an der Polachse und Unregelmäßigkeiten der Massenverteilung im Inneren und an ihrer Oberfläche hat die Erde die Form eines Rotationsellipsoids mit weiteren Aus- und Einbeulungen. Bei der exakten Vermessung der Erdgestalt spielt daher das Erdschwerefeld eine bedeutende Rolle. Anhand der Unebenheiten in der Topographie wird die ungleiche Massenverteilung an der Oberfläche deutlich. All diese Schwereanomalien haben zur Folge, dass das tatsächliche Schwerefeld vom Normalschwerefeld der Rotationsellipsoide abweicht. Das sogenannte *Geoid* berücksichtigt diese Unterschiede im Erdschwerefeld. Es ist eine Niveaufläche, die in all ihren Punkten lotrecht (senkrecht) von der jeweiligen Richtung der Schwerkraft geschnitten wird (sog. Äquipotentiafläche). Das Geoid bildet also die am Erdschwerefeld orientierte Bezugsfläche für die Höhen und Schwerewerte, die etwa der Höhe des Meeresspiegels folgt. Da dieser Bezugskörper mathematisch nur schwer festlegbar ist,

Tab. 2.1 Übersicht der bekanntesten Erddimensionen

Ellipsoid	Jahr	Große Halbachse a	Kleine Halbachse b	Abplattung f = (a-b)/a
Bessel	1841	6.377.397 m	6.356.079 m	1:299,15
Clarke	1880	6.378.249 m	6.356.515 m	1:293,47
Hayford	1909	6.378.388 m	6.356.912 m	1:297,0
Krassowskij	1942	6.378.245 m	6.356.863 m	1:298,3
IUGG	1967	6.378.160 m	6.356.775 m	1:298,25
IUGG/GRS80	1980	6.378.137 m	6.356.752 m	1:298,26

wurde daraus das *Quasigeoid* abgeleitet. Es ist eine rechentechnische Größe, die dem geglätteten Geoid entspricht und als Bezugsfläche für die Berechnung der Normalhöhe verwendet wird. Die Differenz zwischen der ellipsoidischen Höhe und der Höhe des Quasigeoids ist berechenbar und wird als Höhenanomalie N (Undulation) bezeichnet (s. Abschn. 2.3.6).

2.3.4 Koordinatensysteme

Grundlage und Ergebnis der Datenerhebung in der Geodäsie sind Koordinaten – also die genauen Positionen von Punkten auf der Erdoberfläche. Koordinatensysteme geben die mathematischen Regeln vor, nach denen diese Punkte berechnet werden. Dabei wird zwischen räumlichen (dreidimensionalen) und verebneten (zweidimensionalen) Koordinatensystemen unterschieden.

2.3.4.1 Das kartesische Koordinatensystem

Das kartesische Koordinatensystem kann sowohl räumliche als auch verebnete Punkte abbilden, sogenannte *kartesische* oder *geodätische Koordinaten*. Es wird durch sich in einem Ursprungspunkt 0 rechtwinklig schneidende Koordinatenachsen gebildet (s. Abb. 2.3). In der zweidimensionalen Darstellung sind das die y- und x-Achse (P(x/y)). Dreidimensional wird das System durch das Hinzufügen der z-Achse, die die Position des Punktes im Raum angibt. Durch die Angabe der y-, x- und ggf. z-Werte kann ein Punkt P(x/y/z) genau festgelegt werden.

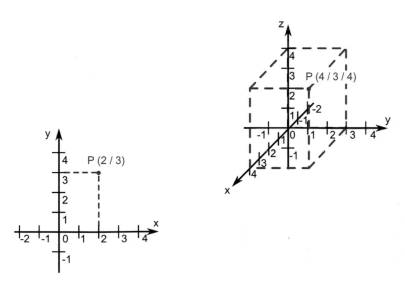

Abb. 2.3 Räumliches und verebnetes kartesisches Koordinatensystem

2.3.4.2 Das geographische Koordinatensystem

Das geographische Koordinatensystem bezieht sich auf die Erde als Kugelform. Es besteht aus 360 Längengraden (Meridianen, Großkreisen), die von Pol zu Pol verlaufen. Der Nullmeridian läuft durch Greenwich (London, UK). Die weiteren Meridiane werden als entweder östlich oder westlich vom Nullmeridian definiert. Durch die Längenkreise und 180 Breitengrade (Breitenkreise), die parallel zum Äquator verlaufen, wird das sogenannte Gradnetz der Erde hergestellt. Je nachdem, ob der jeweilige Breitenkreis nördlich oder südlich vom Äquator liegt, wird die Lage als nördliche oder südliche Breite angegeben (Gärtner 2019, S. 29).

Der Winkel zwischen dem Breitenkreis eines beliebigen Punktes P auf der Oberfläche und der Äquatorebene wird als geographische Breite φ (Phi) bezeichnet. Die geographische Länge λ (Lambda) beschreibt den Winkel zwischen dem Nullmeridian von Greenwich und dem Meridian von P. Durch diese Angaben lässt sich jeder Punkt auf dem Rotationsellipsoid mathematisch genau bestimmen (s. Abb. 2.4). Traditionell werden *geographische Koordinaten* im Sexagesimalsystem angegeben (z. B. 50° 21' 51" N, 7° 36' 20,3" E sind die Koordinaten des Deutschen Ecks).

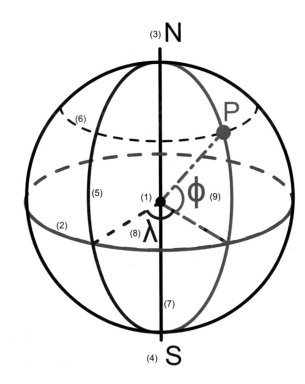

(1) Erdmittelpunkt (Geozentrum)
(2) Äquator
(3) Nordpol
(4) Südpol
(5) Nullmeridian
(6) Breitenkreis
(7) Polachse
(8) Geographische Länge (Lambda)
(9) Geographische Breite (Phi)

Abb. 2.4 Geographische Koordinaten auf der Erdkugel

2.3.5 Lagebezugssysteme

Lagebezugsysteme (auch Koordinatenreferenzsysteme) sind Bestimmungssysteme zur Festlegung der Position von Punkten auf der Erdoberfläche. Sie werden aus einem geodätischen Datum und einem Bezugskörper gebildet.

Ein *geodätisches Datum* definiert den Nullpunkt, die Orientierung der Koordinatenachsen und den Maßstab des gewählten Bezugskörpers im Verhältnis zur Erde, das heißt die Orientierung zum Geozentrum, der Erdrotationsachse und zum Nullmeridian. Der Koordinatenursprung wird an einem bestimmten Punkt auf der Erdoberfläche festgelegt (Hake et al. 2002, S. 50). Dabei ist zu beachten, dass lokal gut an die tatsächliche Erdform angepasste Bezugskörper gegebenenfalls nicht weltweit mit einer ausreichenden Genauigkeit der Erdoberfläche entsprechen.

Daher werden meist lokale Referenzellipsoide mit entsprechendem geodätischem Datum verwendet. In Deutschland findet das sogenannte *Bessel*-Ellipsoid Anwendung, das besonders gut an Mitteleuropa angepasst ist. Ursprungspunkt ist Rauenberg bei Berlin. Darauf basiert das *Deutsche Hauptdreiecksnetz* (DHDN). Das Bezugssystem der ehemaligen DDR (an Eurasien angepasst) wurde durch das *Krassowski*-Ellipsoid realisiert. Das Geodätische Referenzsystem 1980 (*Geodetic Reference System 1980,* GRS80) wird als Bezugssystem in Deutschland verwendet. Dessen Referenzellipsoid bildet die Rechenfläche des European Terrestrial Reference System 1989 (ETRS89). Um eine möglichst einheitliche Erfassung von Geodaten zu gewährleisten, wurde in Europa das gemeinsame ETRS89 entwickelt, das als europaweites Lagebezugssystem empfohlen wird (Hake et al. 2002, S. 40–41).

Als Teil des globalen Bezugssystems *World Geodatic System 1984* (WGS84) wurde 1984 das gleichnamige dreidimensionale kartesische Koordinatensystem WGS84 in der Geodäsie eingeführt (s. Abb. 2.5). Dieses Ellipsoid hat seinen Ursprungspunkt im Massenschwerpunkt der Erde (sog. Geozentrum). Die z-Achse wird entlang einer ungefähren Erdrotationsachse gebildet. Die x-Achse verbindet den Schnittpunkt von

Abb. 2.5 World Geodetic
System 1984 (WGS84)

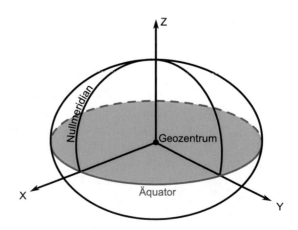

Äquatorebene und Nullmeridian mit dem Geozentrum. Die y-Achse läuft östlich in einem rechten Winkel zur x-Achse auf der Äquatorialebene (Gärtner 2019, S. 30–31). Dieses Bezugssystem liegt dem amerikanischen *Global Positioning System* (GPS) zugrunde (Hake et al. 2002, S. 41). Durch die Umrechnung von Koordinaten in dieses weltweit gültige Koordinatensystem ist es möglich, Ortsangaben von Punkten aus verschiedenen anderen (internationalen, nationalen, regionalen) Systemen einheitlich zu erfassen.

Um die Koordinaten eines regional angepassten Systems in ein übergeordnetes, globales Bezugssystem (WGS84) umzurechnen, werden die Koordinaten nach bestimmten Parametern transformiert. Bei der in der Geodäsie häufig angewandten *Helmert- bzw. 7-Parameter-Transformation* werden die Koordinatensysteme um bestimmte Werte gedreht (Rotationsparameter: Drehung der x-, y-, z-Achse) und gekippt (Translationsparameter: Verschiebung der x-, y-, z-Achse) und um einen Maßstabsfaktor vergrößert bzw. verkleinert (Skalierungsparameter).

Tab. 2.1 von Hake et al. (2002) listet die bekanntesten Referenzellipsoide auf:

2.3.6 Höhenbezugssysteme

Höhe in der Geodäsie beschreibt den lotrechten Abstand zu einer Bezugsfläche. Angewandte Höhenmessverfahren werden in Kap. 3 beschrieben. Ein amtlicher Höhenfestpunkt ist ein Punkt, dessen Höhe, Koordinaten und gegebenenfalls auch Schwerewert bestimmt sind und der im amtlichen Nachweis geführt ist. Aktuelles Höhennetz in Deutschland ist das Deutsche Haupthöhennetz 2016 (DHHN16). Daneben existieren verschiedene Höhenbezugsflächen, die an bestimmten Nullpunkten orientiert sind und dementsprechend mehr oder weniger vom Geoid abweichen (s. Abb. 2.6).

Die *ellipsoidische Höhe* (H_E) ist der lotrechte Abstand von der jeweiligen Ellipsoidoberfläche zu einem beliebigen Punkt P auf der Erdoberfläche. In Deutschland wird sich auf das GRS80-Referenzellipsoid bezogen. Sie werden durch satellitengesteuerte Messungen (GNSS) erhoben. Die Einwirkungen der Schwerkraft und lokale Abweichungen vom Normalschwerefeld durch eventuelle Dichteanomalien werden nicht berücksichtigt. Dafür ist diese Höhe aufgrund des Ellipsoids als eindeutig beschreibbare Bezugsfläche mathematisch leicht erfassbar.

Die Länge der Lotlinie vom Geoid zur Erdoberfläche wird als *orthometrische Höhe* (H_O) bezeichnet. Es ist die wissenschaftlich beste Definition einer Höhe, da sie physikalisch bestimmt ist. Allerdings ist die genaue Bestimmung von Schwerebeschleunigungswerten entlang der (gekrümmten) Linie nicht möglich, sodass diese Höhe fast nur von theoretischem Interesse ist. Die Geoindulation N ist der Abstand von Geoid zum Rotationsellipsoid.

Die *Normalorthometrische Höhe* (H_{NO}), auch Höhe über Normalnull (NN), ist eine Höhe, die sich auf die an das Geoid angenäherte Modellfläche NN bezieht und einen mathematisch ermittelten Normalschwerewert einbezieht.

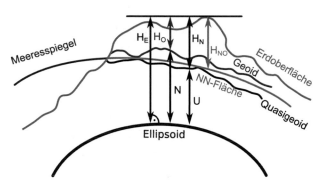

H_E : Ellipsoidische Höhe
H_O : Orthometrische Höhe
H_N : Normalhöhe (NHN)
H_{NO} : Normalorthometrische Höhe

N : Geoidundulation
U : Quasigeoidundulation

Abb. 2.6 Höhenbezugssysteme

Normalhöhe NHN (H_N) ist die Höhe über dem Quasigeoid. Das geglättete Geoid wurde von BKG und AdV im *German Combined Quasigeoid 2016* (GCG2016) realisiert und beinhaltet Informationen über lageabhängigen Höhenanomalien, die eine hohe Genauigkeit im Zentimeterbereich zulassen. Das DHHN16 ist aktuell Grundlage dieser Höhemessungen. Das Referenzellipsoid GRS80 mit Bezug zum Amsterdamer Pegel definiert die Parameter des Systems. Diese maßgeblichen physikalischen Höhen lassen sich mithilfe des GCG16 direkt aus den satellitengestützten ellipsoidischen Höhen berechnen ($H_N = H_E$ – Quasigeoidundulation) (Bezirksregierung Köln 2018, S. 3).

2.4   Kartennetzentwürfe

Ob digital oder analog: Karten sind ein selbstverständliches Hilfsmittel in unserem Alltag. Häufig wird angenommen, dass sie ein exaktes Abbild unserer Umgebung seien. Natürlich wird in der Geodäsie und Kartographie genau das versucht. Denkt man aber einmal über die Eigenschaften von der Erde und von Karten nach, wird eine wesentliche Herausforderung in der Kartographie deutlich: Wie kann die dreidimensionale Erdfigur möglichst genau in einer zweidimensionalen Karte dargestellt werden?

Um dieses Problem zu lösen, wurden verschiedene Arten von Kartenabbildungen, sogenannte *Kartennetzentwürfe,* entwickelt. Deren Ziel ist es, aus der gekrümmten Oberfläche der (dreidimensionalen) Erde eine ebene (zweidimensionale) Kartendarstellung zu erzeugen.

Die Transformation (Übertragung) von der Realität in eine Kartenabbildung erfolgt in Form dieser Kartennetzentwürfe, die – je nach Zweck – eines der drei folgenden Kriterien erfüllen müssen.

- Bei der *Längentreue* stimmt die gemessene Entfernung auf der Karte im Maßstabsverhältnis skaliert mit der tatsächlichen Entfernung der Erde überein.
- *Flächentreue* Karten geben Flächen auf der Karte im gleichen Verhältnis wieder, wie die tatsächlichen Flächen auf der Erde.
- In *winkeltreuen* Karten stimmen gemessene Winkel auf der Karte und tatsächliche Winkel auf der Erde überein.

Darüber hinaus gibt es sogenannte vermittelnde Abbildungen, die sowohl Eigenschaften von Winkel-, als auch von Flächentreue einbinden sollen. Die verschiedenen Kartennetzentwürfe haben je nach Anwendung und Zweck der Karte unterschiedliche Annäherungen und Transformationskriterien. Eine völlig verzerrungsfreie Abbildung ist nicht möglich. Mithilfe der sogenannten *Verzerrungstheorie* kann mathematisch der Grad der Verzerrung bei der Verebnung bestimmt werden.

Unter anderem werden die verwendeten Hilfskörper unterschieden, die genutzt werden, um die abzubildende Fläche auf eine Karte zu übertragen:

- Die *azimutale Abbildung* hat eine Ebene als Abbildungsfläche, die die Erdkugel an einem Punkt berührt oder schneidet. Je nach Lage des Projektionszentrums wird zwischen *gnomonischen* (Zentrum im Erdmittelpunkt), *orthographischen* (Zentrum im Unendlichen) und *stereographischen* (Zentrum am Gegenpol) Abbildungen unterschieden. Das Projektionszentrum stellt den Ursprung dar, von dem aus die Objekte von der Erde auf die Kartenabbildung übertragen werden.
- Bei der *Kegel- bzw. konischen Abbildung* berührt oder schneidet ein Kegel die Erdkugel.
- Die *Mercator- oder Zylinderabbildung* verwendet einen Zylinder als Hilfskörper, der die Erdkugel berührt oder schneidet.

(AK DGfK 2004, 2.3, S. 147)

Außerdem wird die Lage der Abbildungsflächen unterschieden:

- In der *normalen* oder *polständigen Lage* berührt oder schneidet die Ebene einen der Pole. Die Achsen von Kegel und Zylinder entsprechen der Erdachse.
- Die *transversale* oder *äquatorständige Lage* bedeutet, dass der Berühr- oder Schnittpunkt der Ebene auf dem Äquator liegt. Die Kegel- oder Zylinderachsen folgen der Äquatorebene.
- Die Ebene und die Achsen von Zylinder und Kegel berühren oder schneiden die Erde willkürlich in der *schiefen Lage*.

(AK DGfK 2004, 2.3, S. 148)

Abb. 2.7 zeigt die verschiedenen Kartennetzentwürfe mit ihren Abbildungsflächen und Varianten.

2.4.1 Abbildungssysteme

Da geodätische Koordinaten sich auf die Oberfläche eines Bezugsellipsoids beziehen und damit räumlich sind, können sie in der praktischen Anwendung im Vermessungswesen nur bedingt Anwendung finden. Es ist notwendig, Koordinaten verebnet darstellen zu können. Bestimmte Abbildungssysteme haben sich dafür in Deutschland bzw. weltweit als Standards bewährt:

Die *Gauß-Krüger-Abbildung* (GK-Abbildung) wird in Deutschland seit langem in der Vermessung eingesetzt. Sie bezieht sich auf das Bessel-Ellipsoid als Bezugskörper und das Potsdamer Datum als geodätisches Datum. Das auf einem transversalen Berührzylinder beruhende System gliedert das Bezugsellipsoid in 3° breite Meridianstreifen (insgesamt 120 längentreue Meridiane), ausgehend vom Nullmeridian in Greenwich in östliche Richtung: 3°, 6°, 9°, 12°, … (s. Abb. 2.8). Deutschland liegt im Bereich des 2. bis 5. Meridianstreifens (s. Abb. 2.9). Es ist eine konforme, winkeltreue Abbildung.

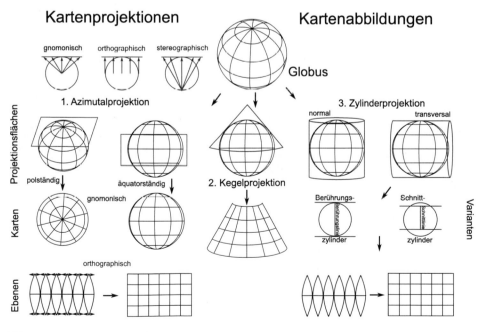

Abb. 2.7 Kartennetzentwürfe

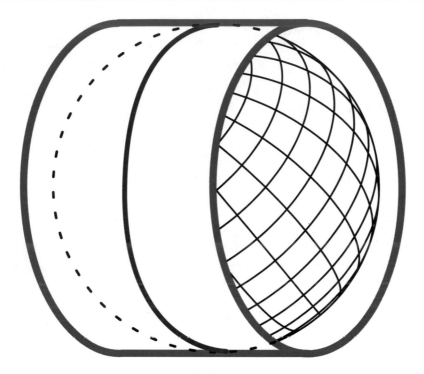

Abb. 2.8 Berührzylinder der Gauß-Krüger-Abbildung

Die rechtwinkligen Koordinaten im GK-System werden mit Rechts- und Hochwert angegeben. Die x-Achse stellt dabei der jeweilige *Mittelmeridian* (mit einer durch drei teilbaren Meridiannummer) dar. Der Ursprungspunkt der Koordinaten entspricht dem Schnittpunkt des Mittelmeridians und des Äquators. Die x-Werte (Hochwerte) entsprechen der wahren Distanz vom Äquator. Auf der Nordhalbkugel gibt es nur positive, auf der Südhalbkugel negative Hochwerte.

Um negative Rechtswerte (y-Werte) zu vermeiden, wird jeder Rechtswert eines Mittelmeridians mit 500.000 m angegeben. Diese Zugabe wird als *false easting* bezeichnet. Zur genauen Kennzeichnung wird dem Rechtswert immer die Kennziffer des jeweiligen Meridianstreifens vorangestellt. Diese werden berechnet aus der Längengradzahl des Mittelmeridians geteilt durch drei. Beispielsweise liegt der 3. Meridiansteifen 9° östlich des Nullmeridians und verläuft genau durch Hessen (9°: 3 = 3) (AK DGfK 2004, 2.3, S. 155–156).

Die Nomenklatur von GK-Koordinaten besteht aus einem siebenstelligen *Rechtswert* (Kennziffer des Meridianstreifens und östlicher Abstand zum jeweiligen Mittelmeridian in Meter plus 500.000 m) und einem sechsstelligen *Hochwert* (Abstand zum Äquator in Metern).

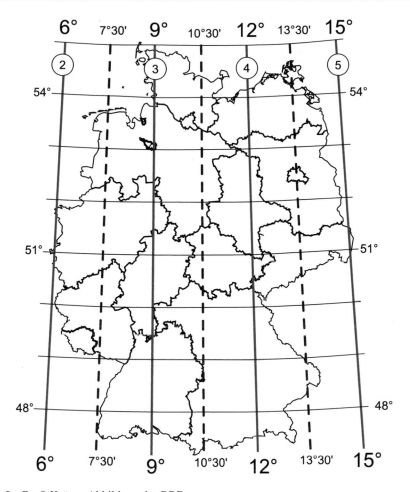

Abb. 2.9 Gauß-Krüger-Abbildung der BRD

Beispiel

(R): 4.593.701.766 (H) 5.820.994,398

H = Der Punkt liegt 5.820.994,398 m nördlich vom Äquator.

R = Der Punkt liegt im 4. Meridianstreifen. Der östliche Abstand zum Mittelmeridian auf 12° beträgt 93.701,766 m (593.701,766 m − 500.000 m). Es sind die Koordinaten des Holocaust-Denkmals in Berlin. ◄

Um Koordinaten wichtiger Gebiete auf den Trennlinien zweier Meridianstreifen genau angeben zu können, wird ein Überlappungsbereich von 20 min (20') eingerechnet. In diesem Bereich können die Koordinaten doppelt aufgenommen werden, je nach Bedarf bezogen auf den jeweils westlichen oder östlichen Mittelmeridian (Gärtner 2019, S. 32).

Die *UTM-Abbildung* (Universale Transversale Mercatorabbildung) verwendet wie die GK-Abbildung einen Zylinder in querachsiger (transversaler) Lage als Hilfskörper. Im Unterschied zum Berührzylinder schneidet dieser die Erde (s. Abb. 2.10). Die gesamte Erdoberfläche ist mit dieser Abbildung mit geringerer Verzerrung erfassbar. Bezugssystem ist das GRS80. Es werden 6° breite Meridianzonen gebildet (insgesamt 60 Meridianstreifen), beginnend mit dem Meridian der Datumsgrenze bei 180° östlicher Länge von Greenwich. Diese werden in östlicher Richtung durchnummeriert (1. Meridianzone zwischen 180° und 174° westliche Länge von Greenwich, 60. Meridianzone zwischen 174° und 180° östliche Länge von Greenwich). Im Gegensatz zur GK-Abbildung werden die Mittelmeridiane um den Faktor 0,9996 verkürzt dargestellt. In nördlicher bzw. südlicher Richtung wird die Abbildung bei 84° nördlicher Breite und 80° südlicher Breite begrenzt; die Abbildung der Pole erfolgt durch die *UPS-Abbildung* (Universal Polar Stereographic).

Breitenkreise in einem Abstand von 8° kreuzen die Mittelmeridiane. Die Benennung erfolgt mit Buchstaben von C bis X, wobei I und O wegen ihrer Ähnlichkeit zu den Ziffern 1 und 0 ausgelassen werden, und beginnt im südlichsten Breitenband.

Die 6° × 8° großen Flächen werden Zonenfelder genannt. Um UTM-Koordinaten einem Zonenfeld zuordnen zu können, wird den genauen Koordinatenangaben immer die Zahl der Meridianzone und der Buchstabe des Breitenkreises vorangestellt. Deutschland liegt zum größten Teil in der Zone 32 U (s. Abb. 2.11 und 2.12). Die Rechtswerte der verebneten, rechtwinkligen UTM-Koordinaten werden mit *Easting* (E) bezeichnet, die Hochwerte mit *Northing* (N). Das Koordinatensystem orientiert sich am jeweiligen Mittelmeridian und am Äquator. Wie beim GK-System erhalten die Mittelmeridiane (die senkrechte Achse des Koordinatensystems) einen Rechtswert 500.000 m.

Aus den Rechtswerten lässt sich ablesen, ob der Punkt westlich oder östlich vom jeweiligen Mittelmeridian liegt:

- E < 500.000 m = westlich des Mittelmeridians
- E > 500.000 m = östlich des Mittelmeridians

Abb. 2.10 Meridianstreifen der Gauß-Krüger-Abbildung

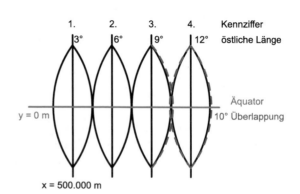

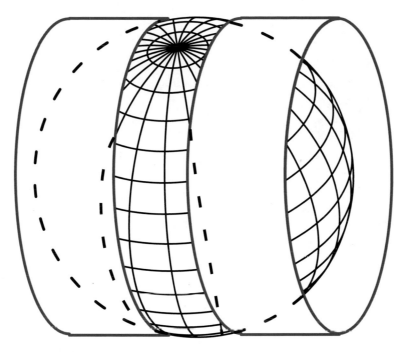

Abb. 2.11   Schnittzylinder der UTM-Abbildung

Abb. 2.12   UTM-Abbildung
der BRD

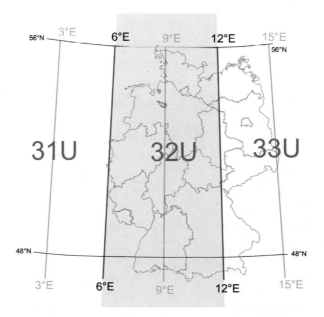

Beispiel

33U E: 319.724.8 N: 5.687.739.64

33 =   Meridianzone (Mittelmeridian auf 15°)

U =   Breitenband

E: 319.724.8 = Der Punkt liegt 180.275,2 m westlich des Mittelmeridians
            (319.724.8 m – 500.000 m)

N: 5.687.739.64 = Der Punkt liegt 5.687.739,64 m nördlich des Äquators.

Diese Koordinaten geben den Standort des Völkerschlachtdenkmals in Leipzig an. ◄

Tab. 2.2 zeigt wesentlich Gemeinsamkeiten und Unterschiede der beiden Abbildungssysteme auf Grundlage einer Tabelle des Landesamtes für Geoinformation und Landesvermessung Niedersachsen (LGLN o. D., o. S.).

Durch Koordinatentransformationen ist es möglich, die verschiedenen Koordinaten
ineinander umzurechnen. Dazu sind identische Punkte in beiden Systemen notwendig.

2.5   Was ist eine Karte?

Karten sind Werkzeuge zur Darstellung räumlichen Wissens. Unterschieden werden
kann unter anderem zwischen topographischen (Landkarten) und thematischen Karten
und zwischen analogen und digitalen Karten. Räumlich Informationen sollen in Karten

Tab. 2.2 Vergleich von UTM- und Gauß-Krüger-Abbildung

	Gauß-Krüger-Abbildung	UTM-Abbildung
Ellipsoid	Bessel-Ellipsoid	GRS80-Ellipsoid
Projektionsfläche	Transversale Zylinder-projektion	Transversale Zylinder-projektion
Ausdehnung der Abbildungs-systeme	3°-Meridianstreifen	6°-Zonensystem
Max. Längenverzerrung am Rand	1,00012 (12 cm/km)	1,00015 (15 cm/km)
Längenverzerrung des Mittel-meridians	1 (0 cm/km)	0,9996 (−40 cm/km)
Abbildungseigenschaften	Längentreue Abbildung des Hauptmeridians	2 längentreue Parameterlinien, verkürzte Abbildung des Mittelmeridians
Bezeichnung der Koordinaten	Rechtswert (R), Hochwert (H)	Easting (E), Northing (N)
Einheit der Koordinaten	Meter	Meter
False easting	500.000 m	500.000 m

übersichtlich und nachvollziehbar vermittelt werden. Charakteristisch für Karten ist, dass sie (bis auf spezielle Ausnahmen) *verebnet, (maßstäblich) verkleinert, vereinfacht (generalisiert), erläutert* und *georeferenziert* sind.

Karten schaffen Realitäten, indem sie Machtstrukturen einen räumlichen Bezug verleihen, die dadurch dann wie natürlich gegeben wirken können, zum Beispiel bei der Darstellung von Nationalstaatsgrenzen, die ein politisches Konstrukt sind und in der Regel keine natürliche Entsprechung haben. Auch die Art, wie etwas dargestellt wird, kann Machtstrukturen und Weltbilder transportieren. Wir sind an eurozentrische Weltkarten gewöhnt, die uns glauben lassen, unsere Lebensrealität sei in der Mitte der Welt verankert. Außerdem werden durch die Verzerrung der Flächen in die verebnete Karte die Größenverhältnisse der Nationen untereinander verzerrt wiedergegeben. Die Flächen von Ländern in Äquatornähe sind vergleichsweise flächentreu, während polnahe Flächen unverhältnismäßig vergrößert abgebildet werden. Deutlich wird das insbesondere am Beispiel Grönland, das auf einer Zylinderabbildung fast so groß wie Afrika erscheint, in Wirklichkeit aber circa vierzehnmal kleiner ist (Kollektiv Orangotango+ 2018, S. 13–15). Auf der Seite *truesizeof* (https://thetruesize.com/) können einzelne Länder ausgewählt und auf der Weltkarte verschoben werden, um die Verzerrung zu verdeutlichen.

Die Ausbildungskommission der Deutschen Gesellschaft für Kartographie (AK DGfK) stellt auf der Website der Gesellschaft die Broschüre „Tipps zum Kartenlesen" als PDF zum Download bereit (http://geomatik-ausbildung.de/download/ TIPPSzumKartenlesen.pdf). In dieser Übersicht werden die verschiedenen Karteninhalte und Bedeutungen kartographischer Signaturen anschaulich erläutert. In Kap. 7 werden die Themen Georeferenzierung, thematische Kartographie und Signaturierung ausführlich behandelt. Im folgenden Abschnitt werden daher lediglich formale Inhalte und Vorgehensweisen der Kartenherstellung und -bestandteile beschrieben.

2.5.1 Methoden der Kartenherstellung

Die Kartenherstellung ist die Gesamtheit alle Bearbeitungsschritte, deren Ergebnis eine gedruckte oder digitale Karte ergibt. Es wird unterschieden zwischen klassischer, rechnergestützter oder rein digitaler Produktion. Außerdem unterscheidet sich der Prozess danach, ob eine topographische oder eine thematische Karte das Endprodukt sein soll (Hake et al. 2002, S. 357–359; 365–366). Je nach Quelle gibt es verschiedene Bezeichnungen für die Einzelschritte des Prozesses und Unterschiede in der Zuordnung von Unterschritten. Die folgende Übersicht versucht eine allgemeine Prozessbeschreibung zu liefern.

Grundlegend ist die *Erstellung eines Kartenentwurfs.*

Dazu gehören:

- Materialauswahl
- Einhaltung von Gestaltungsrichtlinien
- Generalisierungsschritte
- Auswahl und Nutzung von Bearbeitungstechnologien
- Realisierung des Entwurfes

Zur *Kartenredaktion* allgemein gehören außerdem die Konzeptentwicklung des Auftrags und die Kalkulation.

In der *Kartenbearbeitung* erfolgt die (meistens digitale, seltener analoge) Herstellung der Originalkarte. Abgeschlossen wird dieser Schritt mit der sogenannten *Karten-imprimatur*. Diese Druckreiferklärung oder -freigabe erfolgt, nachdem die Karte inhaltlich und formell überprüft wurde.

Der abschließende *Kartendruck* beinhaltet für ein analoges kartographisches Produkt die Auswahl von Druckverfahren und eventuelle buchbinderische Weiterverarbeitungen, z. B. als Broschüre, Wanderkarte, Kartengraphik usw. Bei digitalen Karten erfolgt der „Druck" in Form der Internetpräsentation und eventuellen Einbettung in übergeordnete GIS.

Während all dieser Schritte gilt es, einige allgemeine Gesichtspunkte im Blick zu behalten:

- Die nutzbare Anlagen- und Maschinenausstattung
- Generelle Arbeitsplatzgestaltung
- Ablauf der einzelnen Prozessschritte
- Einsatz und Organisation von Personal
- Überwachung der Zeit- und Kostenpläne
- Datenarchivierung und Prozessdokumentation
- Qualitätssicherung

Zunehmende Bedeutung erhält das sogenannte Webmapping und Open Source Optionen, wie *Open Street Map* (OSM) (s. Kap. 9). Frei zugängliche Anwendungen für die digitale, interaktive Erstellung von Kartenprodukten ermöglichen eine Vielzahl verschiedener Zugänge und Nutzungen von kartographischen Daten in der breiten Gesellschaft. Diese Entwicklung hat ein großes Potential für die Verankerung und Sichtbarmachung politischer, gesellschaftlicher und ökonomischer Ereignisse innerhalb eines georeferenzierten Rahmens. Gleichzeitig sollte diese Art der Kartenproduktion in Bezug auf Vorgehensweise, Richtlinien und Genauigkeit der Angaben unterschieden werden von den Erhebungen und Produkten des amtlichen Vermessungswesens. Letzteres produziert die vermessungstechnischen und kartographischen Grundlagen für weiterführende Kartenprodukte.

2.5.2   Woraus besteht eine Karte?

Die äußeren, *formalen Bestandteile* einer Karte sind:

- Kartenfeld (Fläche, in der der Karteninhalt dargestellt wird)
- Hauptkarte
- Ggf. Nebenkarte (z. B. Verkleinerungen, Vergrößerungen, Ausschnitte)
- Ggf. Leerflächen (Flächen ohne Inhalt)
- Kartenrahmen (Fläche zwischen Kartenfeldrand und Kartenrand; enthält z. B. Koordinaten)
- Kartenrand (Fläche außerhalb des Kartenrahmen)
- Ggf. Überzeichnungen (Flächen, die über den Kartenfeldrand hinausgehen)
- Papierformat (Blattformat)

Die inneren, *sachlichen Bestandteile* sind:

- Karteninhalt (graphische und schriftliche Informationen, die Kartenthema darstellen)
- Kartennetz (Linien des geodätischen oder geographischen Koordinatennetzes)
- Kartenrandangaben (graphische und schriftliche Informationen im Kartenrand und -rahmen)

Zu den wesentlichen *Kartenrandangaben* gehören:

- Zeichenerklärung (Legende)
- Maßstab
- Koordinatenreferenzsystem (im Kartenrahmen)
- Impressum
- Titel
- Quellennachweis (bei thematischen Karten)
- Blattschnittangaben
- ggf. Logos, freier Text, Abbildungen usw.

(Gärtner 2019, S. 463)

Die Abb. 2.13 und 2.14 zeigen die äußeren und inneren Bestandteile einer Karte.

2.5.3   Kartographische Darstellungsformen

Je nach vorhandenen und zu vermittelnden Informationen, Zweck, Aufbau und technischen Möglichkeiten werden für unterschiedliche Anlässe verschiedenen kartographische Produkte verwendet.

Umgangssprachlich werden sie alle unter dem Überbegriff Karte zusammengefasst.

Abb. 2.13 Äußere
Bestandteile einer Karte

Formale Bestandteile einer Karte

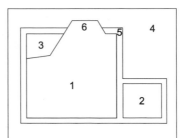

1. Kartenfeld
2. Nebenkarte
3. Leerfläche
4. Kartenrahmen
5. Kartenrand
6. Überzeichnung

Inhaltliche Bestandteile einer Karte

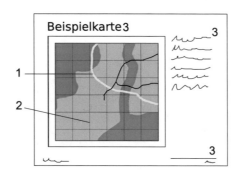

1. Karteninhalt
2. Kartennetz
3. Karten-
   randangaben

Abb. 2.14 Innere Bestandteile einer Karte

Eine wesentliche Unterscheidung in der Kartographie und Geodäsie ist die zwischen topographischen und thematischen Karten. *Topographische Karten* geben „räumliche Objektbezüge" (Hake et al. 1994, S. 461) wieder. *Thematische Karten* vermitteln auf dieser Grundlage weiterführende Informationen über spezielle Themen, die einen Raumbezug aufweisen bzw. dadurch unterstützt werden (Hake et al. 1994, S. 461).

Darüber hinaus existiert eine Vielzahl unterschiedlicher *kartographischer Darstellungsformen*. Deren genaue Abgrenzungen untereinander, Definitionen und Klassifizierungsmerkmale werden in der Geodäsie und Kartographie teilweise unterschiedlich eingeordnet. Die hier aufgeführten Definitionen orientieren sich an dem „Lexikon der Kartographie und Geomatik" in zwei Bänden (erschienen 2001 und 2002) herausgegeben von Jürgen Bollmann und Wolf Günther Koch. Das Lexikon ist auch online verfügbar unter dem Link: https://www.spektrum.de/alias/lexikon/lexikon-der-kartographie-und-geomatik/602515.

- *Karten* als zentrale Darstellungsform
- *Kartogramme* zählen zu statistischen Karten, werden aber auch als eigenständige Darstellungsform behandelt. Sie zeichnen sich durch eine meist vereinfachte Basiskarte und die anschauliche Darstellung statistischer Angaben mit räumlichem Bezug aus. (Punktkartogramm, Flächenkartogramm, Diakartogramm, Bandkartogramm, Felderkartogramm)
- Raumtreue Darstellungsformen:
  - *Kartenskizzen* stellen Inhalte mehr oder weniger vereinfacht dar und können auch kognitive Karten mit „subjektiv bedingten Verzerrungen" (Bollmann und Koch 2001, S. 447) sein
  - *Chorème* sind stark abstrahierte Darstellungen der Elemente, zur überblicksartigen Darstellung komplexer räumlicher Sachverhalte, die Strukturen quasi nur noch durch Signaturen nachahmen
  - *Kartenschemata* (Topogramme): Dies sind „stark schematisierte kartographische Darstellungsformen, bei denen nur einzelne Punkte bzw. Elemente des Georaums lagetreu wiedergegeben werden" (Bollmann und Koch 2001, S. 445). Eine topologisch korrekte Darstellung der Lagebeziehungen bleibt erhalten. Sie werden häufig zur Darstellung von Verkehrsnetzen angewandt und zur Raumplanung bzw. -ordnung
  - *Informationsgraphiken* (bedingt): Sie sind „vorrangig in den Massenmedien eingesetzte graphische oder kartographische Darstellungsform[en], die in Ergänzung gedruckter oder gesprochener Texte mit georäumlichen Inhaltsbezügen zu deren visuell-bildhafter Veranschaulichung zielgerichtet hergestellt und eingesetzt" werden (Bollmann und Koch 2001, S. 397). Dazu gehören Diagramme, Karten und kartenähnliche Darstellungen. Sie sind leicht lesbar und visuell leicht erfassbar.
- Stark bildhafte Darstellungen:
  - *Kartographiken* sind „kartographische Darstellungsform[en], die mit zumeist bildhaften und häufig nicht maßstäblich angewandten kartographischen Gestaltungsmitteln Objekte des Georaums, insbesondere Landschaften und Städte, aber auch Länder, Kontinente und sonstige geographische Einheiten stark verallgemeinert subjektiv darstell[en]" (Bollmann und Koch 2002, S. 12). Sowohl kartographische als auch künstlerische Elemente werden verwendet. Kartographiken werden vorrangig zu Werbezwecken in der Touristenbranche eingesetzt.
  - *Bildkarten* sind historische, gemalte kartographische Darstellungen, wie *Kartengemälde*. *Luftbild-* und *Satellitenbildkarten* zählen auch zu den Bildkarten, außerdem „kartenähnliche Landschaftsdarstellungen als Grundrissdarstellung oder in Schrägsicht unter Verwendung von bildhaften bzw. naturalistischen graphischen Ausdrucksmitteln" (Bollmann und Koch 2002, S. 88).
- Kartenverwandte Darstellungen:
  - *Kartenanamorphoten* stellen Objekte und Verhältnisse in Abhängigkeit bestimmter Wertmaßstäbe dar. Die dadurch entstehende Verzerrung geht über die Verzerrung

der Verebnung bewusst hinaus, um die thematischen Informationen visuell erfassbar zu machen.

* Es gibt ein zunehmendes Interesse an sogenannten *kartographischen Medien* im Hinblick auf die Nutzung digitaler Angebote und Möglichkeiten, wie Webmapping (s. Kap. 9).

2.5.4 Topographische Kartenwerke

Aufgabe des amtlichen Vermessungswesens ist die Bereitstellung und Aktualisierung lückenloser, d. h. bundesweit flächendeckender topographischer Kartenwerke in verschiedenen Maßstäben. Kleinmaßstäbige Karten ab einem Maßstab von 1:200.000 werden vom BKG angeboten.

Die jeweiligen Länder stellen unterschiedliche Landeskartenwerke bereit, z. B. in Rheinland-Pfalz die Deutsche Grundkarte im Maßstab 1:5.000 (DGK5) und die topographischen Karten im Maßstab 1:25.000 (TK25), 1:50.000 (TK50) und 1:100.000 (TK100). Die amtlichen TK werden digital in Form von Rasterdaten als Digitale Topographische Karten (DTK) bereitgestellt und können nach Bedarf bei den jeweiligen Stellen als gedruckte Version angefordert werden.

Da die Karten im Maßstab 1:5.000 und 1:10.000 nicht in allen Bundesländern vertrieben werden und teilweise abweichende Bezeichnungen haben, wird in Tab. 2.3 lediglich ein Überblick der „Standardwerke" TK25, 50 und 100 aufgeführt. Die abgebildeten UTM-Koordinaten beziehen sich auf das ETRS89. Die hier verwendeten Informationen stammen von der Website des Landesamtes für Vermessung und Geobasisinformation Rheinland-Pfalz (LVermGeo o. D., o. S.) über topographische Kartenwerke und der Hessischen Verwaltung für Bodenmanagement und Geoinformation (HVBG o. D., o. D., o. D., o. S.).

2.5.5 Kartenmaßstäbe

Karten stellen eine verkleinerte Abbildung der realen Welt dar. Um die in den Karten enthaltenen Informationen sinnvoll nutzen zu können, ist es also notwendig, zu wissen, in welchem Maße die Objekte in der Karte verkleinert wurden. Dafür werden Kartenmaßstäbe verwendet, die angeben, in welchem Verkleinerungsverhältnis die Kartenobjekte zu den realen Entsprechungen stehen.

Gleichzeitig gibt es auch Kartenmaßstäbe, die durch Signaturgröße, Farbe oder Entfernung der Objekte oder Signaturen untereinander quantitative Aussagen geben können.

Maßstäbe ermöglichen:

* Verständnis kartographischer Elemente (Signaturen, Farben) in einer Karte
* Ablesen und Vergleichen von Strecken bzw. Flächen

Tab. 2.3 Überblick der topographischen Karten TK25, 50 und 100

	Blattschnitt	Maßstab	Blattbezeichnung	Leitfarbe	Vorrangige Verwendung
TK25	Geographische Netzlinien mit 10' geographischer Länge und 6' geographischer Breite (Gradabteilungskarte)	1:25.000 4 cm Kartenstrecke = 1 km Naturstrecke	Vierstellige Blattnummer, Name des größten Ortes	Grün	Wanderkarte
TK50	Geographische Netzlinien mit 20' geographischer Länge und 12' geographischer Breite	1:50.000 2 cm Kartenstrecke = 1 km Naturstrecke	Vierstellige Blattnummer, Kennbuchstabe L, Name der größten Ortschaft	Blau	Radwanderkarte
TK100	Geographische Netzlinien mit 40' geographischer Länge und 24' geographischer Breite	1:100.000 1 cm Kartenstrecke = 1 km Naturstrecke	Vierstellige Blattnummer, Kennbuchstabe C, Name der größten Ortschaft	Rot	Überblickskarte

- Ablesen von thematischen Werten aus Karten für z. B. Statistiken
- Erkennen von Höhenunterschieden im dargestellten Gebiet
- Geben insgesamt Informationen über das abgebildete Areal
- Vereinfachte Darstellung von geographischen Gegebenheiten

Unterschiedliche Maßstabsarten werden für unterschiedliche Anforderungen verwendet:

Der bekannteste Maßstab im Zusammenhang mit Karten ist sicherlich der *Längenmaßstab* (numerischer Maßstab). Dieser gibt das Verhältnis der Verkleinerung einer Naturstrecke auf eine Kartenstrecke an. Eine Karte hat beispielsweise einen Längenmaßstab 1:25.000 (sprich eins zu fünfundzwanzigtausend), wobei 25.000 die Maßstabszahl ist. Dabei handelt es sich um cm-Angaben. Eine Kartenstrecke von 1 cm entspricht einer Naturstrecke von 25.000 cm, also 250 m. Dieser Maßstab wird üblicherweise bei Wanderkarten verwendet.

$$SN = SK \times \text{Maßstabszah}$$

$$SK = SN : \text{Maßstabszah}$$

$$SK : SN = M = 1 : m$$

▶ „Große" und „kleine" Maßstäbe: Häufig spricht man von Karten mit großem oder kleinem Maßstab. Dabei werden gerne Maßstab und Maßstabszahl verwechselt. Ein „großer" Maßstab hat eine niedrige Maßstabszahl. Die abgebildeten Inhalte werden dementsprechend groß dargestellt (z. B. 1:25.000). Ein „kleiner" Maßstab, z. B. 1:1.000.000 hat eine große Maßstabszahl, bildet die Realität aber kleiner, also weniger detailliert ab.

Der *Flächenmaßstab* funktioniert genauso wie der Längenmaßstab, außer dass er das Verhältnis einer Naturfläche zur Kartenfläche angibt.

$$FN = FK \times \text{Maßstabszahl}^2$$

$$FK = FN : \text{Maßstabszahl}^2$$

Ein *graphischer Längenmaßstab* dient dem direkten Abgreifen und Vergleich von Längen auf einer Karte. Der Vorteil bei diesem Maßstab ist, dass er sich eventuellen Dimensionsänderungen der Karte anpasst, z. B. durch Nasswerden der Karte. Dargestellt wird er meistens in Form einer Maßstabsleiste oder -skala (Bollmann und Koch 2002, S. 130).

Ein *Neigungsmaßstab* (graphischer Maßstab) gibt Geländewinkel (Neigungswinkel) auf Höhenlinien an und vermittelt somit Informationen über Höhenunterschiede in dem abgebildeten Gelände. Der Abstand der Höhenlinien wird entsprechend zum Höhenunterschied zur Grundlinie dargestellt. Konventionell werden steile Höhenunterschiede mit eng aneinander liegenden Höhenlinien dargestellt, wobei sanfte Steigungen bzw. Gefälle mit weiter auseinanderliegenden Höhenlinien gekennzeichnet werden.

Wertmaßstäbe (Signaturen- und Größenmaßstab) werden verwendet, um quantitative Angaben auf thematischen Karten zu treffen. Beispielsweise werden Wertegruppen mithilfe von Signaturen oder Farben dargestellt. Üblicherweise gilt: Je höher der Wert, desto größer die Signatur bzw. dunkler die Farbe.

2.5.6   Nordrichtungen

Wo ist Norden? Immer in der Richtung, in die die Kompassnadel zeigt? In Wirklichkeit gibt es mehrere Nordrichtungen, die in der Geodäsie unterschiedliche Anwendung finden:

Geographisch Nord zeigt, wie der Name schon sagt, in Richtung des geographischen Nordpols. Die Richtung wird durch die Meridiane (Längen- bzw. Großkreise) gebildet. Der geographische Nordpol ist der Punkt, in dem sich alle Meridiane in der Nordhemisphäre treffen. Der Nullmeridian, von dem beginnend die geographische Länge gezählt wird, geht durch Greenwich in London. Der Winkel zwischen GgN und MgN ist die *Deklination*.

Gitternord ergibt sich aus dem kartesischen Meridianstreifensystem, also der Richtung der Parallelen zum Mittelmeridian. Nur im Mittelmeridian (der Meridian, der in der Mitte eines Kartennetzentwurfes liegt und daher meist als Gerade dargestellt wird) entspricht Gitternord Geographisch Nord. Der Winkel zwischen GiN und GgN wird als *Meridiankonvergenz* bezeichnet.

Magnetisch Nord weist die Richtung zum magnetischen Nordpol. Da dieser nicht stabil ist, ist diese Nordrichtung nicht konstant, sondern unterliegt Abweichungen. Der Winkel zwischen MgN und GiN heißt *Nadelabweichung* d. Die Werte von Nadelabweichung und Deklination sind variabel, da das Magnetfeld der Erde schwankt (Bollmann und Koch 2002, S. 180).

Abb. 2.15 stellt die verschiedenen Nordrichtungen und ihre jeweiligen Abweichungen zueinander dar.

2.6   Perspektive

Perspektive „beschreibt die Ansicht eines Objekts [...] von einem bestimmten Standort aus" (Bollmann und Koch 2002, S. 212). In der Geomatik und Kartographie werden Perspektivarten genutzt, um in einer zweidimensionalen Abbildung eine Tiefenwirkung und einen räumlichen Eindruck der dargestellten Elemente zu erzeugen.

Es gibt unterschiedliche Projektionszentren, von denen aus abgebildet wird (s. Kartennetzentwürfen in Abschn. 2.4). Die Zentralprojektion nutzt einen festen Fluchtpunkt, von welchem aus das Objekt abgebildet wird. Bei der Parallelprojektion werden

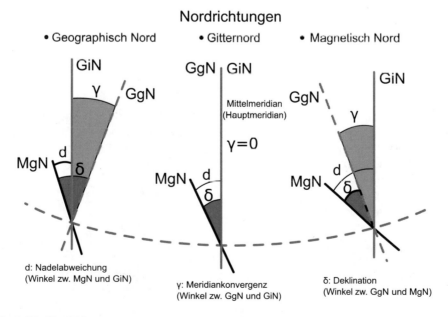

Abb. 2.15 Nordrichtungen

Projektionsstrahlen parallel zu den Objektlinien abgebildet. Daraus ergeben sich unterschiedliche Ansichten der gleichen Objekte (s. Abb. 2.16).

Durch das Verfahren der *Axonometrie* ist es möglich, „anschauliche Bilder räumlicher Objekte zu erhalten, die auch die Proportionen der Objekte erhalten […]. Eine Axonometrie ist ein Parallelriss eines Objektes in einem räumlichen kartesischen Koordinatensystem (0, x, y, z)" (Leopold 2015, S. 71). Axonometrische Projektionen sind Parallelprojektionen, deren genaue Zeichenvorschriften in der DIN 5 T1 „Zeichnungen; Axonometrische Projektionen, Isometrische Projektion" definiert werden (Böttcher 1990, S. 358). In der Kartographie wird die isometrische Axonometrie bevorzugt, bei der alle drei Achsen „gleichmäßig" (isometrisch) dargestellt werden, um so eine übersichtliche Vorstellung von dem abgebildeten Raumobjekt zu erhalten. Die Konstruktion des abgebildeten Objektes erfolgt durch Festlegung von Winkeln, nach denen die Grundform im kartesischen Koordinatensystem gedreht und gekippt wird. Der darzustellende Körper wird mindestens um 30° gekippt zur Grundlinie dargestellt, der Fluchtpunkt liegt im Unendlichen (Kurz und Wittel 2014, S. 62).

Das Grundlagenwerk „Geometrische Grundlagen der Architekturdarstellung" von Cornelie Leopold bietet einen ausführlichen Einstieg in das Thema Perspektivprojektionen.

Kurz gesagt ist es mithilfe dieses Verfahrens möglich, beispielsweise ein Haus in einer zweidimensionalen Abbildung nicht nur als Grundform, sondern mit einer Raumwirkung darzustellen (s. Abb. 2.17). Heutzutage werden solche Zeichnungen vorrangig mithilfe von CAD-Software erstellt, die in der Regel eine dreidimensionale Ansicht ermöglichen. Dennoch ist es als Geomatiker:in wesentlich, sowohl zwei- als auch dreidimensionale technische Zeichnungen von Raumobjekten verstehen und erstellen zu können.

2.7   Lernaufwand und -angebot

Lernfeld 2 verbindet Kernthemen der Geodäsie und Kartographie. Dadurch erhalten Auszubildende der Geomatik ein Grundverständnis für den Aufbau der Erde, mögliche mathematische Annäherungen an diese und Möglichkeiten, die Erde oder Ausschnitte

Abb. 2.16 Zentralprojektion und Parallelprojektion

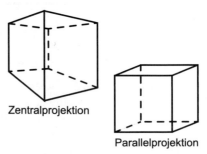

Abb. 2.17 Isometrische
Axonometrie eines
rechteckigen Hauses

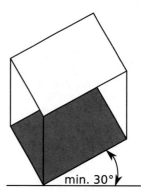

der Erdoberfläche in Form von Kartenprodukten wiederzugeben. Zur Orientierung in und mit Karten werden notwendige Karteninhalte, wie Maßstäbe, Nordrichtungen und Abbildungssysteme erläutert. Da dieses Wissen sowohl komplex als auch grundlegend für die Tätigkeit als Geomatiker:in ist, wird dieses Lernfeld bereits im ersten Lehrjahr mit 100 Unterrichtsstunden veranschlagt. Darüber hinaus werden Kernkompetenzen, wie Kartenlesen und Zeichnen (analog und digital), sowohl in der Berufsschule als auch im Betrieb immer wieder geübt.

Die folgenden Fragen bieten eine Möglichkeit, dein Wissen in diesem Bereich zu prüfen:

Fragen

Welche verschiedenen Höhen gibt es und worauf beziehen sie sich jeweils?

Wie sind UTM und GK-Koordinatensysteme aufgebaut und worin unterscheiden sie sich?

Zeichne einen beliebigen Punkt in geographischen Koordinaten auf einer schematischen Erdkugel ein. Wie viele Längen- und Breitengrade gibt es?

Beschreibe die Schritte der Kartenherstellung stichpunktartig. Du sollst ein Kartenprodukt für die Darstellung des ÖPNV in Leipzig erstellen. Welche kartographische Darstellungsform wählst du und warum?

Welche inhaltlichen Bestandteile hat eine Karte? Welche topographischen Kartenwerke kennst du und was charakterisiert sie?

In einer TK25 greift eine Wanderin eine Wegstrecke von 3,75 cm ab. Was für einen Maßstab hat die Karte und wie lang ist die entsprechende Naturstrecke?

Was ist ein Rotationsellipsoid und welche konkreten Bezugsellipsoide kennst du? Was ist das WGS84 und wozu dient es?

Benenne die Winkel der Abweichungen der Nordrichtungen untereinander und wodurch sie sich charakterisieren lassen.

Literatur

Bezirksregierung Köln, Abteilung Geobasis NRW (Hrsg) (2018) Normalhöhen und Höhenbezugs-flächen in Nordrhein-Westfalen. https://www.bezreg-koeln.nrw.de/brk_internet/publikationen/abteilung07/pub_geobasis_normalhoehen.pdf. Zugegriffen: 24. Nov. 2021

Bollmann J, Koch W G (Hrsg) (2001) Lexikon der Kartographie und Geomatik. A bis Karti, Bd. 1. Spektrum, Heidelberg

Bollmann J, Koch WG (Hrsg) (2002) Lexikon der Kartographie und Geomatik. Karti bis Z, Bd. 2. Spektrum, Heidelberg

Böttcher P (1990) Technisches Zeichnen. Vieweg+Teubner, Stuttgart, Berlin, Köln

Gärtner M (Hrsg), Asbeck M, Drüppel S, Skindelies K, Stein M (2019) Vermessung und Geo-information. Fachbuch für Vermessungstechniker und Geomatiker. Selbstverlag Michael Gärtner, Solingen

Hake G, Grünreich D, Meng L (2002) Kartographie: Visualisierung raum-zeitlicher Informationen. De Gruyter, Berlin, New York

HVBG (Hrsg) (o. D.) Topographische Karte (TK25). https://hvbg.hessen.de/topographische-karte-tk25. Zugegriffen: 24. Nov. 2021

HVBG (Hrsg) (o. D.) Topographische Karte (TK50). https://hvbg.hessen.de/topographische-karte-tk50. Zugegriffen: 24. Nov. 2021

HVBG (Hrsg.) (o. D.) Topographische Karte (TK100). https://hvbg.hessen.de/topographische-karte-tk100. Zugegriffen: 24. Nov. 2021

Kollektiv Orangotango+ (Hrsg) (2018) This is not an atlas. https://www.rosalux.de/fileadmin/rls_uploads/pdfs/sonst_publikationen/This_Is_Not_An_Atlas.pdf. Zugegriffen: 1. Nov. 2021

Kommission Aus- und Weiterbildung DGfK (Hrsg) (2004) Focus. Kartographie. Grundlagen der Geodatenvisualisierung. Ausbildungsleitfaden Kartograph/in. CD-ROM im PDF-Format

Kurz U, Wittel H (2014) Böttcher/Forberg. Technisches Zeichnen. Grundlagen, Normung und Projektaufgaben. Springer, Wiesbaden

Leopold C (2015) Geometrische Grundlagen der Architekturdarstellung. Springer, Wiesbaden

LGLN (Hrsg.) (o. D.) Was unterscheidet die Gauß-Krüger-Abbildung von der UTM-Abbildung. https://www.lgln.niedersachsen.de/startseite/online_angebote_amp_services/hilfe_amp_support/frequently_asked_questions_faq/was-unterscheidet-die-gau-krueger-abbildung-von-der-utm-abbildung-51596.html. Zugegriffen: 24. Nov. 2021

LVermGeo (Hrsg) (o. D.) Digitale Topografische Landkartenwerke. https://lvermgeo.rlp.de/de/produkte/geotopografie/digitale-topografische-karten/. Zugegriffen: 24. Nov. 2021

Josefine Klaus hat 2018 ihre Ausbildung als Geomatikerin am Landesamt für Vermessung und Geobasisinformation RLP in Koblenz abgeschlossen. Sie studierte Kulturwissenschaften in Leipzig und war 2022 bei der Erstellung der kartenbasierten Geschichtsapp „Frankfurt History" beteiligt. Ihr Schwerpunkt ist niedrigschwellige und zeitgemäße Wissensvermittlung.

Geodaten erfassen und bearbeiten 3

Michael Franz

3.1 Lernziele und -inhalte

In diesem Kapitel werden wesentliche Grundlagen zur Erfassung und Bearbeitung von Geodaten vermittelt. Zu Beginn des Kapitels werden mathematische Grundlagen wiederholt. Es werden die Messverfahren zur Lage- und Höhenmessung vorgestellt sowie die dabei verwendeten Messgeräte. Einen großen Teil nehmen die Koordinatenberechnungen ein. Davon ausgehend werden auch Flächenberechnungen durchgeführt. Es werden Aussagen zur Lagegenauigkeit der Koordinaten gemacht. Auch auf die Datenformate, in denen Geodaten gespeichert werden, wird in diesem Kapitel eingegangen. Vorschriften zur Erfassung und Darstellung von Geodaten, wie sie im Rahmenlehrplan vorgesehen sind, sollen von Berufsschule bzw. Betrieb vermittelt werden (Abb. 3.1).

3.2 Mathematische Grundlagen

In diesem Abschnitt werden die wichtigsten mathematischen Grundlagen wiederholt, da auf ihnen die vermessungstechnischen Berechnungen beruhen, die in den anschließenden Abschnitten vorgestellt werden.

In der Geodäsie werden Strecken und Richtungen gemessen. Die Drehrichtung ist – im Gegensatz zur Schulmathematik – im Uhrzeigersinn. Das Koordinatensystem ist linkshändig.

M. Franz (✉)
Vermessungs- und Katasteramt Westeifel-Mosel, Bernkastel-Kues, Deutschland
E-mail: micfranz@t-online.de

J. Klaus (Hrsg.), *Geomatik*, https://doi.org/10.1007/978-3-662-66274-8_3

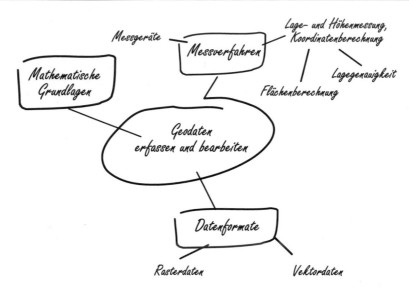

Abb. 3.1 Lernziele und -inhalte

3.2.1 Einheiten

3.2.1.1 Längeneinheiten

Basiseinheit für die Länge ist der Meter. Er ist definiert als die Länge der Strecke, die das Licht im Vakuum während der Dauer von 1/299 792 458 s zurücklegt. Der Meter wurde im Deutschen Reich am 1. Januar 1872 eingeführt und löste ältere Längeneinheiten ab. Einen Überblick über das metrische Einheitensystem gibt Tab. 3.1.

3.2.1.2 Flächeneinheiten

Basierend auf den Längeneinheiten ergeben sich die Flächeneinheiten (s. Tab. 3.2).

Tab. 3.1 Längeneinheiten

Bezeichnung	Abkürzung	In m	Als Vielfaches	Als Bruch
Kilometer	km	1000 m	1000 m	–
Meter	m	1 m	10 dm	0,001 km
Dezimeter	dm	0,1 m	10 cm	0,1 m
Zentimeter	cm	0,01 m	10 mm	0,1 dm
Millimeter	mm	0,001 m	–	0,1 cm

Tab. 3.2 Flächeneinheiten

Bezeichnung	Abkürzung	In m^2	Als Vielfaches	Als Bruch
Quadratkilometer	km^2	$1000000\,m^2$	100 ha	–
Hektar	ha	$10000\,m^2$	100 a	$0{,}01\,km^2$
Ar	a	$100\,m^2$	$100\,m^2$	0,01 ha
Quadratmeter	m^2	$1\,m^2$	$100\,dm^2$	0,01 a
Quadratdezimeter	dm^2	$0{,}01\,m^2$	$100\,cm^2$	$0{,}01\,m^2$
Quadratzentimeter	cm^2	$0{,}0001\,m^2$	$100\,mm^2$	$0{,}01\,dm^2$
Quadratmillimeter	mm^2	$0{,}000001\,m^2$	–	$0{,}01\,cm^2$

3.2.2 Winkelmaße

Der (Horizontal-)winkel ist die Differenz zweier Richtungen. Die Größe eines Winkels wird mit einem Winkelmaß angegeben.

3.2.2.1 Gon und Grad

Neben dem Winkelmaß **Grad,** das man aus der Schulmathematik kennt, gibt es das Winkelmaß **Gon,** das in der Regel in der Vermessung verwendet wird. Ein Vollkreis hat 400 gon, für den Halb- und Viertelkreis ergeben sich daher folgende Werte (s. Tab. 3.3).

Umrechnung von Gon in Grad und von Grad in Gon:

$$1\ gon = 0{,}9° \tag{3.1}$$

$$1° = \frac{10}{9}\ gon \tag{3.2}$$

> Auf dem Taschenrechner lassen sich die Winkelmaße grad (degree) und gon (grad) einstellen. Man beachte die unterschiedlichen deutschen und englischen Verwendungen für das Wort Grad/grad!

Tab. 3.3 Gon und Grad

Winkelmaß	Vollkreis	Halbkreis	Viertelkreis
Gon	400	200	100
Grad	360	180	90

Sexagesimalsystem

Das Winkelmaß Grad benutzt kein Dezimalsystem (10er-System), sondern ein Sexage-simalsystem (60er-System), d. h., 1 Grad hat 60 min und 1 min 60 s.

° steht für Grad, ′ für Minute und ″ für Sekunde, d. h.

$1° = 60′ = 3600″$ und $1′ = 60″$.

Umrechnung vom Sexagesimalsystem in das Dezimalsystem

Werden Winkel in Grad angegeben, ist es notwendig, Winkelweiten vom Sexagesimal-system in das Dezimalsystem umzurechnen, um sie beispielsweise in Gon anzugeben.

$$1\ Dezimalgrad = Grad + \frac{\dfrac{Sekunden}{60″} + Minuten}{60′}$$

Beispiel

$$134°\ 37′\ 46″ = 134° + \frac{\dfrac{46″}{60″} + 37′}{60′} = 134{,}6294°$$

Umrechnung in Gon:

$$134{,}6294° = 149{,}5883\ gon$$

Umrechnung vom Dezimalsystem in das Sexagesimalsystem

$Grad\ (Dezimalstelle)\ \cdot\ 60 = \min$
$Minuten\ (Dezimalstelle)\ \cdot\ 60 = s$

Beispiel
$13{,}9315°$
$0{,}9315° = 55{,}89′$
$0{,}89′ = 53{,}4″$
$\Rightarrow 13{,}9315° = 13°\ 55′\ 53{,}4″$

3.2.2.2 Bogenmaß, Radiant

Das **Bogenmaß** α eines Winkels ist definiert als das Verhältnis der Länge des Kreisbogens b um Radius r (s. Abb. 3.2).

$$\alpha := \frac{b}{r} \tag{3.3}$$

Beim Einheitskreis $(r = 1)$ gilt: $\alpha = b$
Einheit
Das Bogenmaß wird in der Einheit **Radiant** (rad) angegeben.

Abb. 3.2 Bogenmaß

Umrechnung von rad in gon

Der Umfang des Kreises beträgt $U = 2\pi r$.

Beim Einheitskreis ($r = 1$) beträgt der Umfang $U = 2\pi$.

$$1\ rad = \frac{400\ gon}{2\pi} = \frac{200\ gon}{\pi} = 63{,}6620\ gon \tag{3.4}$$

Zur Kurzschreibweise definiert man: $63{,}6620\ gon =: \rho(rho)$

Umrechnung von rad in grad

$$1\ rad = \frac{360°}{2\pi} = \frac{180°}{\pi} = 57{,}2957° \tag{3.5}$$

Berechnungen mit dem Bogenmaß

Es gilt:

$$\frac{\alpha}{400\ gon} = \frac{b}{U}$$

$$\Leftrightarrow \frac{\alpha}{400\ gon} = \frac{b}{2\pi r}$$

$$\Leftrightarrow \frac{\alpha \cdot 2\pi}{400\ gon} = \frac{b}{r}$$

$$\Leftrightarrow$$

$$\frac{\alpha}{\rho} = \frac{b}{r} \tag{3.6}$$

3.2.3 Das Dreieck

3.2.3.1 Allgemeines und rechtwinkliges Dreieck

Das Dreieck ist die wichtigste geometrische Figur in der Geodäsie, da bei der Landesvermessung die Fläche in Dreiecke aufgeteilt wurde (Abb. 3.3).

Die Summe der Innenwinkel im allgemeinen Dreieck beträgt 200 gon.

Bezeichnungen im rechtwinkligen Dreieck (Abb. 3.4):

Abb. 3.3 allgemeines Dreieck
mit Höhen

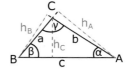

Abb. 3.4 rechtwinkliges
Dreieck

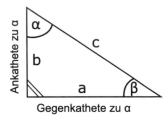

Tab. 3.4 Sinus, Cosinus, Tangens, Cotangens

Sinus	Cosinus	Tangens	Cotangens
Gegenkathete	Ankathete	Gegenkathete	Ankathete
Durch	Durch	Durch	Durch
Hypotenuse	Hypotenuse	Ankathete	Gegenkathete

- **Hypotenuse:** die längste Seite in einem rechtwinkligen Dreieck. Sie liegt gegenüber dem rechten Winkel.
- **Ankathete:** Seite, die an dem bezeichneten Winkel anliegt.
- **Gegenkathete:** Seite, die dem bezeichneten Winkel gegenüberliegt.

3.2.3.2 Sinus, Cosinus, Tangens, Cotangens

Ausgehend von den Bezeichnungen im rechtwinkligen Dreieck werden die Winkelfunktionen, wie in Tab. 3.4 angegeben, definiert.

Merkspruch: Das ist die **Gaga-H**ühner**h**of**-AG**!

3.2.3.3 Winkelbezeichnungen

Es gibt folgende Winkelbezeichnungen (Abb. 3.5).

Abb. 3.5 Winkelbezeichnungen

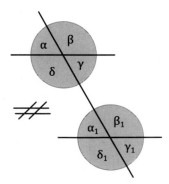

Nebeneinanderliegende Winkel sind Nebenwinkel. **Nebenwinkel** betragen zusammen 200 gon.

Bsp. α und β oder β_1 und γ_1

Gegenüberliegende Winkel sind Scheitelwinkel. **Scheitelwinkel** sind gleich groß.

Bsp. $\alpha = \gamma$ oder $\beta_1 = \delta_1$

Wechselwinkel sind gleich groß.

Bsp. $\alpha_1 = \gamma$ oder $\beta_1 = \delta$

Stufenwinkel sind gleich groß.

Bsp. $\alpha = \alpha_1$ oder $\beta_1 = \beta$

Entgegengesetzt liegende Winkel betragen zusammen 200 gon.

Bsp. α und δ_1 oder β und γ_1

3.2.4 Der Satz des Pythagoras

Der Satz des Pythagoras erklärt den mathematischen Zusammenhang von den beiden Katheten und der Hypotenuse in einem rechtwinkligen Dreieck. In einem rechtwinkligen Dreieck ist die Summe der Kathetenquadrate gleich dem Quadrat über der Hypotenuse.

$$a^2 + b^2 = c^2, \tag{3.7}$$

wenn c die Hypotenuse ist.

Der Satz des Pythagoras ist notwendig für Messungskontrollen bei der Orthogonalaufnahme.

3.2.5 Sinussatz

Mithilfe des Sinussatzes – wie auch mithilfe des Kosinussatzes – lassen sich Strecken berechnen, die nicht mit dem Maßband direkt gemessen werden können.

Im allgemeinen Dreieck gilt:

$$\frac{\sin \alpha}{a} = \frac{\sin \beta}{b} = \frac{\sin \gamma}{c} \tag{3.8}$$

Beweis

$$\sin \alpha = \frac{h_c}{b} \Rightarrow h_c = b \cdot \sin \alpha$$

$$\sin \beta = \frac{h_c}{a} \Rightarrow h_c = a \cdot \sin \beta$$

$$\Rightarrow b \cdot \sin \alpha = a \cdot \sin \beta$$

$$\Rightarrow \frac{\sin \alpha}{a} = \frac{\sin \beta}{b}$$

Rest folgt analog.　$\square$

Beispiel

gegeben: a=56,99 m, b=6,01 m, $\alpha = 35,16 \, gon$

   gesucht: c, β, γ

$\beta : sin \, \beta = \dfrac{b \cdot sin \, \alpha}{a} = 0,055327 \Rightarrow \beta = 3,52 \, gon$

$\gamma : \gamma = 200 \, gon - 35,16 \, gon - 3,52 \, gon = 161,32 \, gon$

$c : c = \dfrac{a \cdot sin \, \gamma}{sin \, \alpha} = 62,02 \, m$

3.2.6 Kosinussatz

1. Im allgemeinen Dreieck gilt:

$$a^2 = b^2 + c^2 - 2bc \cdot cos \, \alpha \tag{3.9}$$

$$b^2 = a^2 + c^2 - 2ac \cdot cos \, \beta \tag{3.10}$$

$$c^2 = a^2 + b^2 - 2ab \cdot cos \, \gamma \tag{3.11}$$

Dieser Satz ist anzuwenden, wenn zwei Seiten und der eingeschlossene Winkel gegeben sind.

2. Im allgemeinen Dreieck gilt:

$$cos \, \alpha = \frac{b^2 + c^2 - a^2}{2bc} \tag{3.12}$$

$$cos \, \beta = \frac{a^2 + c^2 - b^2}{2ac} \tag{3.13}$$

$$cos \, \gamma = \frac{a^2 + b^2 - c^2}{2ab} \tag{3.14}$$

Dieser Satz ist anzuwenden, wenn drei Seiten gegeben sind.

3.2.7 Strahlensatz

Mithilfe des Strahlensatzes lassen sich Strecken berechnen, die sich nicht mit dem Messband direkt messen lassen (Abb. 3.6). Die Formeln für die Kleinpunktberechnung lassen sich zudem mit dem Strahlensatz herleiten.

   Zwei Geraden a und b schneiden sich in S. Schneiden zwei parallele Geraden g und h die Geraden a und b in den Punkten A_1, A_2, B_1 und B_2, so gilt:

Abb. 3.6 Strahlensatz für Halbgeraden und sich schneidende Geraden

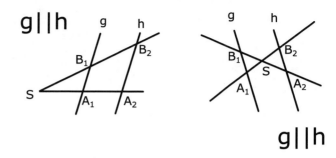

1. Strahlensatz für Halbgeraden

$$\frac{|SA_1|}{|SA_2|} = \frac{|SB_1|}{|SB_2|}$$
$$\frac{|SA_1|}{|A_1A_2|} = \frac{|SB_1|}{|B_1B_2|}$$
$$\frac{|SA_2|}{|A_1A_2|} = \frac{|SB_2|}{|B_1B_2|}$$

1. Strahlensatz für sich schneidende Geraden

$$\frac{|SA_1|}{|SA_2|} = \frac{|SB_1|}{|SB_2|}$$

2. Strahlensatz für Halbgeraden

$$\frac{|SA_1|}{|SA_2|} = \frac{|A_1B_1|}{|A_2B_2|}$$
$$\frac{|SB_1|}{|SB_2|} = \frac{|A_1B_1|}{|A_2B_2|}$$

2. Strahlensatz für sich schneidende Geraden

$$\frac{|SA_1|}{|SA_2|} = \frac{|A_1B_1|}{|A_2B_2|}$$

Bsp. (Abb. 3.7)

  Lösung

$$\frac{x*}{26{,}45 - 14{,}42} = \frac{18{,}65}{19{,}95 + 18{,}65}$$
$$\frac{x*}{12{,}03} = \frac{18{,}65}{38{,}60}$$
$$x* = 5{,}81$$
$$x = 5{,}81 + 14{,}42 = 20{,}23\ [m]$$

Abb. 3.7 Strahlensatz Beispiel

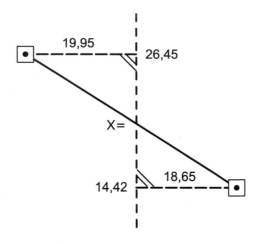

3.3 Messgeräte

3.3.1 Theodolit

Der **Theodolit** ist ein optisches Winkelmessinstrument. Er ist mechanisch und misst nur Richtungen (Abb. 3.8).

Winkelarten:

- Horizontalwinkel
- Vertikalwinkel
  - Zenitwinkel: Winkel eines Punktes unter dem Zenit
  - Höhenwinkel: Winkel eines Punktes über oder unter dem Horizont

Bauteile:

- Unterteil: Dreifuß, Steckzapfen
- Mittelteil: Horizontalkreis, optisches Lot
- Oberteil: Vertikalkreis, Fernrohr, Fernrohrträger, Libellen

Achsen:

- **Stehachse s** heißt die vertikale Achse eines Theodolits, um die man ihn beim Einstellen des Horizontalwinkels dreht.
- **Zielachse** oder **Ziellinie z** eines Messfernrohrs ist jene Gerade, mit der terrestrische Punkte oder Himmelskörper bei der Winkelmessung angezielt (anvisiert) werden. Sie

Abb. 3.8 Theodolit

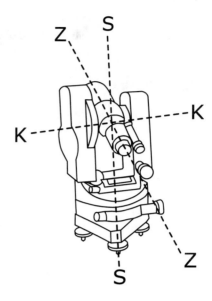

fällt bei exakt justiertem Fernrohr in dessen optische Achse. Technisch wird sie durch die Objektivachse und das Strichkreuz des Okulars realisiert.

- **Kippachse k** heißt die horizontale Achse eines Theodolits oder Universalinstruments, um die sich das Zielfernrohr beim vertikalen Kippen (Änderung des Höhenwinkels) dreht.
- **Libellenachse l** wird durch die Libelle parallel zur Kippachse gebildet

3.3.2   Tachymeter

Das **Tachymeter** misst Strecken und Richtungen. Es ist digital. Die Streckenlänge wird mithilfe von elektromagnetischen Wellen (Mikrowellen oder Lichtwellen) ermittelt.

3.3.3   Horizontieren eines Messgerätes

Das Messgerät muss vor jeder Messung horizontiert werden. Eine ungenügende Horizontierung führt zu verfälschten Messergebnissen.

1. Gerät parallel zu zwei Horizontierschrauben aufbauen.
2. Mit diesen zwei Schrauben gegenläufig Dosenlibelle so einspielen, dass die Luftblase unterhalb oder oberhalb der Mitte liegt.
3. Mit dritter Schraube Luftblase in die Mitte einspielen.

Vor Abbau des Instruments müssen zur Erkennung von Instrumentenveränderungen die Zentrierung, die Horizontierung und die Teilkreisorientierung kontrolliert werden.

3.3.4 Messband

Auch bei der Längenmessung mit dem Messband gibt es viele Fehler, die zu vermeiden und zu beachten sind.

1. Höhenunterschied (Staffelmessung)
2. Durchhängen des Messbandes
3. Temperatur
4. Angabe auf dem Messband
5. Auf dem Boden gemessen
6. Anlagefehler
7. Ablesefehler
8. Schreibfehler, Fehler beim Notieren
9. Knick im Stahlmessband
10. Verdrehtes Messband

3.3.5 Nivelliergerät

Dieses Gerät wird bei der Höhenmessung, beim geometrischen Nivellement verwendet. Es steht zwischen zwei Nivellierlatten. Mit dem Nivelliergerät werden die beiden Latten entlang einer horizontalen Linie anvisiert, um Höhenunterschiede zwischen den markierten Punkten festzustellen.

3.4   Lage- und Höhenmessung und Koordinatenberechnung

In diesem Abschnitt wird die terrestrische Vermessung durchgeführt. Terrestrisch bedeutet irdisch (lat. terra). Sie ist zu unterscheiden von der Photogrammetrie (s. Lernfeld 8).

An dieser Stelle werden die wichtigsten Aufnahmeverfahren sowie Methoden zur Koordinatenbestimmung mit jeweils einem durchgerechneten Beispiel vorgestellt. Für weitergehende vermessungstechnische Berechnungen verweise ich auf die bereits vorhandene Literatur zu diesem Thema, beispielsweise von Gärtner oder Gruber.

3.4.1 Orthogonalaufnahme

Eine wesentliche Aufgabe des amtlichen Vermessungswesen ist das Einmessen von neu errichteten Gebäuden oder die Bestimmung von Grenzpunkten. Damit diese genau in das bereits bestehende Kataster eingezeichnet werden können, sind bestimmte Messverfahren notwendig. Ein früher häufig verwendetes Messverfahren ist das Orthogonalverfahren. Auch wenn es heutzutage nur noch selten verwendet wird, ist es wichtig, dieses Verfahren zu kennen, da viele Gebäude- und Grenzpunkte, die noch heute im Kataster eingezeichnet sind, mithilfe dieses Verfahrens bestimmt wurden (Abb. 3.9).

Bei der **Orthogonalaufnahme** werden die aufzumessenden Punkte, z. B. Grenz- oder Gebäudepunkte, auf eine Messungslinie zwischen bekannten Vermessungspunkten bezogen. Die Messungslinie stellt die x-Achse eines örtlichen Koordinatensystems dar. Es werden die rechtwinkligen Abstände der aufzumessenden Punkte von der Messungslinie bestimmt. Die Längen der rechtwinkligen Abstände der aufgemessenen Punkte stellen die y-Achse des örtlichen Koordinatensystems dar. Die **Abszisse** ist der Wert des Lotfußpunkts auf der Messungslinie, die **Ordinate** ist die Länge des rechtwinkligen Abstands. Messungskontrollen werden mit dem Satz des Pythagoras durchgeführt. Das **Einbindeverfahren** baut auf dem Orthogonalverfahren auf. Dabei werden linienhafte Objekte wie Grundstücksgrenzen oder Gebäudeseiten bis zur Messungslinie geradlinig verlängert. Der Schnittpunkt der Verlängerung mit der Messungslinie wird angemessen. Auf diese Weise wird das aufzunehmende Objekt in das Messungsliniennetz eingebunden.

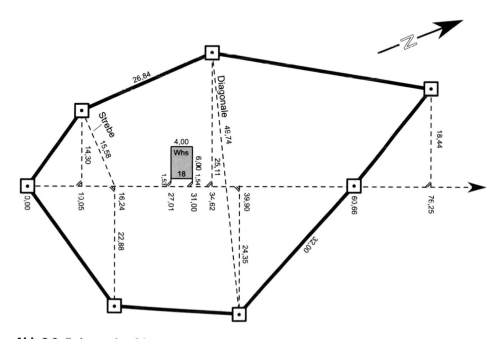

Abb. 3.9 Orthogonalverfahren

3.4.2   Polaraufnahme

Das heutzutage gängige Verfahren ist das Polarverfahren. Dabei werden die Grenz- und Gebäudepunkte mithilfe eines Tachymeters, das Strecken und Winkel misst, angezielt. Der Standpunkt des Tachymeters wird mithilfe der freien Stationierung bestimmt.

Im Gegensatz zum Orthogonalverfahren werden beim Polarverfahren auch nicht rechtwinklige Winkel zur Berechnung herangezogen. Bevor das Verfahren dargestellt wird, werden einige wichtige Begriffe definiert.

3.4.2.1 Brechungswinkel und Richtungswinkel

Brechungswinkel (Abb. 3.10)

Brechungswinkel ist der Winkel, der von zwei Richtungen eingeschlossen wird.

$\beta = r_1 - r_2$

Richtungswinkel (Abb. 3.11)

Der geodätische **Richtungswinkel** t von A nach E (t_A^E) einer Strecke s entspricht dem Winkel zwischen der Parallelen der x-Achse zum Punkt A und der Geraden von A nach E bei rechtsläufiger Drehung dieser Parallelen bis zur Drehung.

Die x-Achse wird nach Gitternord ausgerichtet, um einen Raumbezug herstellen zu können (s. LF 2).

Abb. 3.10 Brechungswinkel

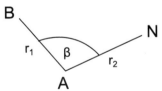

Abb. 3.11 Richtungswinkel

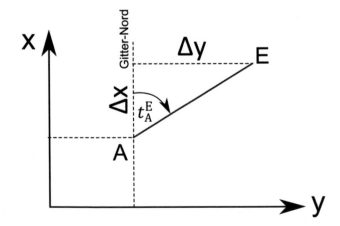

Tab. 3.5 Quadranten

Quadrant	$y_E - y_A = \Delta y$	$x_E - x_A = \Delta x$	Zu addierender Betrag
I	+	+	
II	+	−	+ 200 gon
III	−	−	+ 200 gon
IV	−	+	+ 400 gon

$$tan\ t_A^E = \frac{\Delta y}{\Delta x} = \frac{y_E - y_A}{x_E - x_A}$$
$$\Rightarrow t_A^E = arctan\ \frac{y_E - y_A}{x_E - x_A}$$

Das Koordinatensystem wird in vier Quadranten eingeteilt. Um den endgültigen Winkel zu bestimmen, ist dem Winkel abhängig vom **Quadranten** des Winkels ein bestimmter Betrag zu addieren (s. Tab. 3.5; Abb. 3.12):

Beispiel
gegeben: B (4/8), A (2/0)
   Dann ist

$$t_B^A = arctan\ \frac{y_A - y_B}{x_A - x_B} = arctan\ \frac{2 - 4}{0 - 8} = arctan\ \frac{-2}{-8} = arctan\ \frac{1}{4} = 15{,}5958\ gon$$

$\Rightarrow$ da Δy negativ und Δx negativ sind, beträgt der Richtungswinkel $15{,}5958\ gon$ + $200\ gon = 215{,}5958\ gon$.

3.4.2.2 Erste geodätische Hauptaufgabe

Aus den gegebenen zweidimensionalen kartesischen Koordinaten zweier Punkte P_A, P_E ist deren Horizontalentfernung s_A^E und der Richtungswinkel t_A^E zu bestimmen.

   Horizontalentfernung s und Richtungswinkel t werden zusammen als **ebene Polarkoordinaten** bezeichnet.

   gegeben: $P_A(y_A, x_A)$, $P_E(y_E, x_E)$

Abb. 3.12 Quadranten

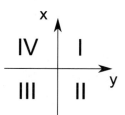

Tab. 3.6 Beispiel: Erste geodätische Hauptaufgabe

Punktnummer	y	x
Anfangspunkt 170	330341,50	5514558,10
Endpunkt 340	330230,90	5514206,30

gesucht: t_A^E, s_A^E

Ein Beispiel für die erste geodätische Hauptaufgabe wird in Tab. 3.6 beschrieben.

$$t_A^E = arctan \frac{y_E - y_A}{x_E - x_A} = arctan \frac{230,90 - 341,50}{206,30 - 558,10} = arctan \frac{-110,60}{-351,80} = 19,3914 \, gon$$

$\Rightarrow$ da Δy negativ und Δx negativ sind, beträgt der Richtungswinkel

$$t_A^E = 19,3914 \, gon + 200 \, gon = 219,3914 \, gon$$
$$s_A^E = \sqrt{(-110,60)^2 + (-351,80)^2} = 368,78 \, m$$

3.4.2.3 Polares Abstecken

Bei der Polarabsteckung sind die Koordinaten des Standpunkts, des Fernziels und der Neu-punkte bekannt. Es sind der Brechungswinkel und die Strecke Standpunkt – Neupunkt zu bestimmen. Die Aufgabe baut auf der ersten geodätischen Hauptaufgabe auf, der Brechungs-winkel berechnet sich aus der Differenz der Richtungswinkel (Abb. 3.13).

Beispiel

gegeben: $A(788,64 \mid 509,27)$, $F(379, 47 \mid 919,74)$, $N(833,58 \mid 168,24)$

$$t_A^F = arctan \frac{379,47 - 788,64}{919,74 - 509,27} = arctan \frac{-409,17}{410,47} = -49,8990$$
$$-49,8990 + 400 = 350,1010 \, [gon]$$
$$t_A^N = arctan \frac{833,58 - 788,64}{168,24 - 509,27} = arctan \frac{44,94}{-341,03} = -8,3411$$
$$-8,3411 + 200 = 191,6589 \, [gon]$$
$$\beta = t_A^N - t_A^F = 191,6589 - 350,1010 = -158,4421 + 400 = 241,5579 \, [gon]$$
$$s = \sqrt{(44,94)^2 + (-341,03)^2} = 343,98 \, [m]$$

3.4.2.4 Polares Anhängen

Das polare Anhängen, auch als zweite geodätische Hauptaufgabe bezeichnet, dient dazu, die Koordinaten der Neupunkte, z. B. Grenz- oder Gebäudepunkte, zu bestimmen (Abb. 3.14).

Abb. 3.13 Polares Abstecken

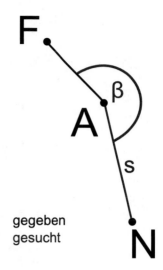

gegeben
gesucht

gegeben:
Standpunkt S mit Koordinaten (y_S | x_S)
Fernziel F mit Koordinaten (y_F | x_F)
gemessen:
Strecke Standpunkt – Fernziel s
Strecke Standpunkt – Neupunkt s'
Brechungswinkel β

Abb. 3.14 Polares Anhängen

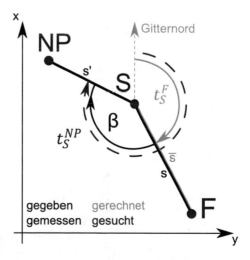

gegeben   gerechnet
gemessen   gesucht

Tab. 3.7 Beispiel: Polares Anhängen

	y	x
Standpunkt	412,28	669,84
Fernziel	419,54	656,05

gerechnet:
Strecke Standpunkt – Fernziel $\bar{s}$
Richtungswinkel t_S^F
gesucht:
Richtungswinkel t_S^N
Neupunkt N mit Koordinaten

Ablauf

1. Berechnung des Richtungswinkels t_S^F und der Strecke Standpunkt – Fernziel $\bar{s}$

   $$t_S^F = arctan\,\frac{y_F - y_S}{x_F - x_S}$$
   $$\bar{s} = \sqrt{(y_F - y_S)^2 + (x_F - x_S)^2}$$

2. Berechnung des Maßstabfaktors m durch Vergleich der aus Koordinaten gerechneten mit der gemessenen Strecke von S nach F

   $$m = \frac{\bar{s}}{s}$$

3. Berechnung des Richtungswinkels vom Standpunkt zum Neupunkt

   $$t_S^N = t_S^F + \beta$$

4. Berechnung der Koordinaten des Neupunkts

   $$y_N = y_S + s' \cdot m \cdot sin\,t_S^{NP}$$
   $$x_N = x_S + s' \cdot m \cdot cos\,t_S^{NP}$$

   (Gärtner 2019, S. 157 f.).

Beispiel

Ein Beispiel für das polare Anhängen wird in Tab. 3.7 beschrieben.

gegebene Koordinaten:
Strecke Standpunkt – Fernziel $s = 15,57\,m$
Strecke Standpunkt – Neupunkt $s' = 12,27\,m$
Brechungswinkel $\beta = 159,5610\,gon$

1. $t_S^F = arctan\dfrac{419,54 - 412,28}{656,05 - 669,84} = arctan\dfrac{7,26}{-13,79} = -30,8504$

   $-30,8504 + 200 = 169,1496\,[gon]$

   $\bar{s} = \sqrt{7,26^2 + (-13,79)^2} = 15,58\,m$

2. $m = \dfrac{\bar{s}}{s} = \dfrac{15,58\,m}{15,57\,m} = 1,00092$

3. $t_S^{NP} = t_S^{F} + \beta = 169,1496\ gon + 159,5610\ gon = 328,7106\ gon$

4. $y_N = 412,28 + 12,27 \cdot 1,00092 \cdot \sin 328,7106\ gon = 401,23$

$x_N = 669,84 + 12,27 \cdot 1,00092 \cdot \cos 328,7106\ gon = 675,19$

3.4.3 Höhe, Höhenfußpunkt

Mithilfe der Formel für Höhe und Höhenfußpunkt lassen sich aus den gegebenen Dreiecks-
seiten a, b und c die Dreieckselemente h, p und q, d. h. die Höhe und der Höhenfußpunkt,
berechnen (Abb. 3.15).

gegeben: Ein Dreieck mit den Seiten a,b,c

gesucht: $p,\ q,\ h_c$

Die Herleitung der Formel für die Höhe und den Höhenfußpunkt wird in Tab. 3.8 beschrieben.

Abb. 3.15 Höhe,
Höhenfußpunkt

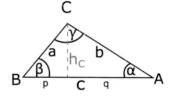

Tab. 3.8 Höhe, Höhenfußpunkt

Berechnung von p	Berechnung von q
$b^2 = a^2 + c^2 - 2ac \cdot \cos \beta$	$a^2 = b^2 + c^2 - 2bc \cdot \cos \alpha$
$\cos \beta = \dfrac{p}{a}$	$\cos \alpha = \dfrac{q}{b}$
$\Rightarrow b^2 = a^2 + c^2 - 2ac \cdot \dfrac{p}{a}$	$\Rightarrow a^2 = b^2 + c^2 - 2bc \cdot \dfrac{q}{b}$
$b^2 = a^2 + c^2 - 2cp$	$a^2 = b^2 + c^2 - 2cq$
$p = \dfrac{a^2 + c^2 - b^2}{2c}$	$q = \dfrac{b^2 + c^2 - a^2}{2c}$
Berechnung von h_c	Berechnung von h_c
Satz des Pythagoras $\Rightarrow a^2 = h_c^2 + p^2$	Satz des Pythagoras $\Rightarrow b^2 = h_c^2 + q^2$
$h_c = \sqrt{a^2 - p^2}$	$h_c = \sqrt{b^2 - q^2}$
Berechnung von q	Berechnung von p
$q = c - p$	$p = c - q$

Zur Fehlerminimierung sind die Berechnungen immer auf das kleinere Dreieck anzuwenden!

Bsp. Höhe- und Höhenfußpunkt

$a = 31{,}68\,m$, $b = 32{,}42\,m$, $c = 49{,}77\,m$

Dann erhält man als Lösung:

$$p = \frac{a^2 + c^2 - b^2}{2c} = 24{,}41\,m$$
$$q = c - p = 25{,}36\,m$$
$$h_c = \sqrt{a^2 - q^2} = 20{,}19\,m$$

3.4.4 Kleinpunktberechnung

Mit der Kleinpunktberechnung werden Koordinaten von Punkten auf einer Messungslinie oder von orthogonal auf die Messungslinie aufgemessenen Punkte berechnet, sogenannte seitwärts liegende Punkte (Orthogonalverfahren) (Abb. 3.16).

3.4.4.1 Punkte auf einer Messungslinie

gegeben:

Koordinaten von Punkt $P_A(y_A; x_A)$

Koordinaten von Punkt $P_E(y_E; x_E)$

Messungszahlen r_A; r_1; r_2; r_E; $r_E - r_A = s' =$ gemessene Strecke

gesucht:

Koordinaten von Punkt $P_1(y_1; x_1)$

Koordinaten von Punkt $P_2(y_2; x_2)$

Abb. 3.16 Herleitung der Kleinpunktberechnung

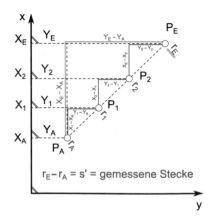

1. Berechnung der Strecke $\overline{AE}$ aus Koordinaten:
$$s = \sqrt{(y_E - y_A)^2 + (x_E - x_A)^2}$$

2. Vergleich der gerechneten Strecke s mit der gemessenen Strecke s':
$$D_s = s - s'$$
Die Streckendifferenz D_s muss innerhalb der zulässigen Streckenabweichung liegen. Diese ist in den Vorschriften der Länder geregelt.

3. Berechnung der Konstanten und der Koordinaten der Neupunkte
Berechnung der **Ordinatenkonstanten o** und der y-Koordinaten der Neupunkte:

Aus dem Strahlensatz folgt: $\dfrac{y_1 - y_A}{r_1 - r_A} = \dfrac{y_E - y_A}{s'}$

$$\Rightarrow y_1 = y_A + \frac{y_E - y_A}{s'} \cdot (r_1 - r_A)$$

Analog folgt: $\dfrac{y_2 - y_1}{r_2 - r_1} = \dfrac{y_E - y_A}{s'}$

$$\Rightarrow y_2 = y_1 + \frac{y_E - y_A}{s'} \cdot (r_2 - r_1)$$

und: $\dfrac{y_E - y_2}{r_E - r_2} = \dfrac{y_E - y_A}{s'}$

$$\Rightarrow y_E = y_2 + \frac{y_E - y_A}{s'} \cdot (r_E - r_2)$$

Definiere die Ordinatenkonstante o:
$$o := \frac{y_E - y_A}{s'}$$
o soll mit 6 Nachkommastellen angegeben werden.

Dann kann die y-Koordinate jedes Punktes i (mit davor liegendem Punkt i−1) berechnet werden:

$y_i = y_{i-1} + o \cdot (r_i - r_{i-1})$ (bei Koordinaten)

oder $y_i = y_A + o \cdot (r_i - r_A)$ im örtlichen System

Zur Probe kann die y-Koordinate des Endpunktes berechnet werden.

Berechnung der **Abszissenkonstanten a** und der x-Koordinaten der Neupunkte:

Aus dem Strahlensatz folgt: $\dfrac{x_1 - x_A}{r_1 - r_A} = \dfrac{x_E - x_A}{s'} \Rightarrow x_1 = x_A + \dfrac{x_E - x_A}{s'} \cdot (r_1 - r_A)$

Analog folgt: $\dfrac{x_2 - x_1}{r_2 - r_1} = \dfrac{x_E - x_A}{s'} \Rightarrow x_2 = x_1 + \dfrac{x_E - x_A}{s'} \cdot (r_2 - r_1)$

und: $\dfrac{x_E - x_2}{r_E - r_2} = \dfrac{x_E - x_A}{s'}$

$$\Rightarrow x_E = x_2 + \frac{x_E - x_A}{s'} \cdot (r_E - r_2)$$

Definiere die Abszissenkonstante a:
$$a := \frac{x_E - x_A}{s'}$$
a soll mit 6 Nachkommastellen angegeben werden.

Es gilt $a^2 + o^2 \approx 1$.

Dann kann die x-Koordinate jedes Punktes i (mit davor liegendem Punkt i−1) berechnet werden (Abb. 3.17):

Abb. 3.17 Punkte auf einer
Messungslinie

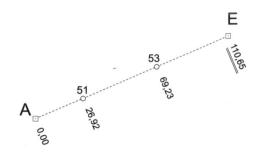

$x_i = x_{i-1} + a \cdot (r_i - r_{i-1})$ (bei Koordinaten)

oder $x_i = x_A + a \cdot (r_i - r_A)$ (im örtlichen System)

Zur Probe kann die x-Koordinate des Endpunktes berechnet werden.

Beispiel

Berechne die Koordinaten der Punkte 51 und 53.

Die Koordinaten der Punkte A und E sowie die Messungszahlen sind gegeben.

Ein Beispiel für die Berechnung von Punkten auf der Messungslinie wird in Tab. 3.9 beschrieben.

1. $s = \sqrt{(356{,}50 - 254{,}80)^2 + (484{,}40 - 440{,}75)^2} = 110{,}67\,[m]$
2. $D_s = s - s' = 110{,}67\,m - 110{,}65\,m = 0{,}02\,m$
3. $o = \dfrac{356{,}50 - 254{,}80}{110{,}65} = 0{,}919114;\quad a = \dfrac{484{,}40 - 440{,}75}{110{,}65} = 0{,}394487$

   $y_{51} = 254{,}80 + 0{,}919114 \cdot 26{,}92 = 279{,}54;\quad x_{51} = 440{,}75 + 0{,}394487 \cdot 26{,}92 = 451{,}37$

   $y_{53} = 279{,}54 + 0{,}919114 \cdot 42{,}31 = 318{,}43;\quad x_{53} = 451{,}37 + 0{,}394487 \cdot 42{,}31 = 468{,}06$

   Probe:

   $y_E = 318{,}43 + 0{,}919114 \cdot 41{,}42 = 356{,}50;$

   $x_E = 468{,}06 + 0{,}394487 \cdot 41{,}42 = 484{,}40$

Tab. 3.9 Beispiel Punkte auf einer Messungslinie

Punkt	Rechtswert (y)	Hochwert (x)	Messungszahlen	Differenz
A	(32)411254,80	5476440,75	0,00 m	
51			26,92 m	26,92 m
53			69,23 m	42,31 m
E	(32)411356,50	5476484,40	110,65 m	41,42 m

Abb. 3.18 Seitwärts liegende
Punkte

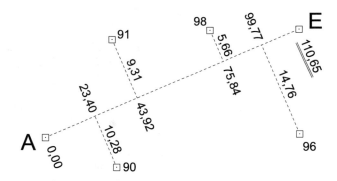

3.4.4.2 Seitwärts liegende Punkte

Die Koordinaten von orthogonal auf die Messungslinie aufgemessenen Punkten können folgendermaßen berechnet werden (Abb. 3.18):

$$y_i = y_A + o \cdot (r_i - r_A) + a \cdot z_i; \quad x_i = x_A + a \cdot (r_i - r_A) - o \cdot zi$$

r_i gibt die Messungszahlen auf der Messungslinie an
und z_i die Maße nach links (−) und rechts (+).

Beispiel

$y_{90} = 254{,}80 + o \cdot 23{,}40 + a \cdot 10{,}28 = 280{,}36$
$x_{90} = 440{,}75 + a \cdot 23{,}40 - o \cdot 10{,}28 = 440{,}53$
$y_{91} = 254{,}80 + o \cdot 43{,}92 + a \cdot (-9{,}31) = 291{,}49$
$x_{91} = 440{,}75 + a \cdot 43{,}92 - o \cdot (-9{,}31) = 466{,}63$
$y_{96} = 254{,}80 + o \cdot 99{,}77 + a \cdot 14{,}76 = 352{,}32$
$x_{96} = 440{,}75 + a \cdot 99{,}77 - o \cdot 14{,}76 = 466{,}54$
$y_{98} = 254{,}80 + o \cdot 75{,}84 + a \cdot (-5{,}66) = 322{,}27$
$x_{98} = 440{,}75 + a \cdot 75{,}84 - o \cdot (-5{,}66) = 475{,}87$

3.4.5 Freie Stationierung

Bei der freien Stationierung werden die Koordinaten des Instrumentenstandpunktes berechnet (Abb. 3.19). Der Standpunkt kann frei gewählt werden, um die Anschlusspunkte und die Neupunkte sehen zu können. Wie viele Anschluss- und Kontrollpunkte angezielt werden müssen, ist den Richtlinien des jeweiligen Bundeslandes zu entnehmen. Die Berechnung erfolgt in der Regel mit dem Feldrechner. Zur Veranschaulichung des Prinzips der freien Stationierung genügt ein Verfahren mit zwei Anschlusspunkten, das sich einfach berechnen lässt.

Abb. 3.19 Freie Stationierung

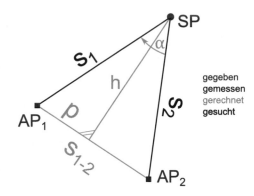

Verfahren

gegeben: Die Koordinaten von zwei Anschlusspunkten $AP_1(y_1 \mid x_1)$ und $AP_2(y_2 \mid x_2)$.
Bei mehr als zwei Anschlusspunkten muss eine Transformation berechnet werden.
   gesucht:
Die Koordinaten des Standpunktes $S(y_S \mid x_S)$
gemessen:

- Strecken s_1 und s_2 zu den Anschlusspunkten
- Richtungen zu den Anschlusspunkten,
  die Differenz ergibt den Winkel α zwischen s_1 und s_2:
  Setze die Richtung zu AP_1 auf 0 gon, dann ist je nach Lage des Höhenfußpunktes $\alpha =$
  Richtung zu AP_2 oder $\alpha = 400$ gon $-$ Richtung zu AP_2
  Tipps: 1. $\alpha < 200$ gon, 2. Erstelle eine Skizze

Ablauf

1. Berechnung der Strecke zwischen den Anschlusspunkten aus den Messdaten
   Kosinussatz $\Rightarrow s_{1-2} = \sqrt{s_1^2 + s_2^2 - 2 \cdot s_1 \cdot s_2 \cdot cos\, \alpha}$
2. Berechnung von Höhe und Höhenfußpunkt
   $$p = \frac{s_1^2 - s_2^2 + s_{1-2}^2}{2 \cdot s_{1-2}}$$
   $$h = \sqrt{s_1^2 - p^2}$$
3. Kontrolle der Strecke zwischen den Anschlusspunkten aus den Koordinaten
   $$S_{1-2} = \sqrt{(y_2 - y_1)^2 + (x_2 - x_1)^2}$$
4. Orthogonalpunktberechnung
   $$o = \frac{y_2 - y_1}{s_{1-2}}; a = \frac{x_2 - x_1}{s_{1-2}}$$
   $$y_s = y_1 + o \cdot p + a \cdot (\pm h)$$

Tab. 3.10 Beispiel: Freie Stationierung

	y	x	Strecke in m	Richtung in gon
Anschlusspunkt 1	841,80	114,90	61,20	0,0000
Anschlusspunkt 2	884,10	086,80	62,50	346,1165

$$x_s = x_1 + a \cdot p - o \cdot (\pm h)$$
(Gärtner 2019, S. 158 f.).

Beispiel

Ein Beispiel für die freie Stationierung wird in Tab. 3.10 beschrieben.

Dann ist α 400 − 346,1165 = 53,8835 [gon]

1. $s_{1-2} = \sqrt{61,20^2 + 62,50^2 - 2 \cdot 61,20 \cdot 62,50 \cdot cos\, 53,8835} = 50,81 \,[m]$
2. $p = \dfrac{61,20^2 - 62,50^2 + 50,81^2}{2 \cdot 50,81} = 23,82 \,[m]$
   $h = \sqrt{61,20^2 - 23,82^2} = 56,37 \,[m]$
3. $S_{1-2} = \sqrt{(884,10 - 841,80)^2 + (86,80 - 114,90)^2} = 50,78 \,[m]$
4. $o = \dfrac{884,10 - 841,80}{50,81} = 0,832513$
   $a = \dfrac{86,80 - 114,90}{50,81} = -0,553041$
   $y_S = 841,80 + 0,832513 \cdot 23,82 + (-0,553041) \cdot (-56,37) = 892,81$
   $x_S = 114,90 + (-0,554041) \cdot 23,82 - 0,832513 \cdot (-56,37) = 148,66$

3.4.6 Polygonzug

Durch fortgesetztes polares Anhängen lassen sich Neupunkte in einem Polygonzug berechnen. Die Koordinaten der Polygonpunkte sind bekannt, die Polygonseiten (Strecken) und Brechungswinkel werden mit einem Tachymter gemessen. Dieses Aufnahmeverfahren wurde früher häufig genutzt, ist heute jedoch nur noch in Ausnahmefällen erlaubt.

Wir stellen nur einen Zug mit beidseitigem Richtungs- und Koordinatenabschluss (Normalfall) vor (Abb. 3.20).

gegeben: Koordinaten der Anschlusspunkte
gemessen: Brechungswinkel, Strecken
gesucht: Koordinaten der Neupunkte

Abb. 3.20 Polygonzug

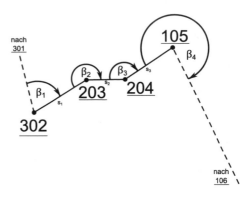

Beispiel

Ein Beispiel für den Polygonzug mit beidseitigem Richtungs- und Koordinatenabschluss (Normalfall) wird in Tab. 3.11 beschrieben.

gegeben: Koordinaten der Anschlusspunkte
Die gemessenen Strecken findet man in Tab. 3.12.
Die gemessenen Winkel findet man in Tab. 3.13.
gesucht: Koordinaten der Neupunkte 2 und 3

Tab. 3.11 Beispiel: Polygonzug

Punkt	Rechtswert	Hochwert	Bemerkung
301	4741,87	7654,46	(Fernziel im Anfangspunkt)
302	4790,64	7460,50	(Zuganfangspunkt)
105	5253,06	7677,18	(Zugendpunkt)
106	5760,18	6630,41	(Fernziel im Endpunkt)

Tab. 3.12 Beispiel: Polygonzug gemessene Strecken

Strecken	m
s_1	205,400
s_2	128,750
s_3	191,326

Tab. 3.13 Beispiel: Polygonzug Brechungswinkel

Brechungswinkel	gon
β_1	80,4570
β_2	234,1920
β_3	163,4290
β_4	308,8820

Anschlussrichtungswinkel

$$t_{301}^{302} = arctan \frac{y_{302} - y_{301}}{x_{302} - x_{301}} = arctan \frac{48,77}{-193,96} = -15,6823$$
$$-15,6823 + 200 = 184,3177 \, [gon]$$

Abschlussrichtungswinkel

Ist-Wert

$$t_{105}^{106} = t_{301}^{302} + \beta_1 + \beta_2 + \beta_3 + \beta_4 - 4 \cdot 200 \, gon = 171,2777 \, [gon]$$

Soll-Wert

$$t_{105}^{106} = arctan \frac{y_{106} - y_{105}}{x_{106} - x_{105}} = arctan \frac{507,12}{-1046,77} = -28,7205$$
$$-28,7205 + 200 = 171,2795 \, [gon]$$

Winkelabweichung

Soll-Wert – Ist-Wert = 171,2795–171,2777 = 0,0018 [gon]

Winkelabschlussverbesserung

0,0018 gon : 4 = 0,00045 gon

Richtungswinkel

$$t_{302}^{203} = t_{301}^{302} + \beta_1 - 200 \, gon + 0,0004 \, gon = 64,7751 \, gon$$
$$t_{203}^{204} = t_{302}^{203} + \beta_2 - 200 \, gon + 0,0005 \, gon = 98,9676 \, gon$$
$$t_{204}^{105} = t_{203}^{204} + \beta_3 - 200 \, gon + 0,0004 \, gon = 62,3970 \, gon$$

Die Koordinatenunterschiede und vorläufige Koordinaten findet man in Tab. 3.14.

Tab. 3.14 Beispiel: Polygonzug Koordinatenunterschiede und vorläufige Koordinaten

Pktnr.	Δy	Δx	Koordinaten	
203	$s_1 \cdot sin\, t_{302}^{203}$	$s_1 \cdot cos\, t_{302}^{203}$	$R : y_{302} + \Delta y$	$H : x_{302} + \Delta x$
	= 174,752	= 107,939	= 4965,392	=7568,439
204	$s_2 \cdot sin\, t_{203}^{204}$	$s_2 \cdot cos\, t_{203}^{204}$	$R : y_{203} + \Delta y$	$H : x_{203} + \Delta x$
	= 128,733	= 2,088	= 5094,125	= 7570,527
105	$s_3 \cdot sin\, t_{204}^{105}$	$s_3 \cdot cos\, t_{204}^{105}$	$R : y_{204} + \Delta y$	$H : x_{204} + \Delta x$
	= 158,910	= 106,552	= 5253,035	= 7677,079

Koordinatenabweichungen

$W_y = 5253,060 - 5253,035 = 0,025$
$W_x = 7677,180 - 7677,079 = 0,101$

Fehlerverteilung

Summe der Strecken s:

$s_1 + s_2 + s_3 = 525,476$

$\dfrac{s_1}{s} \cdot W_y = 0,00977 = 0,010$

$\dfrac{s_2}{s} \cdot W_y = 0,00613 = 0,006$

$\dfrac{s_3}{s} \cdot W_y = 0,00910 = 0,009$

$\dfrac{s_1}{s} \cdot W_x = 0,03948 = 0,039$

$\dfrac{s_2}{s} \cdot W_x = 0,02475 = 0,025$

$\dfrac{s_3}{s} \cdot W_x = 0,03677 = 0,037$

Endgültige Koordinaten

203
R: 4965,392 + 0,010 = 4965,402
H: 7568,439 + 0,039 = 7568,478

204
R: 5094,125 + 0,010 + 0,006 = 5094,141
H: 7570,527 + 0,039 + 0,025 = 7570,591

Kontrolle
105
R: 5253,035 + 0,010 + 0,006 + 0,009 = 5253,06
H: 7677,079 + 0,039 + 0,025 + 0,037 = 7677,18

(Gruber und Joeckel 2009, S. 90 ff.).

3.4.7 Geradenschnitt

Beim Geradenschnitt werden die Koordinaten des Punktes berechnet, der im Schnittpunkt zweier Geraden liegt. Diese Geraden müssen durch koordinatenmäßig bekannte Punkte festgelegt sein. Die Punkte 1 und 2 sowie die Punkte 3 und 4 liegen jeweils auf einer Geraden (Abb. 3.21).

Formelentwicklung

$$tant_1 = \frac{y_2 - y_1}{x_2 - x_1} = \frac{y_s - y_1}{x_s - x_1}$$
$$\Rightarrow y_s = y_1 + (x_s - x_1) \cdot tan\, t_1$$
$$tant_2 = \frac{y_4 - y_3}{x_4 - x_3} = \frac{y_s - y_3}{x_s - x_3}$$
$$\Rightarrow y_s = y_3 + (x_s - x_3) \cdot tan\, t_2$$

Gleichsetzen: $y_1 + (x_s - x_1) \cdot tan\, t_1 = y_3 + (x_s - x_3) \cdot tan\, t_2$

Ausmultiplizieren: $y_1 + x_s \cdot tan\, t_1 - x_1 \cdot tan\, t_1 = y_3 + x_s \cdot tan\, t_2 - x_3 \cdot tan\, t_2$

$| -y_1 - x_s \cdot tan\, t_2 + x_1 \cdot tan\, t_1$

$x_s \cdot tant_1 - x_s \cdot tan\, t_2 = y_3 - y_1 + x_1 \cdot tant_1 - x_3 \cdot tan\, t_2$

Ausklammern: $x_s \cdot (tan\, t_1 - tan\, t_2) = y_3 - y_1 + x_1 \cdot tan\, t_1 - x_3 \cdot tan\, t_2$

$$x_s = \frac{y_3 - y_1 + x_1 \cdot tan\, t_1 - x_3 \cdot tan\, t_2}{tan\, t_1 - tan\, t_2}$$

Proben:

$$y_2 - y_s = (x_2 - x_s) \cdot tan\, t_1$$
$$y_4 - y_s = (x_4 - x_s) \cdot tan\, t_2$$

(Gärtner 2019, S. 149 ff.).

Abb. 3.21 Formelentwicklung Geradenschnitt

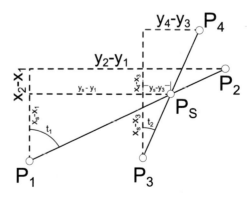

Tab. 3.15 Beispiel: Geradenschnitt

Punkt	Y	X
1	378672,90	5534679,10
2	378886,50	5534907,10
3	378885,20	5534696,80
4	378537,40	5534979,00

Tab. 3.16 Beispiel: Geradenschnitt Koordinaten Schnittpunkt

Punkt	Y	X
S	378774,01	5534787,02

Beispiel

Ein Beispiel für den Geradenschnitt wird in Tab. 3.15. beschrieben.

- Schritt 1: Berechnung von $\tan t_1$ und $\tan t_2$

$$\tan t_1 = \frac{y_2 - y_1}{x_2 - x_1} = 0{,}93684$$

$$\tan t_2 = \frac{y_4 - y_3}{x_4 - x_3} = -1{,}23246$$

- Schritt 2: Berechnung der Koordinaten x_s und y_s

$$x_s = \frac{y_3 - y_1 + x_1 \cdot \tan t_1 - x_3 \cdot \tan t_2}{\tan t_1 - \tan t_2} = 787,02$$

$$y_s = y_1 + (x_s - x_1) = 774,01$$

- Schritt 3: Proben $y_2 - y_s \overset{!}{=} (x_2 - x_s) \cdot \tan t_1$

$$112,49 \overset{!}{=} 112,49$$

$$y_4 - y_s \overset{!}{=} (x_4 - x_s) \cdot \tan t_2$$

$$-236,61 \overset{!}{=} -236{,}61$$

Der Schnittpunkt S hat also die in Tab. 3.16 genannten Koordinaten.

3.4.8 GNSS

Gerade in der Vermessung sind globale Navigationssatellitensysteme (GNSS) zur Positionsbestimmung auf der Erde nicht mehr wegzudenken. Das bekannteste GNSS in der westlichen
Welt ist GPS-NAVSTAR aus den USA. Die Abkürzung GPS wird häufig synonym für alle
GNSS verwendet. Weitere bekannte Satellitenpositionssysteme sind GLONASS aus Russ-
land, GALILEO aus Europa und Beidou aus China. Satellitenempfänger sind in der Lage,
Signale von unterschiedlichen Systemen gleichzeitig zu empfangen. Satelliten werden auch
in der Fernerkundung eingesetzt (s. Lernfeld 8).

Bestandteile eines GNSS

Ein Satellitenpositionierungssystem besteht aus drei Segmenten, dem **Weltraumsegment**, dem **Kontrollsegment** und dem **Benutzersegment.**

Das Weltraumsegment besteht aus den Satelliten, die je nach System in ca. 20.000 km Höhe fliegen.

Das Kontrollsegment verfolgt die Satelliten. Es empfängt und übersendet den Satelliten Daten.

Das Benutzersegment besteht aus den Empfängern. Man unterscheidet zwischen den unmittelbaren Nutzern. Sie machen mehr als 95 % der Nutzer aus und diesen werden Satellitensignale übermittelt. Der Rest sind mittelbare Nutzer mit speziellen Anwendungen, denen Korrekturdaten für differentielle Verfahren übermittelt werden.

Fehlereinflüsse

Atmosphärische Einflüsse können zu Fehlern führen. Daneben sind Satelliten, die mit einem Höhenwinkel von weniger als $15°$ sehr niedrig über dem Horizont stehen, ungeeignet für die Messung.

Absolute und relative Positionierung

Absolute Positionierung

Bei der absoluten Positionierung eines einzelnen Satellitenempfängers wird bei der Codephasenmessung die Laufzeit des Signals bestimmt. Für eine Positionsbestimmung braucht man immer 4 Satelliten. Drei Satelliten für die Lagebestimmung (X, Y, Z) (Prinzip: Räumlicher Bogenschlag) und einen Satelliten für die Korrektur des Laufzeitfehlers. Diese Technik findet Anwendung bei Wanderern, Fahrzeugen und Schiffen. Mit einem einzelnen Empfänger kann grundsätzlich eine Genauigkeit von ca. 10 m erreicht werden.

Relative Positionierung

Die Genauigkeit lässt sich durch den Einsatz von zwei GPS-Empfängern erheblich steigern. Bei dem Verfahren der relativen Positionierung bildet einer der beiden Empfänger eine feste Referenzstation, deren genaue Position koordinatenmäßig bekannt ist. Zwischen dem bekannten Koordinatenwert dieser Referenzstation und einem weiteren, aus GNSS ermittelten Koordinatenwert ergibt sich eine Abweichung. Dieser Differenzwert wird für alle folgenden GPS-Messungen in der Umgebung berücksichtigt.

Mit dem zweiten GPS-Empfänger (Rover) werden darauf die eigentlichen Messungen durchgeführt und die Ergebnisse mit dem Differenzwert abgeglichen. Messungsergebnisse mit Differentiellem GPS erreichen eine Genauigkeit im Zentimeterbereich. In der Vermessungstechnik wird grundsätzlich nur die relative Positionierung (= Differentielles GPS) benutzt.

Satellitenpositionierungsdienst SAPOS®

In Deutschland wurden permanente Referenzstationen (Referenzpunkte) aufgebaut. Diese permanenten (=ständigen) Referenzstationen senden laufend Korrekturdaten an eine Zentrale. Dadurch wird es dem Nutzer ermöglicht, mit nur einem GPS-Empfänger eine Zentimetergenauigkeit zu erreichen. Die ortsspezifischen SAPOS®-Korrekturwerte werden durch eine Vielzahl von Stationen flächendeckend angeboten.

Der Nutzer übermittelt zunächst über Mobilfunk seine ungefähre Position an den SAPOS®-Dienst. Aus den Differenzwerten mehrerer umliegender SAPOS®-Stationen wird anschließend der individuelle Korrekturwert berechnet und an den Nutzer zurückgesandt. Damit entsteht für den Nutzer eine sogenannte virtuelle Referenzstation.

Auswertung der GNSS-Messung

Bei der Auswertung der Messung unterscheidet man zwischen: Postprocessing-Auswertung (Auswertung nach der Messung) und RTK-Auswertung (Real Time Kinematic = Echtzeitauswertung).

Postprocessing

Sämtliche Messdaten werden gespeichert und später erfolgt die Auswertung im Büro mithilfe von Auswerteprogrammen. Diese Methode führt heute zur genauesten Punktbestimmung (Genauigkeit $\leq$ 1 cm). Die gleichzeitige Messung auf mehreren Standpunkten erfordert mehrere GPS-Empfänger.

RTK – Auswertung

RTK bedeutet = Real Time Kinematic = Echtzeitauswertung. Der Vorteil: Man braucht keinen zweiten GNSS-Empfänger auf einer Referenzstation. Die Korrekturdaten werden von der fest aufgebauten Referenzstation über die Zentrale und Mobilfunk (GSM) oder mobile Internetverbindung zum Auswerteprogramm im Feldrechner am Rover (Mobilstation) übermittelt. Es werden alle eingehenden Daten zu gebrauchsfähigen Koordinaten des Neupunkts verarbeitet und angezeigt bzw. gespeichert. Der Nachteil: Eine zuverlässige und genaue Koordinatenlösung ist nur bis 10 km Abstand (Basislänge) zu einer Referenzstation möglich.

(LfVT, GNSS 2022, S. 1–14).

3.4.9 Nivellement

Als Nivellement wird die Messung von Höhenunterschieden zwischen Punkten bezeichnet. Beim geometrischen Nivellement wird der Höhenunterschied mithilfe eines Nivelliergerätes an Nivellierlatten abgelesen (Abb. 3.22). Diese Methode findet auch in der Landesvermessung Anwendung. Beim trigonometrischen Nivellement werden die Höhenunterschiede aus Winkel- und Streckenmessungen, die mithilfe eines Theodolits oder Tachymeters durchge-

Abb. 3.22 Nivellement

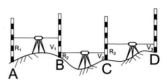

führt werden, berechnet. Auch mithilfe von Satelliten können Höhen auf der Erde bestimmt werden. Weitere Verfahren, z. B. das hydrostatische Nivellement oder die barometrische Höhenmessung, werden hier nicht vorgestellt.

3.4.9.1 Geometrisches Nivellement

Man unterscheidet zwischen dem Liniennivellement und dem Schleifennivellement, bei dem der Endpunkt gleich dem Anfangspunkt ist.

Aufbau

Anhand des vorliegenden Aufbaus für ein Liniennivellement mit drei Instrumentenstandpunkten lässt sich der Höhenunterschied zwischen Punkt A und Punkt D bestimmen. In diesem Fall sind die Punkte B und C Wechselpunkte. Für den Höhenunterschied gilt:

Δh = Rückblick − Vorblick, $\Delta h < 0 \Rightarrow$ Gelände fällt, $\Delta h > 0 \Rightarrow$ Gelände steigt.

Die Zielweiten sollten 40 m nicht überschreiten, da die Genauigkeit bei größeren Werten nicht gewährleistet werden kann.

Reichenbach'sche Distanzfäden

Als Reichenbach'sche Distanzfäden werden zwei horizontale Striche im Fadennetz eines Zielfernrohrs bezeichnet, die zur genäherten Entfernungsmessung dienen. Der auf der Messlatte in Zentimeter abgelesene Abschnitt entspricht genau der Entfernung in Meter.

Nivellierlatten

- Sie haben in der Regel eine Länge von 4 m.
- Man unterscheidet zwischen Klapplatten und Invarbandlatten, zwischen einfachen Latten (E-Latten) und Präzisionslatten (Codelatten).

Fehlerquellen

- nicht lotrechtes Aufhalten der Nivellierlatte
- Flimmern über heißem Asphalt, Refraktion

- Einsinken in heißen Asphalt
- Ableseungenauigkeit, Zahlendreher
- Frosch (Lattenuntersatz) zu früh angehoben, Dreck unter dem Frosch
- Einspielen der Libellen
- ungleiche Zielweiten ...

Beispiele
Berechnungen zu Nivellements werden in Formularen durchgeführt, in denen alle Daten und Berechnungen festgehalten werden. Nachfolgend wird jeweils ein Beispiel ohne und mit Seitenblicken durchgerechnet.

Formular

> gegeben: Höhen HFP5 200,595, HFP6 204,237
> gemessen: alle Rückblicke und Vorblicke, Werte der Tabelle zu entnehmen
> gesucht: Höhen 1, 2, 3, 4

Ein Beispiel für ein Nivellement wird in Tab. 3.17. beschrieben.

Nivellement – Feldbuch
Projekt: Übung
Instrument: Leica, Stabila, ...
Wetter: sonnig
Datum: 24.05.2017
gemessen durch: Franz

Tab. 3.17 Nivellement: Formular

Punkt	Rückblick	Zwischenblick	Vorblick	Höhenunterschied	Höhe ü. NHN
P	R	Z	V	Δh	H
HFP5	1,165				200,595
1	3,365 +1		1,749	−0,584	200,011
2	3,004 +1		1,072	2,294	202,305
3	0,916		0,424	2,581	204,886
4	1,963		2,457	−1,541	203,345
HFP6			1,071	0,892	204,237
					$\Delta h_{soll} = $ HFP6 − HFP5 = 3,642
					$\Delta h_{ist} = \sum \Delta h = $ 3,640
					W = $\Delta h_{soll} - \Delta h_{ist} = $ 0,002

Der Unterschied W wird in einem zweiten Schritt als Korrekturwert an die betragsmäßig größten Δh angebracht.

Nivellement mit Zwischen- oder Seitenblicken

gegeben: Höhenfestpunkte HFP7, HFP8
gemessen: alle Rückblicke und Vorblicke, Werte der Tabelle zu entnehmen
gesucht: Höhen WP1, WP2, (11, 12, 21, 22)

Ein Beispiel für ein Nivellement mit Zwischenblicken wird in Tab. 3.18. beschrieben (Abb. 3.23).

Nivellement – Feldbuch
Projekt: Übung
Instrument: Leica, Stabila, ...
Wetter: sonnig
Datum: 29.05.2017
gemessen durch: Franz

Tab. 3.18 Nivellement (mit Zwischenblicken): Formular

Punkt	Rückblick	Zwischenblick	Vorblick	Höhenunterschied	Höhe ü. NN
P	R	Z	V	Δh	H
HFP7	0,508				314,675
11		1,590		−1,082	313,593
12		2,586		−2,078	312,597
WP1	4,627 +1		3,063	−2,555	312,120
21		3,936		0,691	312,812
22		3,413		1,214	313,335
WP2	2,934		0,259	4,369	316,489
HFP8			1,656	1,278	317,767
					$\Delta h_{soll} = \text{HFP8} - \text{HFP7} = 3,092$
					$\Delta h_{ist} = \sum \Delta h = 3,091$
					$W = \Delta h_{soll} - \Delta h_{ist} = 0,001$

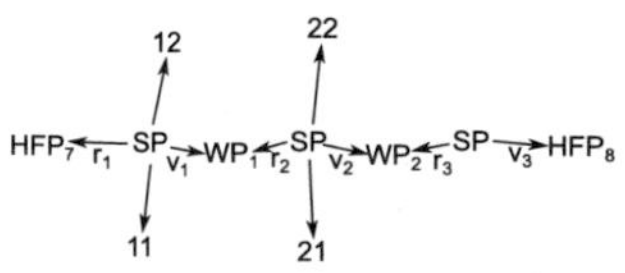

Abb. 3.23 Messanordnung mit Zwischenblicken

Die Höhe der Zwischenblicke werden immer auf den letzten Rückblick gerechnet!

3.4.9.2 Trigonometrische Höhenmessung

Die Steigung bzw. Neigung m lässt sich folgendermaßen berechnen:

$$m = tan\,\alpha = \frac{\Delta y}{\Delta x}$$
$$arctan\,m = \alpha$$

Beispiel

$$m = \frac{47}{2450} = 0,019 = 1,9\,\%$$
$$\alpha = arctan\,0,019 = 1,1°$$

Angabe über das Verhältnis 1 : n

   1 : n bedeutet $\Delta y = 1$ und $\Delta x = n$

Beispiel

Ist die Neigung angegeben im Verhältnis 1 : 3, so bedeutet dies:

$$m = \frac{\Delta y}{\Delta x} = \frac{1}{3} = 0,3 = 33,33\,\%$$

3.5   Flächenberechnung

3.5.1   Flächenberechnungen mithilfe von Dreiecken und Trapezen

Eine Fläche, z. B. ein Flurstück, lässt sich berechnen , indem man die Fläche in mathematisch leicht zu berechnende Flächen aufteilt. Dazu zählen insbesondere Dreiecke und Trapeze. Die Gesamtfläche erhält man, indem man die Einzelflächen zusammenrechnet.

Beispiel
Die Fläche des Schulhofs der Carl-Benz-Schule Koblenz lässt sich als Summe der Flächen der einzelnen Dreiecke und Trapeze berechnen (Abb. 3.24):

   Flächeninhalt eines Dreiecks:

$F = \frac{1}{2} \cdot g \cdot h$, wobei g die Grundseite des Dreiecks ist und h die Höhe

   Flächeninhalt eines Trapezes:

$F = \frac{l_1 + l_2}{2} \cdot h$, wobei l_1 und l_2 die parallelen Grundseiten des Trapezes sind und h die Höhe

Abb. 3.24 Schulhof mit
Punktnummern

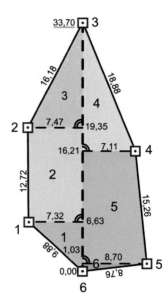

Dann berechnet man für die Dreiecke und Trapeze im Beispiel folgende Flächeninhalte:

$$F_1 = \frac{1}{2} \cdot 6{,}63 \ m \cdot 7{,}32 \ m = 24{,}27 \ m^2$$

$$F_2 = \frac{7{,}32 \ m + 7{,}47 \ m}{2} \cdot (19{,}35 \ m - 6{,}63 \ m) = 94{,}06 \ m^2$$

$$F_3 = \frac{1}{2} \cdot (33{,}70 \ m - 19{,}35 \ m) \cdot 7{,}47 \ m = 53{,}60 \ m^2$$

$$F_4 = \frac{1}{2} \cdot (33{,}70 \ m - 16{,}21 \ m) \cdot 7{,}11 \ m = 62{,}18 \ m^2$$

$$F_5 = \frac{1}{2} \cdot (7{,}11 \ m + 8{,}70 \ m) \cdot (16{,}21 \ m - 1{,}03 \ m) = 120{,}00 \ qm$$

$$F_6 = \frac{1}{2} \cdot 1{,}03 \ m \cdot 8{,}70 \ m = 4{,}48 \ m^2$$

Dann erhält man folgende Gesamtfläche des Schulhofs:

$F_{ges} = F_1 + F_2 + F_3 + F_4 + F_5 + F_6 = 24{,}27 \ m^2 + 94{,}06 \ m^2 + 53{,}60 \ m^2 + 62{,}18 \ m^2 +$
$120{,}00 \ m^2 + 4{,}48 \ m^2 = 358{,}59 \ m^2$

3.5.2   Gauß'sche Flächenformel

Mithilfe der Gauß'schen Flächenformel ist es möglich, eine Fläche innerhalb von koordinierten Punkten zu berechnen, ohne die Fläche in Dreiecke und Trapeze aufteilen zu müssen. Die Punkte müssen im Uhrzeigersinn durchlaufen werden, weil in der Regel ein geodätisches, also linkshändiges, Koordinatensystem verwendet wird. Grundlage der Gauß'schen Flächenformel sind die Flächenformeln für Dreiecke und Trapeze.

1. Trapezformel
   $2F = \sum_{i=1}^{n}(y_i + y_{i+1})(x_i - x_{i+1})$
   $2F = \sum_{i=1}^{n}(x_i + x_{i+1})(y_{i+1} - y_i)$
   Die Trapezformel lässt sich herleiten, indem man die gesuchte Fläche bis zur x-Achse in Trapeze aufteilt und diese in logischer Weise miteinander addiert oder voneinander subtrahiert.
2. Dreiecksformel
   $2F = \sum_{i=1}^{n} y_i(x_{i-1} - x_{i+1})$
   $2F = \sum_{i=1}^{n} x_i(y_{i+1} - y_{i-1})$
   Die Dreiecksformel erhält man durch Ausklammern und Umstellen der Trapezformel.

Beispiel
Schulhof der Carl-Benz-Schule Koblenz (S. Abb. 3.24)

1. Nummeriere die gegebenen Punkte. Beginne unten links
2. Erstelle eine Tabelle zur Berechnung der Teilflächen. Setze deine Tabelle bei n Punkten bis n + 2 fort.
   Berechne die Fläche mithilfe der Dreiecksformel nach Gauß:
   $2F = \sum_{i=1}^{n} y_i(x_{i-1} - x_{i+1})$

Ein Beispiel für die Flächenberechnung nach Gauß wird in Tab. 3.19. beschrieben.
   Die Fläche beträgt dann $717{,}16 : 2 = 358{,}58\ [m^2]$

Tab. 3.19 Flächenberechnung nach Gauß, Beispiel

Punktnummer	$f\ y_i$	x_i	Teilfläche
1	−7,32	6,63	−
2	−7,47	19,35	$-7{,}47 \cdot (6{,}63 -(- 33{,}70)) = 202{,}21$
3	0	33,70	$0 \cdot (19{,}35 - 16{,}21) = 0$
4	7,11	16,21	$7{,}11 \cdot (33{,}70 - 1{,}03) = 232{,}28$
5	8,70	1,03	$8{,}70 \cdot (16{,}21 - 0) = 141{,}03$
6	0	0	$0 \cdot (1{,}03 - 6{,}63) = 0$
1	−7,32	6,63	$-7{,}32 \cdot (0 - 19{,}35) = 141{,}64$
2	−7,47	19,35	−
			$\sum = 717{,}16 = 2F$

3.6 Lagegenauigkeit

Genauigkeit und Zuverlässigkeit

Im Zuge der Geodatenerhebung gibt es zwei wichtige Begriffe: Genauigkeit und Zuverlässigkeit.

Genauigkeit

Die **Genauigkeit,** auch häufig Genauigkeitsstufe genannt, ist die größte zu erwartende radiale Lageabweichung eines Neupunktes zu den Festpunkten seines Koordinatenreferenzsystems. In den Richtlinien für das Verfahren bei Liegenschaftsvermessungen in Rheinland-Pfalz (RiLiV) steht dazu: „Der Wert der GST [Genauigkeitsstufe] beschreibt den größten zu erwartenden Widerspruch zwischen den gemessenen und den aus Koordinaten gerechneten Strecken von dem neu bestimmten Punkt zu den jeweiligen Bezugspunkten des Koordinatenreferenzsystems" (Nr. 2.4).

Dazu müssen mindestens zwei voneinander unabhängige Messungen durchgeführt werden. Bei Kenntnis der Koordinatenwerte der beiden Messungen kann aus der Differenz der Rechtswerte (ΔR) und der Hochwerte (ΔH) mit der folgenden Formel die Lageabweichung (W) berechnet werden:

$$W = \sqrt{\Delta R^2 + \Delta H^2}$$

Genauigkeit kann auch allgemeiner definiert als „Grad der bzw. Exaktheit von (räumlicher) Information" (Bill 2010) verstanden werden.

Zuverlässigkeit

Die **Zuverlässigkeit** ist die Richtigkeit der Vermessungspunkte, des Vermessungsverfahrens und der menschlichen Durchführung. Die Zuverlässigkeit beschäftigt sich mit allen Fehlerquellen in und um eine Vermessung. Das können zum Beispiel Gerätefehler, Fehler in der vorherigen Vermessung der Anschlusspunkte, Fehler durch atmosphärische Einflüsse oder fachliche Fehler sein. Dabei sind vor allem menschliche Fehler schwer zu erkennen und herauszurechnen. Insbesondere die Satellitenvermessung ist mit vielen Fehlereinflüssen verbunden. Eine zuverlässige Vermessung ist auf grobe Fehler wirksam kontrolliert. Die Zuverlässigkeit soll rechnerisch geprüft werden. Eine gute Zuverlässigkeit hat hohe Chancen, eine gute Genauigkeit zu erreichen.

3.7 Raster- und Vektordaten

Die geometrischen Datenelemente eines Objekts (Geometrie) werden im Vektor- oder im Rasterdatenmodell dargestellt.

Geometriedaten sind in einem Koordinatensystem gemäß dem Vektor- oder Rasterdatenmodell strukturiert.

Definition

Beim **Vektordatenmodell** werden Geoinformationen durch Punkte aufgelöst, die in Form von Koordinaten (mathematisch Vektoren) erfasst werden. Vektordaten dienen zur Erfassung von Objektgeometrien. Die Darstellung der Objekte kann durch Punkte, Linien oder Flächen erfolgen. Objekte, die als Vektordaten vorliegen, sind individuell identifizierbar, bearbeitbar und visualisierbar.

Graphiken, die auf Vektordaten basieren, bieten den Vorteil, frei skalierbar zu sein, d. h., sie können im Gegensatz zu Rasterdaten ohne Informationsverlust (die sogenannte Verpixelung) vergrößert oder verkleinert werden. Zudem benötigen sie weniger Speicherplatz als Rasterdaten und sind auf jedem Endgerät darstellbar. Allerdings ist ihre Erfassung wesentlich aufwendiger und darum teurer.

Beim **Rasterdatenmodell** werden Geoinformationen hingegen in feine Pixelzeilen und -spalten (Raster) zerlegt; die Identifizierung jedes einzelnen Pixels kann durch die Angabe von Spalte und Zeile erfolgen. Für die Identifizierung von Objekten ist dies allerdings ungeeignet, weshalb sich die Verwendung von Rasterdaten vor allem auf die Darstellung von Bildern (z. B. Luftbilder) und Scans beschränkt. Die Erfassung von Rasterdaten erfolgt schneller und günstiger als die von Vektordaten. Allerdings verlangen Rasterdaten aufgrund der zahlreichen zu speichernden Pixelattribute wie Farbwerten, Helligkeit usw. nach einem deutlich größeren Speicherplatz, zudem sind sie nicht frei skalierbar, sondern verpixeln bei Vergrößer- oder Verkleinerung, verlieren also Informationen (Abb. 3.25).

Merke: Raster is faster, but vector is corrector.

Neben reinen Vektor- und Rasterdaten gibt es noch sogenannte **hybride Daten,** die eine Kombination von Vektor-, Raster- und Sachdaten darstellen, wie sie z. B. in Geoinformationssystemen in der Regel zu finden ist. Bei Sachdaten handelt es sich um ergänzende Daten, wie z. B. Eigentümer, das Baujahr des Gebäudes oder Attribute zu einer Straße (s. LF 2).

Abb. 3.25 Raster- und Vektordaten

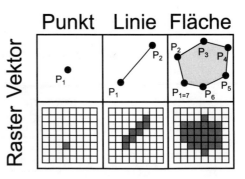

3.8 Vorschriften zur Erfassung und Darstellung von Geodaten

Die Vorschriften zur Erfassung und Darstellung von Geodaten unterscheiden sich in den einzelnen Ländern der Bundesrepublik Deutschland und unterliegen einer ständigen Aktualisierung. Bitte informiere dich in deinem Betrieb, in der Berufsschule oder der Verwaltung deines Bundeslandes nach den aktuellsten Vorschriften.

3.9 Lernaufwand und -angebot

Im Rahmenlehrplan ist das Lernfeld 3 (1. Lehrjahr) mit circa 80 Unterrichtsstunden angegeben. Es ist von großer Bedeutung für das Verständnis vermessungstechnischer Berechnungen und Grundlage für das Arbeiten mit Geodaten.

Lies dir die nachfolgenden Fragen und Aufgaben durch und versuche, Antworten zu finden:

Fragen

Nenne die Winkelmaße. Wie lassen sie sich gegenseitig umrechnen?

Was ist der Unterschied zwischen einem Theodoliten und einem Tachymeter? Was messen sie?

Welche Aufnahmeverfahren kennst du? Kannst du Punkte auf der Messungslinie und seitwärts liegende Punkte berechnen?

Wie funktioniert eine freie Stationierung? Kannst du einen Geradenschnitt berechnen?

Was ist ein GNSS? Erkläre den Aufbau und die Funktionsweise.

Welche Verfahren für die Höhenmessung kennst du?

Mit welchem Verfahren werden Flächen aus Koordinaten berechnet?

Was drückt der Begriff der Lagegenauigkeit aus?

Was sind Vektor- und Rasterdaten? Welche Anwendung finden sie?

3.10 Beispielaufgaben

- ZFA, **Zwischen- und Abschlussprüfungen,** https://zfamedien.de/pruefungen/geomatiker/beispielpruefungen/ Stand: 29.04.2021
- ADD RLP, **Prüfungsaufgaben aus den Jahren 2014–2017.** https://add.rlp.de/de/themen/aus-fort-berufs-und-weiterbildung-vormerkstelle/berufsbildung/ausbildungsberufe/vermessungstechnikerin-oder-geomatikerin/geomatikerin/, Stand: 29.04.2021

Literatur

Asbeck M, Druppel S, Gärtner M (Hrsg) Skindelies K, Stein M (2016) Vermessung und Geoinformation. Düsseldorf

Bill R (2010) Grundlagen der Geo-Informationssysteme 5., völlig neu, bearb. Aufl. Wichmann, Berlin

de Lange N (2013) Geoinformatik in Theorie und Praxis. Springer Spektrum, Berlin

Kommission Aus- und Weiterbildung DGfK (Hrsg.) (2004). *Focus. Kartographie. Grundlagen der Geodatenvisualisierung. Ausbildungsleitfaden Kartograph/in*. CD-ROM im PDF-Format

Gruber FJ, Joeckel R (2009) Formelsammlung für das Vermessungswesen. Vieweg und Teubner, Wiesbaden

Länderübergreifendes Lehrerforum für Vermessungstechnik (LfVT) (Hrsg.) (o. D.), GNSS Grundlagen. https://holbrook.no/share/doc/gps/GNSS-Grundlagen.pdf. Zugegriffen: 07.04.2023

Michael Franz hat nach seiner Ausbildung als Geomatiker 2019 die Laufbahn für das zweite Einstiegsamt im vermessungs- und geoinformatischen Dienst absolviert und arbeitet seit 2020 am Vermessungs- und Katasteramt Westeifel-Mosel. Zuvor hat er das erste Staatsexamen für Gymnasiallehramt in Mathematik und Latein abgelegt und als Nachhilfelehrer und Schulintegrationshelfer gearbeitet.

Geodaten in Geoinformationssystemen verwenden und präsentieren

Julika Miehlbradt

4.1 Lernziele und -inhalte

Lernfeld 4 behandelt die Visualisierung räumlicher Daten. Dazu werden sowohl Geographische Informationssysteme (GIS) als auch CAD-Systeme grundlegend vorgestellt. Der Fokus liegt jedoch auf GIS. In diesem Zusammenhang wird Basiswissen zu raumbezogenen Datenbeständen vermittelt. Essentiell ist dabei die Unterscheidung zwischen Vektor- und Rasterdaten. Daneben nimmt auch der Aspekt der Metadatendokumentation eine entscheidende Rolle ein. Aus diesem Grund werden Normen und Standards für Metadaten vorgestellt, die für die Geomatik relevant sind (Abb. 4.1).

Darüber hinaus werden Grundkenntnisse im Urheberrecht vermittelt. Dabei wird vor allem auf Nutzungsbestimmungen und Lizenzen eingegangen, die für den kommerziellen und nichtkommerziellen Bereich zu beachten sind.

4.2 Was ist ein GIS?

Ein Informationssystem stellt Daten digital bereit. Dabei werden die Daten nicht nur gespeichert, sondern können aktualisiert, analysiert und weiterverarbeitet werden (de Lange 2020, S. 373). Ein *Geographisches Informationssystem,* kurz *GIS* genannt, erweitert ein Informationssystem um die räumliche Komponente. Dieses System begünstigt, „die bisher verstreut oder sogar nur unvollständig vorliegenden Daten zu

J. Miehlbradt (✉)
Oldenburg, Deutschland
E-Mail: j.miehlbradt@outlook.de

© Der/die Autor(en), exklusiv lizenziert an Springer-Verlag GmbH, DE, ein Teil von Springer Nature 2023
J. Klaus (Hrsg.), *Geomatik,* https://doi.org/10.1007/978-3-662-66274-8_4

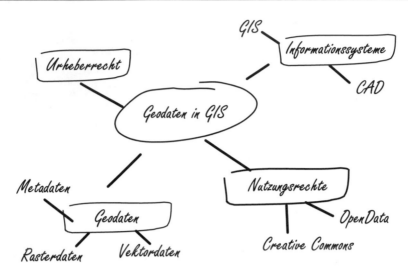

Abb. 4.1 Lernziele und -inhalte von Lernfeld 4

systematisieren, zu vervollständigen und sie einer größeren Zahl von Nutzern (erstmalig) zur Verfügung zu stellen" (de Lange 2020, S. 376). Ein GIS greift auf einen raumbezogenen Datenbestand zu und dient zur Auswertung und Visualisierung dieses Datenbestandes, aber auch zur Ableitung neuer Zusammenhänge.

Raumbezogene Datenbestände, die in einem GIS genutzt werden, werden *Geodaten* genannt. „Raumbezogen" meint in diesem Kontext, dass die Daten im geographischen Raum verortet werden können. Die Herstellung eines Raumbezugs kann direkt (über Koordinaten) oder indirekt (z. B. anhand einer Adresse) erfolgen. Bei Bedarf kannst du in Kap. 2 die Definitionen des direkten und indirekten Raumbezugs erneut nachlesen.

▶ **Definition** „Ein Geoinformationssystem ist ein rechnergestütztes System, das aus Hardware, Software, Daten und den Anwendungen besteht. Mit ihm können raumbezogene Daten digital erfasst, gespeichert, verwaltet, aktualisiert, analysiert und modelliert sowie alphanumerisch und graphisch präsentiert werden."
(de Lange 2020, S. 375)

Der strukturelle und funktionale Aufbau eines Informationssystems beruht auf dem sogenannten Vier-Komponenten-Modell. Die vier Bestandteile des *strukturellen Schemas* umfassen die **Hardware** und *Software*, die verwendeten *Daten* sowie die *Anwender:innen*. Dieses Modell ist auch unter dem Namen *HSDA-Modell* bekannt (de Lange 2020, S. 276). Auf dem physischen Endgerät, also der Hardware (z. B. ein Computer oder Laptop), kann eine Anwendung – die Software – installiert werden. In Unternehmen wird heutzutage die Software auch über entsprechende Lizenzmodelle und eine Softwareverteilung bereitgestellt, statt die Software arbeitsplatzgebunden zu lizenzieren. Wenn das Programm an einem Arbeitsplatz gestartet wird, wird die Lizenz von einem Server abgerufen. Sobald das Programm an dem Arbeitsplatz beendet wird, wird die Lizenz für alle Nutzer:innen wieder freigegeben. Gleichermaßen kann auch die Software auf einem Server installiert sein. Dann steht die Software zentral bereit und kann separat von mehreren Personen genutzt werden. Dies ermöglicht in einem Unternehmen beispielsweise den Zugang zur Software von Mitarbeiter:innen aus unterschiedlichen Abteilungen, ohne dass an jedem Arbeitsplatz die Software installiert werden muss.

Ohne entsprechende Geodaten ist ein GIS allerdings nutzlos. Geodaten bilden das Zentrum eines GIS. Sie helfen, eine spezifische Fragestellung zu beantworten oder einen gezielten Anwendungsfall zu untersuchen. Sie dienen dazu, ein Abbild der realen Welt zu schaffen und Informationen mit einem Lagebezug zu speichern. Dieses Abbild der realen Welt ist in einem gewissen Grad abstrahiert, denn die reale Welt kann nur vereinfacht modelliert werden (Brinkhoff 2013, S. 61). Dabei wird die Welt über Objekte modelliert, die als Punkt, Linie und Fläche (Polygon) gespeichert werden (Abschn. 4.3.1).

▶   HSDA-Modell:
    Hardware
    Software
    Daten
    Anwender:in

Das *funktionale Schema* beschreibt die Verarbeitungsmöglichkeiten eines GIS. Auch dieses Schema umfasst vier Komponenten. Der Funktionsumfang kann anhand des *EVAP-Prinzips* erläutert werden. Dieses Prinzip umfasst die Eigenschaften *Erfassung, Verwaltung, Analyse und Präsentation*. Im Englischen wird auch vom *IMAP-Prinzip* (**I**nput, **M**anagement, **A**nalysis, **P**resentation) gesprochen. Nach de Lange (2020) sind diese Funktionsgruppen umfangreich und nur schwer voneinander zu trennen. Es sind jedoch alle Funktionsmerkmale erforderlich, um eine Anwendung als GIS bezeichnen zu können (de Lange 2020, S. 378).

In einem GIS können Geodaten zum einen manuell über die Digitalisierung einzelner Objekte erfasst werden. Zum anderen können auch vorhandene Datensätze in das System integriert werden. Einzelne Objekte eines Datensatzes können per Hand modifiziert werden, indem die räumliche Ausdehnung einer Fläche oder die Lage eines Punktes angepasst wird. Gleichermaßen können auch die dazugehörigen Sachinformationen eines Objektes editiert werden *(Erfassung)*. Dabei wird auf ein Datenbankmanagementsystem zurückgegriffen, das in der Regel in die Software integriert ist (de Lange 2020, S. 377). In Kap. 5 werden Datenbankmanagementsystemen genauer behandelt. Sowohl die Geo- als auch die Sachdaten werden ebenfalls in einem GIS administriert *(Verwaltung)*. Beispielsweise werden die Daten strukturiert und organisiert gespeichert. Der Aspekt der *Analyse* ermöglicht, losgelöst von manuellen Bearbeitungen, Datensätze zu untersuchen und auszuwerten. So kann beispielsweise ein Objekt aufgetrennt werden oder benachbarte Objekte miteinander verschmolzen werden. Diese analytischen Aufgaben stellen den Kern eines GIS dar und bilden die alltäglichen Arbeiten im Umgang mit einem GIS. Die Analyse von Geodaten und fundamentale GIS-Funktionen werden in Kap. 9 vertieft, daher wird der Aspekt in diesem Lernfeld nicht weiter vorgestellt. Zur *Präsentation* von Informationen werden Geodaten klassischerweise in Form einer Karte aufbereitet. Diese Karte kann analog als Printmedium oder digital, beispielsweise als PDF oder Graphik auf einer Webseite, bereitgestellt werden (de Lange 2020, S. 377). Alternativ dazu können Daten auch interaktiv mithilfe sogenannter Webservices zur Verfügung gestellt werden. Webservices und deren Anwendungsgebiet sind ebenfalls Bestandteil von Kap. 9.

▶   EVAP-Prinzip:
     Erfassung
     Verwaltung
     Analyse
     Präsentation

In einem GIS werden Geodaten immer mit einem räumlichen Bezug, also auf Grundlage eines Koordinatenbezugssystems, dargestellt. In der Regel wird zwischen einer *Daten-* und einer *Layoutansicht* differenziert. In der Datenansicht findet die Bearbeitung und Analyse der Geoobjekte statt. Die eingebundenen Daten werden in Layer organisiert. In einem *Layer* können sich nur Objekte einer Geometrieart (Punkt, Linie, Polygon) befinden. Die Reihenfolge der Layer entscheidet über die Darstellungsreihenfolge: Der oberste Layer wird auch an oberster Stelle gezeichnet. Layer von Flächendatensätzen sollten sich dementsprechend in der Regel unterhalb von Linien- oder Punktdatensätzen befinden, damit diese auch sichtbar sind. Die Organisation der Layer wiederum erfolgt in einem Bedienfeld. Häufig kann die Reihenfolge der Layer per „drag and drop" verändert werden. Jeder Layer kann individuell sichtbar bzw. unsichtbar geschaltet werden. Außerdem können Eigenschaften wie die Symbologie, Darstellungsmöglichkeiten (z. B. Transparenz) und Beschriftungen pro Layer separat festgelegt werden. Diese Layer werden nicht nur zu Darstellungszwecken, sondern auch zur Analyse genutzt. Dazu stellt ein GIS anwendungsbezogene Werkzeuge bereit (s. Kap. 9). Alternativ ist es ebenfalls möglich, individuelle Berechnungen und Datenverschneidungen durchzuführen.

Für die Erzeugung eines Kartenproduktes erfolgt der Wechsel von der Datenansicht in die Layoutansicht. Neben dem Kartenfeld können relevante Kartenelemente wie eine Legende oder ein Kartentitel in das Layout eingefügt oder das Kartenfeld mit einem Kartengitternetz überlagert werden. Die Bestandteile einer Karte findest du in Kap. 2.

Bekannte GIS-Software aus dem kommerziellen Bereich sind vor allem die Produkte *ArcGIS Pro* und *ArcMap* der Firma *ESRI Inc*. OpenSource stellen die Produkte *QGIS* und *GRASS GIS* ein umfangreiches Softwarepaket bereit. Sie bieten die Möglichkeit, für die Bearbeitung und Analyse auf vorgefertigte Werkzeuge zurückzugreifen oder eigene Tools zu programmieren und zu integrieren. Gerade Software aus dem

OpenSource-Bereich ermöglicht eine interoperable Nutzung und plattformunabhängige Integration selbstprogrammierter Werkzeuge.

Geoinformationssysteme haben sich vor allem in Vermessungs- und Katasterämtern zur Verwaltung von Liegenschaften etabliert. Auch in Planungsbehörden im Bereich der Raum- und Bauleitplanung und in Unternehmen aus dem Bereich des Vermessungswesens hat sich die Verwendung von GIS durchgesetzt. Im Zuge der voranschreitenden Digitalisierung hat sich gleichermaßen in vielen weiteren Bereichen die Erhebung räumlichen Daten sowie Verwaltung und Anwendung in GIS manifestiert. So werden auch bei statistischen Ämtern Daten räumlich ausgewertet (zum Beispiel Wahlbeteiligung oder Einwohnerdichte). Ebenso wird in Unternehmen für die Expansions- und Standortplanung und zur Ermittlung von Marktlücken auf GIS zurückgegriffen (sogenanntes Geomarketing). Im Bereich der Umweltplanung werden Umweltschutzgebiete wie Flora-Fauna-Habitate (FFH) räumlich modelliert und digital vorgehalten. Im Zuge dessen hat auch die Interoperabilität und Standardisierung von Geodaten immer mehr an Bedeutung gewonnen, sodass plattformübergreifend räumliche Informationen zielführend und effizient genutzt werden können (Brinkhoff 2013, S. 4–5).

4.2.1 Einführung in CAD-Systeme

CAD-Systeme helfen Anwender:innen beim Design (CAD = „Computer Aided Design"), indem sie bei der Konstruktion technischer Zeichnungen unterstützen (Vanja et al. 2009, S. 8). Anwendungen, die Prozesse im Hinblick auf Teilautomation unterstützen, werden CAx-Systeme genannt. „CA" bildet die Abkürzung für „computer aided", was auf Deutsch „computerunterstützt" bedeutet. Der Buchstabe „x" dient als Platzhalter und wird in Abhängigkeit vom verwendeten System ersetzt.

Der Informatiker Douglas T. Ross entwarf das Konzept sowie den Begriff „CAD". Ziel seiner Entwicklung war die Kombination menschlicher und technischer Fähigkeiten, ohne dabei Programmierkenntnisse von den Anwender:innen vorauszusetzen. Aufwendige Rechenoperationen laufen demnach hintergründig ab, während die Anwender:innen ihre Arbeit normal ausführen (Ross 1960, S. 1). Gerade im Bereich der Planung und der Architektur werden CAD-Systeme vorrangig genutzt, um zweidimensionale Pläne herzustellen. Darunter zählt beispielsweise ein Lageplan.

Auch ein CAD-System unterscheidet in der Regel zwischen zwei Ansichten: einer Zeichen- und einer Layoutansicht. Der Zeichenansicht liegt, analog zum GIS, ein Koordinatenbezugssystem zugrunde, in dem die Daten lagerichtig verortet werden. Auch in einem CAD-System erfolgt die Organisation der Objekte anhand von Layer. Alle Layer einer Zeichnung werden in einer Liste geführt. Die Layerreihenfolge definiert ebenfalls die Darstellungsreihenfolge. Die Sichtbarkeit einzelner Layer kann individuell eingestellt werden. Für jeden Layer können Zeichenvorschriften hinterlegt werden, um die Symbologie oder die zu verwendende Schriftart festzulegen.

Objekte in CAD-Systemen werden elementar zwischen graphischen und nicht-graphischen Objekten unterschieden. Graphische Objekte wiederum lassen sich in Geometrien und Textelemente gliedern. Geometrietypen werden im Vergleich zum GIS differenzierter betrachtet: Neben den bereits bekannten Geometriearten (Punkt, Linie, Polygon) können in einem CAD-System viele weitere Geometrietypen wie beispielsweise Kreise und Kreisbögen definiert werden. Für alle graphischen Objekte sind Informationen zur Position, Gestaltung, Form und Größe hinterlegt. Es werden jedoch keine logischen Sachattribute erfasst (Autodesk 2011, S. 61).

4.2.2 GIS und CAD-Systeme

Sowohl GIS als auch CAD-Systeme dienen zur Modellierung und Abbildung der realen Welt in Form von räumlichen Informationen. Beide Systeme dienen zur Erzeugung digitaler bzw. analoger Pläne, Karten oder graphischen Bildschirmdarstellungen. Jedoch liegt der Fokus eines CAD-Systems in der Konstruktion sowie der Erzeugung eines Endproduktes in Form eines Entwurfes (in digitaler oder analoger Form), während ein GIS auf die Abbildung, Speicherung und Analyse von real existierenden Phänomenen des geographischen Raumes ausgerichtet ist. Der Schwerpunkt eines GIS liegt vor allem in der Datenanalyse und der Speicherung von Sachinformationen.

Objekte eines CAD-Systems speichern lediglich Informationen zur Ausprägung und Gestaltung. Sachinformationen werden mithilfe von Textfeldern ergänzt. Geoobjekte eines GIS hingegen sind direkt mit den Sachinformationen verknüpft. Dies ermöglicht unter anderem eine variable und automatisierte Beschriftung von Objekten.

Ein wichtiger Unterschied zwischen GIS und CAD-Systemen liegt in der Objektspeicherung. Geoobjekte eines GIS werden in Abhängigkeit ihrer Dimension gespeichert. Die Dimension definiert den Geometrietyp Punkt, Linie bzw. Polygon (Abschn. 4.3.1). Objekte unterschiedlicher Dimensionen können nicht in derselben Datei abgespeichert werden. Bei CAD-Objekten hingegen erfolgt eine Differenzierung der Dateneinheiten anhand ihrer Formen. Ein Layer kann jedoch unterschiedlich viele Dateneinheiten beinhalten. Die Verwaltung und Speicherung von Objekten in einem GIS und einem CAD-System unterscheiden sich damit deutlich.

4.3 Wie werden Geodaten gespeichert?

Für die Bearbeitung räumlicher Fragestellungen können Geodaten unterschiedlicher Art verwendet werden. Ziel ist es, ein möglichst konkretes digitales Abbild der Realität zu schaffen. Im Kap. 2 wurden bestimmte Geodaten bereits im Detail vorgestellt. An dieser Stelle sollen Geodaten im Hinblick auf das zugrunde liegende Datenformat unterschieden werden. Geodaten werden in *Vektor-* und *Rasterdaten* differenziert. Man spricht auch vom *Vektor-* bzw. *Rastermodell.*

4.3.1   Geodaten im Vektormodell

Im *Vektormodell* basieren die geometrischen Informationen auf Vektoren, deren Ausdehnung über die Erfassung von Stützpunkten mit einer eindeutigen Lage geformt wird. Vektordaten werden als Objekte gespeichert. Die Geometrie eines Geoobjektes wird durch Lagekoordinaten in einem Bezugssystem angegeben. Im deutschen Raum wird im Idealfall auf ein metrisches Bezugssystem wie UTM 32 N zurückgegriffen; bei globalen Datensätzen beispielsweise auf das Koordinatensystem WGS84. Grundlegende Informationen zu Koordinatensystemen werden in Kap. 2 vermittelt.

Ein Objekt kann dem Geometrietyp Punkt, Linie oder Fläche (Polygon) entsprechen. Die nachfolgende Abb. 4.2 zeigt den Aufbau der unterschiedlichen Geometriearten. Ein Punkt repräsentiert eine Position im Raum, die anhand einer X- und einer Y-Koordinate eindeutig verortet wird. Ein Punkt entspricht (nach OGC-Standard) dabei einem nulldimensionalen Objekt. Das geometrische Objekt Linie repräsentiert eindimensionale Geoobjekte, indem beliebig viele Stützpunkte gespeichert werden. Die Verbindung der Stützpunkte bildet eine Linie. Stützpunkte wiederum entsprechen dem Geometrietyp eines Punktes. Auch die Form einer Fläche basiert auf festgelegten Stützpunkten. Indem der erste und der letzte Stützpunkt miteinander verbunden werden, wird eine Fläche geformt. Polygonen entsprechen zweidimensionalen Objekten (OGC 2011, S. 20–26). Punkt-, Linie- und Polygonobjekte können in einer Vektordatei und Datenbanken gespeichert, wobei jeder Geometrietyp nur separat abgespeichert werden kann (Abschn. 4.3.3).

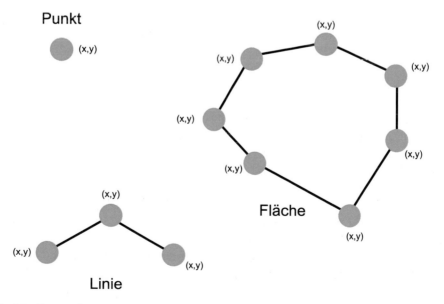

Abb. 4.2 Geometriearten

Für jedes Objekt können neben der Lage zusätzliche Informationen, sogenannte *Attribute*, in Form einer Tabelle erfasst werden. Diese Attributtabelle ist mit dem entsprechenden geometrischen Datensatz verknüpft. Eine Attributspalte beinhaltet in der Regel eine Identifikationsnummer (ID), also eine eindeutige Zahlen- oder Zeichenkombination, die zur Kennung des Objektes herangezogen wird. Für einen Datensatz der Landkreise und kreisfreien Städte Deutschlands kann zum Beispiel jedes Objekt anhand seines achtstelligen Gemeindeschlüssels eindeutig identifiziert werden. Falls im Datensatz solch eine Identifikationsnummer nicht enthalten ist, kann eine künstliche Identifikationsnummer automatisiert oder manuell erzeugt werden. Voraussetzung ist, dass jeder Schlüssel nur einmal vergeben wird und sich bereits zugewiesene Schlüssel nicht mehr verändern.

Daneben können weitere wichtige Informationen als Attribute erfasst werden. In Bezug auf das vorherige Beispiel der Landkreise und kreisfreien Städte können etwa der geographische Name – wie „Frankfurt am Main" –, die Einwohnerzahl oder die amtliche Flächengröße in km^2 hinterlegt werden. Jede Attributspalte entspricht einem bestimmten Datentyp. Textfelder werden beispielsweise in Form von Zeichenketten (String) abgespeichert. Numerische Werte hingegen können in unterschiedlichen Datentypen gespeichert werden. Hierbei wird differenziert in ganzzahlige Werte (Integer) und Fließkommazahlen (z. B. Float). In Attributspalten, deren Datentyp als numerischer Wert definiert ist, können keine Texte gespeichert werden. Andersherum können in Textfeldern zwar Zahlenwerte gespeichert werden, für mathematische Berechnung empfiehlt sich jedoch die Speicherung von Zahlenwerten in Feldern von numerischen Datentypen. Weitere Informationen und eine Einführung in die gängigen Datentypen gibt es in Kap. 5.

4.3.2 Geodaten im Rastermodell

Im *Rastermodell* werden raumbezogene Daten als digitale Bilder erfasst. Dabei erfolgt die Darstellung in Pixeln. Durch eine regelmäßige Rasterung des Raumes – man spricht auch von einer festen Rasterweite, mit dem eine Rasterdatei versehen ist – weisen vorwiegend alle Pixel eines Bildes dieselbe Breite und Höhe auf. Meistens sind Pixel sogar quadratisch. Die Anzahl der Pixel in der Höhe und Breite des gesamten Bildes definieren die Bildgröße. Ein Full-HD-Fernseher hat zum Beispiel in der Regel eine Größe von 1920×1080 Pixeln. Die Bildgröße eines Ultra-HD-Fernsehers wiederum ist mit 3840×2160 Pixel doppelt so hoch. Ein Gerät mit *Standard Definition* (SD) besitzt lediglich 720×576 Pixel. Ein Full-HD-Fernseher besitzt damit viermal so viele Bildpixel wie SD-Gerät. Die Darstellung ist dementsprechend detaillierter.

Die Druckauflösung eines Bildes wird in *dpi* („dots per inch" = Punkte pro Inch) angegeben. Bei einer Auflösung von 72 dpi erscheinen auf einem Inch 72 Bildpunkte (Pixel). Ein Inch entspricht 2,54 cm. Der Wert dpi gibt demnach die Punktdichte an. Eine höhere Punktdichte sorgt automatisch für eine schärfere Auflösung. Der dpi-Wert steht dabei immer im Verhältnis zur Pixelanzahl des Gerätes.

Jeder Pixel einer Rasterdatei besitzt eine feste Position und erhält zusätzlich einen bestimmten Wert. Dieser Wert kann einem Farbwert oder Intensitätswert (z. B. Höhenwert) entsprechen. Die Position eines Pixels im Bild wird in einem lokalen Koordinatensystem bestimmt. Man spricht auch von Bildkoordinaten. Diese Koordinaten geben keine Rückschlüsse auf die reale Lage des Bildes. Um in einem GIS ein Raster, z. B. ein Luftbild, an der richtigen Position anzeigen zu können, muss der räumliche Bezug zur Örtlichkeit bekannt sein. Die Bildkoordinaten werden mit den entsprechenden Bezugskoordinaten verknüpft. Das Raster erhält eine *Georeferenz* (Kap. 8), um seine tatsächliche Lage zu bestimmen.

Um das Raster auch zukünftig automatisch richtig zu verorten, kann diese Georeferenz dauerhaft gespeichert werden. Das kann auf unterschiedliche Weisen geschehen: Der Raumbezug kann bei bestimmten Dateiformaten von Rasterdaten selbst (z. B. im Header bei Bildern des Formates *GeoTIFF*) oder in einer separaten Textdatei abgespeichert werden. Diese separate Speicherung des Raumbezugs erfolgt im sogenannten *World-File*. Dabei handelt es sich um eine Textdatei, die sechs Parameter beinhaltet. Anhand dieser Parameter kann die Lage des Rasters berechnet werden. Bei Rastern im Dateiformat TIFF erhält das dazugehörige World-File in der Regel die Endung „*.tfw" (ESRI Inc. 2022, o. S.).

Ein World-File besteht aus sechs Zeilen. Der Parameter in der ersten Zeile gibt die Zellgröße eines Pixels in x-Richtung an. Die Parameter in den beiden darauffolgenden Zeilen beschreiben die Rotationsbedingungen in x- bzw. y-Richtung. Die vierte Kenngröße stellt die Zellgröße in y-Richtung dar. Aufgrund des Koordinatenursprungs von Bildschirmkoordinaten, der sich in der oberen linken Ecke des Bildschirmes befindet, nimmt dieser Wert in der Regel einen negativen Wert an. Die letzten beiden Parameter des World-Files sind die x- und y-Koordinate des oberen linken Pixels, wobei stets das Zentrum des Pixels verwendet wird (s. Abb. 4.3). Anhand dieser Parameter können mithilfe einer *Affintransformation* ausgehend von den Weltkoordinaten (Parameter in Zeile 5 und 6 in Abb. 4.3) Bildkoordinaten bestimmt werden. So wird das Rasterbild im GIS lagerichtig verortet (ESRI Inc. 2022, o. S.).

▶ **Wichtig**

Eine Koordinatentransformation dient zur Umwandlung von Koordinaten eines Start-Koordinatensystems in ein Ziel-Koordinatensystem anhand festgelegter Parameter. Die *Affintransformation* ist eine formverändernde 2D-Transformation: Für die Koordinatenachsen x und y können unterschiedliche Maßstäbe und Rotationen verwendet werden. So kann beispielsweise ein Quadrat zu einer Raute transformiert werden. Die Helmert-Transformation, die in Kap. 2 angeschnitten wird, verwendet hingegen identische Parameter in x- und y-Richtung – damit bleibt die ursprüngliche Form erhalten.

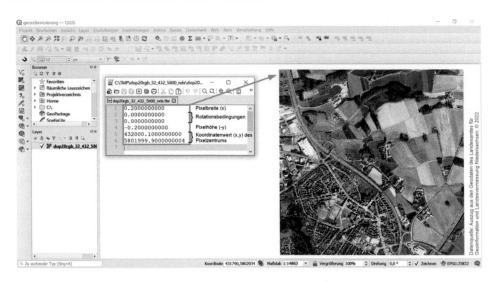

Abb. 4.3 Georeferenzierung eines Luftbildes. (Datenquelle: Auszug aus den Geodaten des Landesamtes für Geoinformation und Landesvermessung Niedersachsen, © 2022)

Für eine präzise Abbildung erfolgt die Bestimmung der benötigten Parameter über drei in beiden Systemen bekannte und identische Punkte, sogenannte *Passpunkte*. Die Affintransformation erwartet dementsprechend sechs Parameter (jeweils ein x- und y-Wert pro Passpunkt) (Spektrum 2001, o. S.).

Die nachfolgende Abb. 4.4 zeigt den Effekt der Georeferenzierung einer Rasterdatei mit und ohne eine Rotation des Bildes. Dabei wird das Bild so angepasst, dass die Lage und Ausrichtung mit der Örtlichkeit übereinstimmen. Die Parameter, die zuvor erläutert wurden und bereits in Abb. 4.3 sichtbar sind, sind auch hier an den entsprechenden Stellen gekennzeichnet.

4.3.3 Geodatenformate (Vektor- und Rasterdaten)

Typische Dateiformate für Rasterdateien mit Raumbezug sind *GeoTIFFs*. Der Vorteil von GeoTIFFs liegt in der Speicherung der Raumbezugs im Header der Datei selbst. Man hat lediglich eine Datei. Grundsätzlich ist es jedoch möglich, jeder Rasterdatei über ein entsprechendes World-File einen Raumbezug zuzuordnen. Der Nachteil liegt in der Datenhaltung von zwei separaten Dateien im Vergleich zum GeoTIFF. Ein GIS erkennt jedoch automatisch, dass die Rasterdatei und das World-File zusammengehören, und kann die Rasterdatei im GIS lagerichtig anzeigen. Voraussetzung dafür ist die korrekte

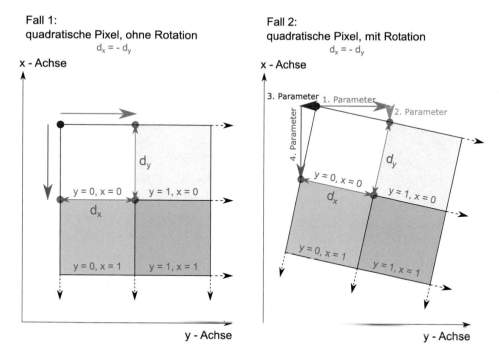

Abb. 4.4 Auswirkungen der Georeferenzierung auf eine Rasterdatei (Mit Rotation/ohne Rotation)

Bezeichnung: Die Rasterdatei und das World-File müssen (abgesehen von der Datei-typendung) gleich benannt sein.

Das bekannteste und plattformübergreifend gängigste Dateiformat für die Speicherung von Vektordaten ist das *Shapefile* (*.shp-Datei). Shapefiles wurden in den 1990er-Jahren von der Firma *Esri Inc.* konzipiert und werden heutzutage in der Regel sowohl von kostenpflichtigen als auch kostenlosen Softwarepaketen für GIS und CAD-Systeme unterstützt. Shapefiles haben sich als „De-facto-Standard" (de Lange 2020, S. 242) etabliert.

Eine Shapedatei setzt sich aus mehreren verschiedenen Dateien zusammen. Durch das Zusammenspiel aller Dateien werden Geoobjekten und die entsprechenden Sach-informationen im Vektorformat gespeichert (Abb. 4.5).

Obligatorisch sind dabei die folgenden Dateien:

- *.shp zur Speicherung der Geometrie
- *.dbf zur Speicherung der Attributtabelle im Datenbankformat dBase
- *.shx-Datei zur Indexierung der Geometrien und zur Verknüpfung zwischen einem Feature und der in der dBase-Datei gespeicherten Attributzeile

Optional können außerdem vorhanden sein:

- *.prj-Datei zur Erfassung der verwendeten Projektion, z. B. ETRS89 UTM32N
- *.sbn-/*.sbx-Datei zur räumlichen Indexierung der Geometrien, um einen flüssigeren und schnelleren Datenzugriff gerade bei großen Datenmengen zu ermöglichen
- *.shp.xml zur Speicherung der Metadaten

Die Dateigröße von Shapefiles ist auf 2 MB beschränkt. Zu beachten ist der Aspekt, dass Shapefiles nicht explizit die Topologie abspeichern (ESRI Inc. 1998, S. 28). Gerade bei aneinandergrenzenden Objekten mit gebogenen oder kreisförmigen Segmenten

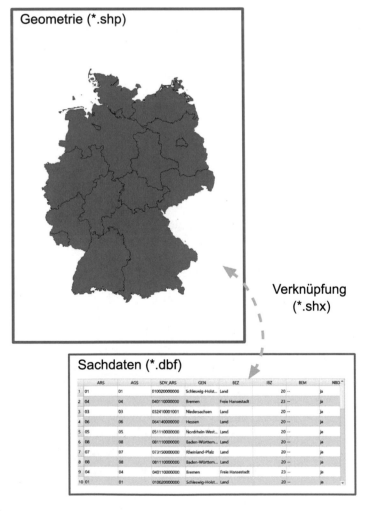

Abb. 4.5 Zusammenspiel der obligatorischen Dateien eines Shapefiles

können aufgrund der fehlenden Speicherung der Topologie Fehler bei räumlichen Verschneidungen auftreten. Dennoch stellen Shapefiles aufgrund ihrer einfachen Struktur und inzwischen plattformübergreifenden Interoperabilität ein gängiges Dateiformat dar, das gerade zum Datenaustausch häufig verwendet wird.

Ein ebenfalls bewährtes Dateiformat der Firma Esri Inc. ist die sogenannte *Geodatabase*. Diese wurde zu einem späteren Zeitpunkt entwickelt und unterstützt eine Speicherung weitaus größerer Datenmengen. Geodatabases stellen eine Art „Container" zur Speicherung zusammengehöriger räumlicher Datensätze dar und basieren auf dem relationalen Datenbankkonzept (s. Kap. 5). Generell können sowohl Vektor- als auch Rasterdaten in derartigen Containern abgespeichert werden. Die Speicherung von Vektordaten erfolgt in sogenannten Feature-Classes, mehrere Feature-Classes können zusätzlich in Datasets gruppiert werden. Darüber hinaus können auch Tabellen in einer Geodatabase gespeichert werden. Eine gravierende Einschränkung dieses Dateiformates stellt die proprietäre Datennutzung dar. Die Plattformabhängigkeit auf Esri-Technologie führt dazu, dass es zu einer eingeschränkten Nutzung bei der Verwendung in anderen GIS kommen kann.

Ein Datenformat, das in seinem Aufbau eine gewisse Ähnlichkeit zu Geodatabases aufweist, stellt das *GeoPackage* dar. Auch ein GeoPackage bildet analog zur Geodatabase eine Art Container zur Speicherung von Geodaten. Dabei handelt es sich jedoch um ein plattformunabhängiges und nichtproprietäres Datenformat, das auf einem Standard des *Open Geospatial Consortium* (OGC) basiert. Die Basis zur Datenspeicherung stellt eine *SQLite-Datenbank* dar, in der Vektor- und Rasterdaten sowie Tabellen gespeichert werden können. GeoPackages stellen eine Speicherkapazität von bis zu 140 TB bereit und unterstützen damit die Speicherung sehr großer Datenmengen. Aufgrund der dahinterliegenden SQLite-Datenbank beruht auch ein GeoPackage auf einem relationalen Datenbankmanagementsystem (RDBMS). Der *Geopackage Encoding Standard* legt den Aufbau des GeoPackages fest und definiert einzuhaltende Datenkonformitäten. Für die Speicherung von Vektordaten werden *Simple Features* unterstützt. Simple Features sind Geometrien, die dem *Simple Feature Access,* einem weiteren Standard des OGC, entsprechen (OGC 2021, o. S.). Die Standards des OGC und die Voraussetzungen von Simple Features können auf der Webseite des OGC (unter https://www.geopackage.org/spec120/) nachgelesen werden. Aufgrund der bereits genannten Plattformunabhängigkeit dieses Dateiformates bieten GeoPackages eine Interoperabilität gegenüber proprietären und nichtproprietären Systemen. Vor allem im OpenSource-Bereich wie QGIS kommen GeoPackages vermehrt zum Einsatz.

▶   **Wichtig**

Das *Open Geospatial Consortium* (OGC) ist eine globale Organisation für die Etablierung von Geodatenstandards. Wichtige Standards des OGC sind unter anderem der *GeoPackage Encoding Standard,* das Feature-Geometry-Modell und der dazugehörige *Simple Feature Access* oder auch zur Speicherung von dreidimensionalen Daten das GML-Anwendungsschema *CityGML.*

Bei dem im Zusammenhang mit GeoPackages genannten *Simple Feature Access* handelt es sich um eine Spezifikation, die für zweidimensionale Geometrien den Aufbau von Vektordaten definiert. Diese Spezifikation bildet eine Untermenge des Feature-Geometry-Modells, welches ein „abstraktes, implementierungsunabhängiges, konzeptionelles Datenmodell" ist (de Lange 2020, S. 246). Im Simple Feature Access wird eine gemeinsame Datenarchitektur festgelegt. Diese Architektur ist auch in der ISO-Norm 19125 festgehalten. Aufgrund einer Vereinbarung zur Zusammenarbeit entspricht die OGC-Spezifikation „Feature Geometry" der ISO-Norm 19107 „Geographic Information – Spatial Schema" (Brinkhoff 2013, S. 67). Weitere Informationen zum Simple Feature Access findest du beispielsweise im GeoPackage Encoding Standard des OGC (https://www.geopackage.org/spec131/index.html).

4.3.4 Metadaten

Neben den eigentlichen Informationen, die Geodaten beinhalten, spielt gerade im Austausch digitaler Daten die Datendokumentation eine wichtige Rolle. Vor allem bei der Nutzung eines Datenpools unterschiedlicher Quellen sowie bei der Weitergabe eigener Geodaten ist es essentiell, Informationen zur Datenquelle und zur Aktualität der Daten zu kennen und zu pflegen. Der Erhebungszeitraum ist ein wichtiges Merkmal, das vor der Nutzung eines fremden Datenbestandes geprüft werden sollte. Eventuell ist die Berechnung bereits zehn Jahre alt und für den Sachverhalt nicht mehr ausreichend aussagekräftig. Gleiches gilt für die Datenabgabe: Werden Daten an Kund:innen weitergegeben, sollten auch Informationen über das Unternehmen oder die Institution, der Zeitpunkt der Datenerhebung und die Datenaktualität sowie die Bestimmungen zur Datennutzung überliefert werden.

Derartige Informationen über Daten können in den *Metadaten* gespeichert werden. Metadaten werden auch als „Daten über Daten" bezeichnet. De Lange differenziert diese Metainformationen in semantische, pragmatische und syntaktische Metadaten. *Semantische Metadaten* geben Nutzenden Auskunft über den „fachlichen Bedeutungsinhalt" (de Lange 2020, S. 259). Dazu zählen beispielsweise die Thematik des Datensatzes inklusive einer Kurzbeschreibung, der vorliegenden Datenaktualität, einer Dokumentation über die verwendeten Messgeräte oder Erhebungsmethode. Auch der Raumbezug, also das verwendete Koordinatensystem, oder Kontaktdaten der Datenurheberin/des Datenurhebers zählen zu semantischen Metainformationen. Informationen zum Aufbau der Daten, den Datentypen der Attributspalten oder Informationen zu encodierten Werten werden als *syntaktische Metadaten* zusammengefasst. *Pragmatische Metadaten* bestimmen die Nutzungs- und Lizenzbedingungen, die Verfügbarkeit, Ausgabeformate sowie potentielle Kosten zur Nutzung eines Datensatzes und bilden damit den rechtlichen Rahmen ab (de Lange 2020 S. 260).

Auf europäischer Ebene wurde im Mai 2007 die INSPIRE-Richtlinie *(INfrastructure for SPatial InfoRmation in Europe)* verabschiedet. Ziel ist der Aufbau einer europaweiten Geodateninfrastruktur (GDI) für eine interoperable Nutzung und Bereitstellung von Geodaten. Für die Öffentlichkeit sollen unter anderem kostenfreie Suchdienste bereitgestellt werden, um die richtigen Geodaten zu finden. Dabei spielen Metadaten eine wichtige Rolle. Das Pflegen von Metainformationen und die regelmäßige Aktualisierung sind hierbei entscheidend. Basierend auf internationalen Normen und Standards regeln auf nationaler Ebene die entsprechenden Gesetze die Umsetzung nationaler GDI. In Deutschland fordert unter anderem das Geodatenzugangsgesetz den Aufbau einer GDI in Deutschland sowie einer GDI pro Bundesland (de Lange 2020, S. 270–274). INSPIRE und GDI werden in Kap. 9 ausführlich behandelt.

Gerade in Internetportalen, die einen großen Datenpool zur Verfügung stellen, ermöglicht die Bereitstellung von Metadaten allen Nutzenden eine komfortable Suche, Transparenz und eine schnelle Beurteilung, ob der Datensatz für den individuellen Anwendungszweck geeignet ist. Für die Erhebung von Metadaten hat sich vor allem die Norm 19115 *„Geographic information – Metadata"* der *ISO (Internationalen Organisation für Normung)* als Standard etabliert.

▶ **Wichtig**
Die Internationale Organisation für Normung (ISO) ist eine weltweite nichtstaatliche Organisation mit 165 Mitgliedern zur Entwicklung von Standards und Normen. Jedes Mitglied vertritt die ISO in ihrem Land. Es ist daher nur ein Mitglied pro Land zugelassen.

ISO-Normen sind weltweit bekannt. Sie etablieren Standards aus dem Bereich Innovation und Technik, ohne dabei auf Geodaten oder den Raumbezug beschränkt zu sein. Für die Geoinformatik relevante ISO-Normen sind unter anderem ISO 19107 (Raumbezugsschema), ISO 19111 (Koordinatenbasierter Raumbezug), ISO 19125 (Simple Feature Access) sowie die bereits genannte Norm ISO 19115 zu Metadaten. Weitere Informationen zur ISO kannst du ihrer Webseite entnehmen (https://www.iso.org/home.html).

Die ISO-Norm 19115 ist weltweit gültig und definiert einen umfangreichen Katalog für die Erfassung der Metainformationen. Dabei können bis zu 400 Metadatenelemente erfasst werden. Lediglich 22 dieser 400 sind als Pflichtangaben geführt. Die übrigen Angaben sind dementsprechend optional. Eine möglichst ausführliche und breit gefächerte Erfassung dieser Elemente vereinfacht allerdings die Suche und den Zugriff auf die Daten zu einem späteren Zeitpunkt.

Ein weiterer Standard in der Erfassung von Metadaten stellt die *Dublin Core Metadata Initiative* (DCMI) in ihren *DCMI Metadata Terms* bereit (de Lange 2020, S. 261). Der Dublin-Core-Standard besteht aus 15 Metadatenelementen zur detaillierten Beschreibung des eigentlichen Datensatzes.

▶ Die *Dublin Core Metadata Initiative* (DCMI) ist eine internationale Organisation, die interoperable Standards etabliert. Der *„Dublin Core"* ist ein Standard zur Erfassung von Onlinemetadaten. Auch wenn dieser nicht gezielt für Geodaten aufgesetzt wurde, bietet er relevante Metadatenelemente, die auch zur Beschreibung von Geodaten herangezogen werden können. Weitere Informationen zur DCMI sind hier zu finden: https://www.dublincore.org/

4.3.5 Dateien und Dateigrößen

Für die Verwendung digitaler Daten ist es sinnvoll, die Speichergröße von Dateien im Blick zu haben. Die Speichergröße einer Datei hat dabei einen gravierenden Einfluss darauf, wie lange eine Dateiübertragung dauert. Im Arbeitsalltag kann beispielsweise eine Dateiübertragung für den Austausch mit anderen Institutionen, zur Bereitstellung von Produkten für Kund:innen oder auch für den Austausch mit Kollegen:innen erforderlich sein. Aber auch der eigene Datenbezug via Download aus dem Internet entspricht einer Dateiübertragung. Wichtig ist hierbei, dass Daten möglichst komprimiert bereitgestellt werden, denn je kleiner eine Datei, desto schneller kann sie übertragen werden. In der folgenden Übersicht werden verschiedene Klassen für Dateigrößen aufgeführt. Die darauffolgende Abb. 4.6 zeigt zusätzlich die Umrechnungsfaktoren zwischen den verschiedenen Speichergrößen.

- Bit (b): Grundeinheit
- 1 Byte (B): 8b
- 1 Kilobyte (KB): 1024B
- 1 Megabyte (MB): 1024 KB
- 1 Gigabyte (GB): 1024 MB
- 1 Terabyte (TB): 1024 GB

Mit der *Komprimierung von Daten* geht ein gewisser Verlust einher. Es ist zwar generell auch eine verlustfreie Komprimierung möglich, häufig wird jedoch eine verlustbehaftete Komprimierung genutzt. Eine verlustbehaftete Komprimierung von Rasterdateien setzt die Qualität des Bildes herab. Die unkomprimierte Rasterdatei bietet somit eine höhere Genauigkeit als die komprimierte Datei. Um unkomprimierte Dateien dennoch übertragen zu können, wird in Abhängigkeit zur Dateigröße zum Beispiel auf eine Cloud

Speicher und Umrechnungen

Abb. 4.6 Umrechnungsfaktoren zur Berechnung von Dateigrößen

oder einen Datenträger (USB-Stick) zurückgegriffen. Die Wahl des Datenträgers, die Dateigröße und die dementsprechende Übertragungszeit hängen somit immer vom jeweiligen Auftrag ab.

4.4   Medienrechtliche Vorgaben

Bei der Verwendung und Präsentation eigens erhobener oder vorliegender Geodaten ist es notwendig, mit den gesetzlichen Grundlagen und medienrechtlichen Vorgaben vertraut zu sein. Im Folgenden werden das *Urheberrechtsgesetz* sowie das *Internetrecht* genauer beleuchtet. In Abb. 4.11 werden wichtige Aspekte in Bezug auf die Verbreitung und Nutzung von Geodaten und Kartenwerken in einer Mindmap zusammengefasst.

4.4.1   Urheberrechtsgesetz

Die wichtigste gesetzliche Grundlage in Bezug auf die Veröffentlichung und Nutzung von Werken anderer stellt das *Urheberrechtsgesetz* (UrhG) dar. Dieses Gesetz trat erstmalig am 09.09.1965 in Kraft und schützt „Urheber von Werken der Literatur, Wissenschaft und Kunst" (UrhG § 1). Mithilfe dieses Gesetzes werden die Interessen von Urheber:innen geschützt und gleichermaßen der Umgang mit dem Werk sowie dessen wirtschaftliche Verwertung geregelt. Laut Paragraph 2 des Urheberrechtsgesetzes umfasst dasselbe neben Werken aus der Literatur, der Film- und Musikbranche sowie der bildenden Kunst auch „Darstellungen wissenschaftlicher oder technischer Art, wie Zeichnungen, Pläne [und] Karten" (UrhG § 2). Gleichermaßen fallen auch Datenbankwerke (UrhG § 4) und Fotos, sogenannte „Lichtwerke" (UrhG § 2) unter das Urheberrechtsgesetz. Demnach sind also auch Erzeugnisse aus dem Bereich der Geoinformatik wie Luftbilder, Geographische Informationssysteme sowie Karten und Pläne mit einem urheberrechtlichen Schutz versehen.

Urheber:in ist laut Urheberrechtsgesetz der „Schöpfer des Werkes" (UrhG§ 7) und stellt stets eine natürliche Person dar. Da die Schöpfung eines Werkes auf menschlicher Kreativität beruht, sind juristische Personen wie Vereine, Aktiengesellschaften oder eine GmbH von der Urheberschaft ausgeschlossen. Wird ein Werk von unterschiedlichen Personen geschaffen, spricht man laut Gesetz von „Miturhebern" (UrhG § 8). Bei einer Miturheberschaft erfolgt keine Differenzierung, welcher Anteil von den Miturheber:innen geschaffen wurde – alle haben einen gleichwertigen Beitrag zur Werksschaffung geleistet.

4.4.1.1 Urheberpersönlichkeitsrecht und Nutzungsrechte für eine legale Nutzung

Das *Urheberpersönlichkeitsrecht* als Teil des Urheberrechtsgesetzes stellt die „Grundrechte" der/des Urheber:in dar und schützt das Werk vor illegaler Nutzung und Verbreitung. Diese Grundrechte stehen nur dem/der Schaffenden des Werkes zu und sind nicht übertragbar. Damit wird der/dem Urheber:in die Entscheidungsfreiheit gegeben, selbst über eine Veröffentlichung zu bestimmen (UrhG§ 12). Darunter zählt unter anderem der Name eines Werkes, unter dem es publiziert werden soll. Ebenso wird ihr/ ihm gewährt, über die Anerkennung der Urheberschaft zu entscheiden und eine Entstellung ihres/seines Werkes zu verbieten (UrhG §§ 13–14).

Ferner steht es der/dem Urheber:in frei, Nutzungsrechte für Dritte einzuräumen und den Umfang dieser Nutzungsrechte vorzugeben. Paragraph 31 des Urheberrechtsgesetzes sieht dafür das *einfache* sowie das *ausschließliche Nutzungsrecht* vor. Ersteres berechtigt die Nutzungsnehmenden, das entsprechende Werk gemäß den eingeräumten Nutzungsrechten zu vervielfältigen und zu verbreiten – dabei ist eine Nutzung durch andere inbegriffen. Das ausschließliche Nutzungsrecht hingegen beschränkt die Nutzung unter Einhaltung der Nutzungsrechte alleinig auf die/den Nutzende. Dieser kann gegebenenfalls jedoch Dritten einfache Nutzungsrechte gewähren.

Kap. 6 (UrhG§ 44 ff.) des Urheberrechtsgesetzes definiert die gesetzlich erlaubten Nutzungen eines Werkes. Obwohl die/der Urheber:in die ausschließlichen Rechte an den von ihr/ihm geschaffenen Werk innehat, ist es anderen Personen dennoch in einem bestimmten Umfang erlaubt, dieses Werk zu nutzen. Dies umfasst beispielsweise die Zitation aus urheberrechtlich geschützten Werken oder auch die Anfertigung von Kopien von Tonträgern für den privaten, nichtkommerziellen Gebrauch. Ebenso besteht auch die Möglichkeit, ein Werk zu nutzen und zu vervielfältigen, wenn es zu Bildungszwecken verwendet wird oder einem Menschen aufgrund einer vorhandenen Beeinträchtigung zugänglich gemacht wird. Zu Letzterem zählt auch die Überführung in ein barrierefreies Format. Wichtig ist, dass eine Unterscheidung zwischen der freien Nutzung und einer Nutzung nach Zustimmung erfolgt. Ebenso gilt es zu differenzieren, ob für die Nutzung eine Vergütung an die/den Urheber:in anfällt oder eine kostenfreie Nutzung zulässig ist.

Das Urheberrecht entsteht mit der Schaffung eines Werkes und endet 70 Jahre nach dem Tod der/des Urheber:in bzw. nach der Veröffentlichung durch eine Institution. Im Bereich der Geomatik greift dies für Text- und Kartenwerke, aber auch Datenbankwerke wie Geographische Informationssysteme. Für Bildprodukte wie Luftbilder gilt das Urheberrecht 50 Jahre ab Veröffentlichung sowie bei Datenbanken (einschließlich des tabellarischen Inhalts) 15 Jahre ab Veröffentlichung für die jeweilige Instanz. Nach Paragraph 69 des UrhG beginnt der Zeitraum mit Ablauf des Kalenderjahres des „maßgebende[n] Ergeignis[ses]", also der Veröffentlichung bzw. des Todes. Bei einer Miturheberschaft beginnt der Zeitraum nach dem Tod der/des am längsten lebenden Miturheber:in (UrhG§ 65). Auch anonyme und pseudonyme Werke stehen 70 Jahre nach Veröffentlichung unter Urheberschutz. Erfolgt keine Veröffentlichung des Werkes, beginnt die Frist von 70 Jahren zum Werksschutz bereits nach dessen Schaffung (UrhG§ 66).

Der Gesamttext des Urheberrechtsgesetzes kann auf der Website „Gesetze im Internet" des Bundesministeriums der Justiz und für Verbraucherschutz nachgelesen werden (https://www.gesetze-im-internet.de/urhg/).

4.4.1.2 Illegale Nutzung und Verletzungsfolgen

Eine illegale Nutzung von Werken gilt als *Urheberrechtsverletzung* und kann zivil- und strafrechtlich verfolgt werden. Hier drohen der/dem Angeklagten Schadensersatz- und Unterlassungsansprüche bzw. Abmahnungen. Dies kann mit hohen Kosten beispielsweise aufgrund einer hinzugezogenen rechtlichen Verteidigung verbunden sein.

Bei einer Urheberrechtsverletzung in wissenschaftlichen Arbeiten, also einem Missachten der korrekten Zitation, spricht man von einem Plagiat. Dieses kann die Ungültigkeit bzw. Aberkennung eines Titels mit sich führen. Stellen, die aus anderen Quellen inhaltlich oder wörtlich entnommen wurden, müssen als solche gekennzeichnet werden. Bei Buchquellen sind zwingend die/der Autor:in, der Buchtitel, das Erscheinungsjahr sowie der Herausgeber und der Ort der Publikation zu nennen. Im Idealfall wird auch die Seitenzahl angegeben, auf der die zitierte Information zu finden ist. Bei Internetquellen ist zwingend die URL anzugeben und auch hier sind Autor:innen oder Institution der Veröffentlichung zu nennen. Die Erfassung des Zugriffsdatums ist bei der Nutzung von Internetquellen essentiell. URL können verändert werden, sodass sie zu einem späteren Zeitpunkt eventuell nicht mehr erreichbar sind. Die Dokumentation des Zugriffsdatums dient als Absicherung für den Nutzenden.

4.4.1.3 Die Creative-Commons-Urheberrechtslizenz und (Geo-)Daten als „Open Data" nutzen

Gerade in den letzten Jahren hat im Zuge der Digitalisierung eine erhebliche Verbesserung in Bezug auf die kostenfreie Bereitstellung von (Geo-)Daten stattgefunden. Dennoch sind auch diese Daten urheberrechtlich geschützt. Die potentiellen Verwendungsmöglichkeiten können jedoch anhand bestimmter Lizenzen erteilt werden. Eine Lizenz kann als eine Erlaubnis gesehen werden, die einer gewissen Person oder einem Personenkreis die Nutzungsrechte an einem Werk einräumt. Im Bereich der Geoinformatik umfasst dies in der Regel die Nutzung von Geodaten zu unterschiedlichen Zwecken. Im Folgenden werden dazu das Lizenzmodell „Creative Commons" zur Nutzung jeglicher Daten sowie das Konzept „Open Data" zur Bereitstellung vorrangig amtlicher Daten vorgestellt.

Die *Creative-Commons-Lizenz* (CC-Lizenz) ist eine weit verbreitete Lizenz. Die Organisation Creative Commons (CC) stellt Lizenzverträge speziell für Urheber:innen bereit, die ihre Werke rechtlich geschützt freigeben möchten (CC 2022a, o. S.).

Steht ein Werk unter diesem Lizenzmodell, ermöglicht es den Nutzenden einen definierten Handlungsspielraum, während gleichzeitig der Schutz des Urheberrechtes gewahrt wird. Die/der Urheber:in kann dabei die Lizenz individuell aufbauen. Für diesen individuellen Entscheidungsspielraum der/des Urheber:in existieren verschiedene CC-Lizenzen. Eine unterschiedliche Kombination der Lizenzen ist möglich und häufig auch sinnvoll. Die vielfältigen Nutzungsformen werden anhand von Piktogrammen symbolisiert. Dies ermöglicht den Betrachtenden, schnell und einfach einordnen zu können, wie das Werk verwendet werden darf.

Das einfachste Lizenzmodell ist die CC-Lizenz mit Namensnennung (CC BY). Der dazugehörige Lizenzverweis ist in Abb. 4.7 zu sehen. Dies ist gleichzeitig die Lizenz,

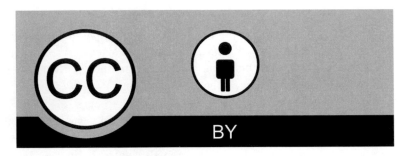

Abb. 4.7 CC-Lizenz mit Namensnennung (CC BY)

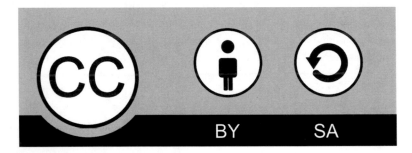

Abb. 4.8 CC-Lizenz mit Namensnennung – Weitergabe unter gleichen Bedingungen (CC BY-SA)

die den Anwendenden den größten Nutzungsspielraum gibt: Die Nutzung, Erweiterung bzw. Weiterverarbeitung, Vervielfältigung und sogar die Nutzung zu kommerziellen Zwecken sind erlaubt, solange die/der Urheber:in des Werkes angegeben ist.

Eine Erweiterung dieser Lizenz stellt die CC-Lizenz CC BY-SA dar. Diese umfasst eine Lizenz mit Namensnennung sowie der Weitergabe unter gleichen Bedingungen (s. Abb. 4.8). Auch hier ist eine Weiterverarbeitung sowie eine kommerzielle und nicht-kommerzielle Nutzung unter der Voraussetzung möglich, dass auch diese Veröffent-lichung unter den gleichen Bedingungen veröffentlicht werden und die/der ursprüngliche Urheber:in genannt ist. Alternativ dazu kann eine CC-Lizenz mit Namensnennung ohne Bearbeitung (CC BY-ND) aufgesetzt werden (s. Abb. 4.9). In dem Fall kann das Werk zu den bereits genannten Zwecken verwendet werden, jedoch darf es ausschließlich in seiner Originalform verbreitet werden.

Die bereits genannten Varianten des CC-Lizenzmodells können, ergänzt um die Ausschließung einer kommerziellen Nutzung, gleichermaßen aufgestellt werden. Dann können eine Verbreitung und Weiterverarbeitung unter jeglichen Bedingungen, unter gleichen Bedingungen oder nur in der Originalversion (keine Bearbeitung) erfolgen, solange keine Nutzung zu kommerziellen Zwecken umgesetzt wird. Die entsprechenden graphischen Lizenzverweise sind in der Abb. 4.10 aufgegriffen.

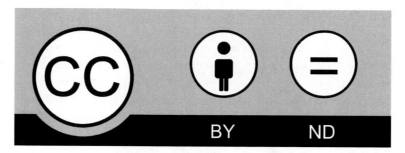

Abb. 4.9   CC-Lizenz mit Namensnennung ohne Bearbeitung (CC BY-ND)

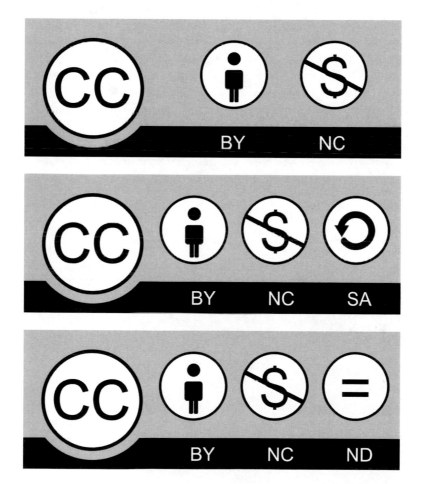

Abb. 4.10   CC-Lizenzen zur nichtkommerziellen Nutzung (CC BY-NC, CC BY-NC-SA, CC BY-NC-ND)

Auch wenn die INSPIRE-Richtlinie keine Vorgaben zu einer kostenlosen Bereitstellung von Daten trifft, werden heutzutage auch viele amtliche Daten kostenfrei – als *Open Data* – zur Verfügung gestellt. Das Lizenzmodell *„Open Data"* verfolgt eine ähnliche Herangehensweise wie das Lizenzmodell der Creative Commons, umfasst jedoch in der Regel amtliche Daten. In Deutschland werden sämtliche Datenbestände, die im Interesse der Allgemeinheit sind, ohne Einschränkungen zur freien Nutzung, Weiterverarbeitung und Weiterverwendung zugänglich gemacht werden. Dazu wurde das bundesweite *Open Government Portal „GovData"* instanziiert. Der Datenpool des Open Governments schließt eine Vielzahl an Datensätze ein, sodass neben Geodaten, Landkarten und Satellitenbildern auch auf statistische Daten zurückgegriffen werden kann. Diese Datenbasis schließt personenbezogene oder sicherheitsrelevante Daten, die einen sensiblen Umgang fordern, aus.

Das Open-Data-Konzept ermöglicht die Verwendung zu kommerziellen Zwecken. Parallel zur Creative Commons Lizenz ist auch bei der Nutzung von Open Data der Verweis auf den/die Urheber:in erforderlich (GovData 2022, o. S). Dazu wird die „Datenlizenz Deutschland" verwendet. Daten können damit entweder mit einer Namensnennung (DL-DE->BY-2.0) oder ohne jegliche Einschränkung (DL-DE->Zero-2.0) zur Nutzung freigegeben werden. Beide Lizenzvarianten erfordern einen entsprechenden Vermerk.

Die genaue Vorgabe zur Einbettung des Lizenzvermerkes kannst du im Open-Government-Portal explizit nachlesen. Die entsprechenden Informationen findest du unter https://www.govdata.de/lizenzen. In Abb. 4.11 können die wichtigsten Bereiche des Urheberrechts in Form einer Mind Map nachvollzogen werden.

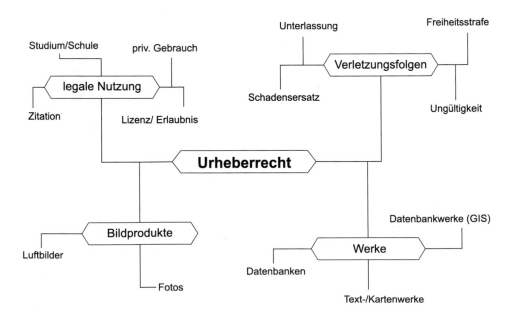

Abb. 4.11 Mindmap Urheberrecht

4.4.2 Internetrecht

Ein Internetrecht als solches gibt es nicht. Vielmehr setzt es sich aus Komponenten der verschiedenen Teildisziplinen der Rechtswissenschaften zusammen. Viele Aspekte der Rechtsprechung können aus dem alltäglichen Leben auf den Rechtsraum des Internets übertragen werden. Einige Sachverhalte hingegen setzen neue, spezifischere Rechtsgrundlagen voraus. Für Auszubildende der Geomatik relevante Themeninhalte zeigen sich besonders in der Erhebung, Haltung und Bereitstellung von Daten.

Durch die *Datenschutzgrundverordnung* (DSGVO) aus dem Jahr 2018 wird personenbezogenen Daten eine besondere Bedeutung zugesprochen. Die DSGVO ist ein europäisches Datenschutzrecht zur Regelung der „Grundvoraussetzungen der Verarbeitung personenbezogener Daten sowohl durch öffentliche als auch nichtöffentliche Stellen" (Specht-Riemenschneider et al. 2020, S. 186). Personenbezogene Daten umfassen neben Informationen zum Namen, Geschlecht und Besitz auch weitere Informationen wie das Einkommen, die religiöse Orientierung oder politische Ausrichtung (Hoeren 2021, S. 456). Diese Informationen sind insbesondere für die Marktforschung relevant.

Die Verarbeitung und Speicherung personenbezogener Daten können online genauso stattfinden wie offline. Zum einen werden täglich Informationen beim Aufruf von Webseiten (wie beispielsweise Cookies oder die IP-Adresse) ausgelesen. Zum anderen führen Vermessungs- und Katasterbehörden Eigentümerdaten für Flurstücke und Liegenschaften und halten damit detaillierte Informationen über Personen vor. Auch beim Kauf von Geodaten oder der Inanspruchnahme von Dienstleistungen (z. B. Einmessung eines Gebäudes) werden personenbezogene Daten beispielsweise zur Abrechnung des Arbeitsaufwandes gespeichert. Diese sensiblen Daten dürfen nicht veröffentlicht werden, sondern müssen besonders geschützt werden. In Unternehmen und öffentlichen Stellen wird daher ein Datenschutzbeauftragter deklariert, um die Einhaltung der DSGVO zu überwachen (Hoeren 2021, S. 410–411).

Werden personenbezogene Daten für Produkte herangezogen, so sind die Produkte so aufzubereiten, dass diese Informationen nicht öffentlich bereitgestellt werden oder Personen anhand der Informationen gegen ihren Willen identifiziert werden können.

Auch das Urheberrecht gilt sowohl im öffentlichen Raum als auch im Internet. Die digitale Bereitstellung von Informationen über das Internet bietet in vielerlei Hinsicht Vorteile. Gleichermaßen birgt sie auch Gefahren für Urheber:innen. Im digitalen Zeitalter ist es ein Leichtes, „immaterielle Güter" (Specht-Riemenschneider et al. 2020, S. 1) zu kopieren und zu vervielfältigen, wenn sie digital aufgerufen werden können. Der Paragraph 95a des UrhG hilft, den Schutz der/des Urheber:in auch online zu gewährleisten, und definiert technische Schutzmaßnahmen. Diese umfassen „Technologien, Vorrichtungen und Bestandteile, die [...] dazu bestimmt sind, geschützte Werke oder andere nach diesem Gesetz geschützte Schutzgegenstände betreffende Handlungen [...] zu verhindern oder einzuschränken" (UrhG § 95a Abs. 2). Typische Beispiele der Umsetzung sind die passwortgeschützte Dateifreigabe, die personenbezogene Freigabe von Inhalten über eine Cloud oder ein Kopierschutz auf Medienträgern. Wichtig bei der Bereitstellung via Cloud ist, dass diese Cloud ebenfalls den gesetzlichen Vorgaben entspricht. Für Server, die außerhalb der EU stationiert sind, gelten andere rechtliche Voraussetzungen. Sie dürfen Daten anders verarbeiten und können damit der Rechtsgrundlage der BRD widersprechen.

Die digitale Bereitstellung von Geodaten und Karten ermöglicht also nicht auch die umfängliche Weiterverarbeitung und Weitergabe dieser Informationen. Es ist stets das Urheberrecht zu wahren und die Nutzungsbestimmungen sind zu beachten.

4.5   Lernaufwand und -angebot

Im Zentrum von Lernfeld 4 steht der Umgang mit Geoinformationssystemen. Auszubildende der Geomatik erhalten daher einführende Informationen zum Umgang mit GIS und CAD-Systemen.

Um GIS erfolgreich in den Arbeitsalltag zu integrieren, werden die grundlegenden Funktionalitäten des Systems vorgestellt. Dabei stellt die Datengrundlage den Kern der Anwendung dar. Obligatorisch ist die Differenzierung der Datenbestände anhand des Vektor- und Rastermodells. Typische Dateiformate im Vektor- und Rasterformat werden in diesem Lernfeld vorgestellt.

Darüber hinaus stellt der Bereich der Nutzungsrechte einen wichtigen Aspekt dar. Die Auszubildenden erhalten einen Überblick zum Urheberrechtsgesetz und die damit verbundenen Folge bei der illegalen Nutzung von Daten. In diesem Zuge werden Lizenzen für die freie Nutzung von (Geo-)Daten vorgestellt.

Laut Rahmenlehrplan soll im Lernfeld 4 die Einrichtung eines ergonomischen Arbeitsplatzes vermittelt werden. Der Arbeitsplatz von Geomatiker:innen kann aufgrund der Vielseitigkeit der Beschäftigungsbereiche und der Etablierung von Homeofficeoptionen sehr unterschiedlich aussehen. Daher wird in diesem Kapitel nicht versucht, einheitliche Angaben vorzugeben. Vielmehr soll an dieser Stelle empfohlen werden, den eigenen Arbeitsplatz situativ und nach individuellen Bedürfnissen und Kapazitäten zu gestalten.

Lernfeld 4 ist Teil des Lehrinhaltes des ersten Ausbildungsjahres und wird in 60 Arbeitsstunden in der Berufsschule vermittelt.

Die folgenden Fragen bieten eine Möglichkeit, dein Wissen in diesem Bereich zu prüfen:

Fragen

Was ist ein GIS? Nenne und erkläre die Hauptfunktionalitäten des Systems.

Betrachte das Worldfile aus der Abb. 4.3. In welchem Koordinatenbezugssystem wird der räumliche Bezug dieser Rasterdatei hergestellt?

Worin unterscheiden sich Vektor- und Rasterdaten?

Benenne jeweils drei Vor- und Nachteile von Vektor- und Rasterdaten.

Es sollen 4 Dateien mit einer Dateigröße von je 125 MB mit einer Übertragungsrate von 64 kbit/s übertragen werden. Wie lange dauert die Übertragung?

Du möchtest in deinem Ausbildungsbetrieb eine Karte erstellen und verwendest dazu Geodaten des BKG, die unter der Datenlizenz Deutschland Version 2.0 mit Namensnennung stehen. Für die Symbolisierung dieser Geodaten möchtest du unter anderem Graphiken einbinden, die mit der Lizenz CC BY-NC-ND versehen sind. Was musst du bei der Anfertigung einer Karte beachten? Darfst du die Daten uneingeschränkt nutzen?

Benenne die Dateien, aus denen sich ein Shapefile zusammensetzt, und erläutere kurz deren Funktion. Differenziere zwischen obligatorischen und optionale Dateien.

Literatur

Autodesk (Hrsg) (2011) DXF Reference. San Rafael Autodesk

Brinkhoff T (2013) Geodatenbanksysteme in Theorie und Praxis. Wichmann, Berlin

Creative Commons (Hrsg) (2022a) Was ist CC? https://de.creativecommons.net/was-ist-cc/. Zugegriffen: 27. Apr. 2022

Creative Commons (Hrsg) (2022b) Mehr über die Lizenzen – Creative Commons. https://creativecommons.org/licenses/?lang=de. Zugegriffen: 18. März 2022

De Lange N (2020) Geoinformatik in Theorie und Praxis. Springer Spektrum, Berlin

ESRI Inc. (Hrsg) (1998) ESRI Shapefile Technical Description. An ESRI White Paper. https://www.esri.com/Library/Whitepapers/Pdfs/Shapefile.pdf/. Zugegriffen: 14. Jan. 2022

ESRI Inc. (Hrsg) (2022) World-Files für Raster-Datasets – ArcGIS Pro I Dokumentation. https://pro.arcgis.com/de/pro-app/latest/help/data/imagery/world-files-for-raster-datasets.htm. Zugegriffen: 1. Juli 2022

GovData (Hrsg) (2022) Lizenzen I GovData – GovData. https://www.govdata.de/lizenzen. Zugegriffen: 23. März 2022

Hoeren T (2021) Internetrecht. Ein Grundriss. De Gruyter, Berlin

OGC (Hrsg) (2011) OpenGIS®Implementation Standard for Geographic information – Simple feature access – Part 1: Common architecture. https://www.google.com/url?sa=t&rct=j&q=&esrc=s&source=web&cd=&ved=2ahUKEwi1if-P79z5AhXFu6QKHd9sDswQFnoECCAQAQ&url=https%3A%2F%2Fportal.ogc.org%2Ffiles%2F%3Fartifact_id%3D25355&usg=AOvVaw08N657m4KxO4pbYAkgvSSS. Zugegriffen: 23. Aug. 2022

OGC (Hrsg) (2021) OGC® GeoPackage Encoding Standard. https://www.geopackage.org/spec120/. Zugegriffen: 30. Nov. 2021

OGC (Hrsg) (2022) OGC Standards. https://www.ogc.org/docs/is. Zugegriffen: 26. Apr. 2022

Ross DT (1960) Computer-aided design: a statement of objectives. Massachusetts

Spektrum Akademischer Verlag (2001) Lexikon der Kartographie und Geomatik. https://www.spektrum.de/lexikon/kartographie-geomatik/affintransformation/68. Zugegriffen: 27. Apr. 2022

Specht-Riemenschneider L, Riemenschneider S, Schneider R (2020) Internetrecht. Springer, Berlin

Vanja S, Weber C, Bley H, Zeman K (2009) CAx für Ingenieure. Springer, Berlin

Julika Miehlbradt hat 2018 die Ausbildung zur Geomatikerin bei der alta4 AG in Trier abgeschlossen. Im Anschluss absolvierte sie über das Landesamt für Geoinformation und Landesvermessung Niedersachsen ein berufsintegriertes Studium der Geoinformatik in Oldenburg. Seit 2022 ist sie dort in der Regionaldirektion Oldenburg-Cloppenburg als Geoinformatikerin tätig. Für 2023 ist sie als Ausbilderin für angehende Geomatiker:innen in ihrer Regionaldirektion berufen.

Datenbanken erstellen, Geodaten pflegen und verwalten

Josefine Klaus

5.1 Lernziele und -inhalte

In diesem Kapitel werden die Grundlagen der Verwaltung von Geodaten durch Datenbanken vermittelt. Dazu werden Grundbegriffe erklärt, die Anforderungen an Datenbanken dargestellt und die Erstellung und Pflege von Datenbanksystemen beschrieben. Des Weiteren werden die verschiedenen Möglichkeiten des Datenbankenmanagements aufgewiesen. Auf die verschiedenen Modelle und Schemata von Datenbanken wird in diesem Zusammenhang genauso eingegangen wie auf die Möglichkeit der Abfrage und Manipulation von Daten durch Datenbankensprachen. Abschließend werden die zukünftigen Entwicklungen des digitalen Datenmanagements skizziert. Laut Rahmenlehrplan sollen im Berufsschulunterricht in Lernfeld 5 Grundlagen der Tabellenkalkulation erlernt werden. Wegen des starken Praxisbezugs wird dieses Thema in diesem Kapitel nicht behandelt.

5.2 Was sind Datenbankensysteme?

Die Grundlage jeder *Datenbank* (DB) ist eine Datenbasis, also eine Menge an Daten. Kleinere Datenbestände, die überschaubar sind, werden aus wirtschaftlichen Gründen meist nicht in Datenbanken geführt. Erst ab einer größeren Menge lohnt sich die Verwendung einer Datenbank bzw. eines *Datenbanksystems* (DBS). Die Datenbasis stellt erst einmal nur eine Ansammlung von Fakten dar. Erst durch eine konkrete Fragestellung

J. Klaus (✉)
Frankfurt am Main, Deutschland
E-Mail: josefine.klaus@posteo.de

© Der/die Autor(en), exklusiv lizenziert an Springer-Verlag GmbH, DE, ein Teil von Springer Nature 2023
J. Klaus (Hrsg.), *Geomatik,* https://doi.org/10.1007/978-3-662-66274-8_5

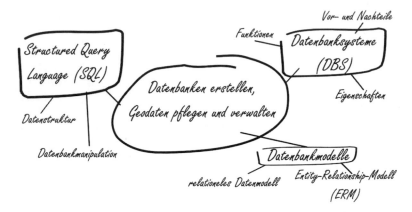

Abb. 5.1 Lernziele und -inhalte von Lernfeld 5

werden daraus sinnvoll verwendbare Informationen. Beispielsweise enthält eine Datenbank die Daten über die Aufträge eines Vermessungsbüros. Für Außenstehende sind diese Informationen in der Regel irrelevant, vielleicht sogar unverständlich, falls firmeninterne Abkürzungen verwendet wurden. Wenn aber das Büro eine Statistik veröffentlichen möchte, die die Anzahl der Einmessungen in den letzten fünf Jahren angibt, kann dieser Wert in der Datenbank abgefragt werden. Eine Datenbank ist also eine Sammlung unterschiedlicher Datenbestände, die in Beziehung zueinander stehen und abgefragt werden können. Abb. 5.2 zeigt den Aufbau eines Datenbanksystems. Es besteht aus einer oder mehreren Datenbanken und einem dazugehörigen *Datenbankmanagementsystem* (DBMS). Dieses kontrolliert und verwaltet mithilfe von Operatoren (s. Abschn. 5.6) die Daten. Auf diese Weise kann eine Vielzahl von Daten strukturiert und übersichtlich bereitgestellt und genutzt werden (de Lange 2013, S. 308–309).

Abb. 5.2 Aufbau von Datenbanksystemen

Datenbanksystem (DBS)

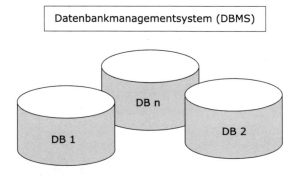

5.3   Eigenschaften einer Datenbank

Eine Hauptanforderung bei der Datenverwaltung in DBS ist die *Datenkonsistenz*. Das heißt, die Daten müssen widerspruchsfrei, in sich stimmig und sinnvoll sein. Welchen Sinn hätte eine Datenbank, in der nur falsche oder unlogische Informationen gespeichert werden?

Die *Datenintegrität* gewährleistet, dass die Daten korrekt sind. Die logische Integrität beschreibt die Qualität und Zuverlässigkeit der Daten eines DBS anhand verschiedener Kriterien. Die wichtigsten Kriterien für die Qualität von Geodaten sind deren Widerspruchsfreiheit (also deren Konsistenz), Vollständigkeit, Positionsgenauigkeit und die zeitliche (Aktualität) sowie thematische Genauigkeit. Die physische Integrität beschreibt die sinnvolle Speicherstruktur auf dem tatsächlichen Datenträger, wie einer CD oder einem USB-Stick. So wird Speicherplatz gespart und eine schnelle Abfrage ermöglicht, da das DBMS nicht unnötig lange nach den gesuchten Informationen suchen muss.

Eine *Transaktion* ist eine abgeschlossene Aktivität innerhalb einer Datenbank, also die Ausführung einer Aufgabe. Dadurch können die Inhalte der Datenbank verändert werden. Vor, während und nach einer solchen Veränderung muss die Datenbank konsistent, also widerspruchsfrei, sein. Deshalb gibt es gewisse Anforderungen an Transaktionen eines DBS (Bleisch und Nebiker 2011a, S. 8–9). Die Kriterien für eine konsistente Transaktion lassen sich im *ACID-Prinzip* zusammenfassen: Aktivitäten sind atomar *(atomicity)*, das heißt, sie sind nicht in voneinander unabhängige Aktionen zerteilbar. Kann die Transaktion nicht vollständig ausgeführt werden, kommt es zum *rollback* und der Anfangszustand wird wiederhergestellt. Überweist ein Kunde zum Beispiel einem Vermessungsbüro den Betrag einer offenen Rechnung, kann die Aktion nur ganz oder gar nicht durchgeführt werden. Es ist nicht möglich, dass das Geld vom Konto des Kunden abgebucht, aber nicht auf das Konto des Büros übertragen wird. Ist die Überweisung nicht möglich, wird das Kundenkonto nicht belastet und der Status quo erhalten. Die Integrität der Daten muss vor, während und nach der Transaktion dauerhaft gewährleistet sein *(consistency)*. Gleichzeitige Änderungen verschiedener User müssen nacheinander und unabhängig durchgeführt werden. Der Zugriff von anderen Prozessen während einer laufenden Transaktion wird blockiert *(isolated execution)*. Buchen zwei Personen zur gleichen Zeit denselben Termin bei der Geschäftsstelle des Gutachterausschusses in Dresden, muss das DBS verhindern, dass beide Transaktionen erfolgreich durchgeführt werden. Die Reihenfolge wird durch den Zeitpunkt des Beginns bzw. Abschluss der Transaktion vorgegeben. Nach erfolgreicher Beendigung der Aktivität sind alle Änderungen dauerhaft *(durability)* (de Lange 2013, S. 332–333).

▶   **Wichtig**
   ATOMICITY
   CONSISTENCY
   ISOLATED-EXECUTION
   DURABILITY

Da häufig mehrere User auf ein und denselben Datenbestand zugreifen wollen, muss eine *Mehrfachnutzung der Daten* möglich sein. Das bedeutet, wenn gleichzeitig mehrere Nutzer und Nutzerinnen mit der Datenbank arbeiten, dürfen keine konkurrierenden Änderungen oder Widersprüchlichkeiten (Inkonsistenzen) innerhalb der Daten entstehen (s. Beispiel „Terminbuchung"). Das mehrfache Vorkommen gleicher Daten, sogenannte Redundanzen, in einer DB verursacht eine hohe Fehleranfälligkeit. Daher wird eine *redundanzfreie bzw. -arme Datenführung* angestrebt. Durch die *Trennung von Daten und Anwendungen* erfolgt der Zugriff auf das jeweilige DBS über externe Anwendungen. Diese Programme greifen über normierte Schnittstellen auf das jeweilige DBS zu. Das DBMS stellt dabei die Verknüpfung zwischen Daten und Anwendung her. Eine Neu-organisation der Daten hat dadurch keinen Einfluss auf die Anwendung – genauso wenig, wie eine Aktualisierung der Software auf den Datenbestand (de Lange 2013, S. 309–310). Datenbanksysteme zielen darauf ab, sehr große Datenbestände über einen langen Zeitraum zu speichern, bis sie explizit gelöscht werden. Diese Eigenschaft wird als *Datenpersistenz* bezeichnet (Bleisch und Nebiker 2011a, S. 9).

Verschiedene Quellen geben verschiedene Eigenschaften von bzw. Anforderungen an Datenbanken an. Diese Aufzählung kann deshalb keine Vollständigkeit anstreben, sondern versucht, die wesentlichen Anforderungen an DB wiederzugeben. Einige weitere Merkmale von DBS ergeben sich aus deren Vor- und Nachteilen, die in Abschn. 5.5 behandelt werden. Darüber hinaus ist die vollständige Umsetzung aller Anforderungen in der Realität kaum zu erreichen. In der Regel muss ein – auf die jeweiligen Ansprüche angepasster – Kompromiss gefunden werden (de Lange 2013, S. 310).

5.4   Wie sind DBS aufgebaut?

Um verstehen zu können, wie ein DBS arbeitet, ist es notwendig zu verstehen, wie es aufgebaut ist. Dafür wird der Begriff *Datenmodellierung* verwendet. Zu Beginn der Erstellung eines DBS wird ein bestimmtes Datenbankschema gewählt. Innerhalb dieses Schemas werden drei weitere Schemata, auch Ebenen genannt, unterschieden: die konzeptuelle, externe und interne Ebene. Diese Einteilung bezieht sich auf die in den 1970er-Jahren entstandene *ANSI-3-Ebenen-Struktur* (Abb. 5.3) (de Lange 2013, S. 311). Dabei handelt es sich um einen möglichen Aufbau eines Datenmodells, der nachteilige Auswirkungen einer schlechten Datenbankstruktur verhindern soll. Dazu gehören zum Beispiel umständliche Datenorganisation und dementsprechend komplizierte Suchvorgänge oder unnötige Speicherplatzverschwendung durch doppelt gespeicherte Daten.

▶ ANSI: Das *American National Standard Institute* ist ein Standardisierungs- und Normierungsgremium in den USA. Es hat sich die Entwicklung freiwilliger Normen zur

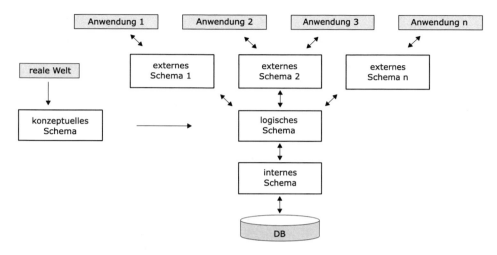

Abb. 5.3 ANSI-3-Ebenen-Struktur

Aufgabe gemacht und ist Mitglied der Internationalen Organisation für Normung (*International Organization for Standardization,* (ISO)). Mehr dazu findest du unter https://www.ansi.org/about_ansi/overview/overview.

Das *konzeptuelle Schema* bildet dabei die Basis. Es ist eine systemunabhängige Datenbeschreibung, d. h., es ist unabhängig vom eingesetzten Datenbanksystem. Auf dieser Ebene werden alle vorkommenden Objekte und deren Beziehungen untereinander möglichst genau erfasst.

Das *externe Schema* ist die äußere bzw. User:innen-Ansicht. Auf dieser Ebene sind alle individuellen Sichten der Anwender auf die Daten integriert. Die meisten User greifen anhand einer Suchmaske auf die Daten zu. Hier kann wieder das Beispiel der Terminbuchung aufgegriffen werden. Eine Anwenderin gibt die Daten zu Anliegen, Ansprechperson und Zeitpunkt in der vorgegebenen Suchmaske der Webseite ein und das DBS liefert ihm/ihr die entsprechenden Verbindungen. Die meisten User:innen eines DBS lernen nur diese Datensicht kennen. Daneben existiert eine administrative Ansicht, die in der Regel nur vom Betreiber der Website eingesehen werden kann. Ein komplexer und vielschichtiger Zugriff auf die Daten erfolgt über sogenannte SQL-Abfragen (s. Abschn. 5.6.2). Das *interne Schema* beschreibt die Art der Speicherung der Daten, also deren strukturellen Aufbau und die Einteilung in Datentypen (s. Abschn. 5.6.1). Außerdem werden die jeweiligen Zugriffsmechanismen und die physische Datenorganisation, d. h. die Anordnung der Daten auf den verwendeten Datenträgern, festgelegt (de Lange 2013, S. 311–312).

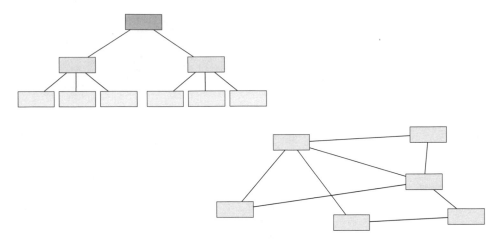

Abb. 5.4 Datenbankmodelle: Hierarchisches Modell und Netzwerkmodell

5.4.1 Datenmodelle

Zur Erstellung eines DBS wird das konzeptuelle Schema in ein sogenanntes Datenbankmodell abgeleitet. Es existieren verschiedene Modelle, die unterschiedlich aufgebaut sind und funktionieren. Deren Zweck bleibt allerdings der gleiche: Sie legen die Struktur fest, in welcher die Daten in einer Datenbank gespeichert und verwaltet werden und bilden somit die theoretische Grundlage derselben. In der Geoinformatik wird hauptsächlich das relationale Datenbankmodell verwendet.

Daneben gibt es das hierarchische Modell, meist in Form eines Dateibaums, und das Netzwerkmodell („alle mit allen"). Diese werden in Abb. 5.4 dargestellt, besitzen in der Geoinformatik aber kaum Bedeutung. Neuere objektorientierte Datenmodelle haben bisher ebenfalls wenig Verbreitung in diesem Bereich gefunden. Das liegt besonders daran, dass die technische Umsetzung bei großen Datenmengen bisher nicht zufriedenstellend realisiert werden konnte. Eine weitere aktuelle Entwicklung ist die Erweiterung relationaler Modelle zu einer objektrelationalen Version (Bleisch et al. 2016, S. 3–4). Daneben etablieren sich nicht relationale DBS oder NoSQL, die Daten nicht tabellarisch (wie beim relationalen Modell), sondern an die Besonderheiten der jeweiligen Daten angepasst, sichern.

5.4.1.1 Entity-Relationship-Modell
Wie lässt sich das konzeptuelle Schema aber in ein relationales Datenmodell umsetzen? Dafür wird häufig ein *Entity-Relationship-Modell* (ERM) genutzt. Dieses ist als solches systemunabhängig, in der praktischen Anwendung wird aber deutlich, dass es sich bestmöglich in eine relationale Datenbank umsetzen lässt. Das ERM ist eine vereinfachte

Darstellung eines bestimmten Sachverhaltes aus der realen Welt. Dieser Sachverhalt ist von der Fragestellung der User:innen abhängig (de Lange 2013, S. 313).

Aufgebaut wird das Modell anhand geometrischer Formen, die für verschiedene Inhalte der Datenbank stehen. Es gibt verschiedene Schreibweisen und Zuschreibungen der Formen zu bestimmten Inhalten. Die hier beschriebene Schreibweise ist die gängige Chen-Notation. Bei dieser symbolisieren Rechtecke sogenannte *Entities,* also Entitäten, wobei damit sowohl Personen als auch Gegenstände oder Zustände (z. B. Adressen oder Wetter) bezeichnet werden können. Entitäten sind Überbegriffe für zu beschreibende Objektgruppen. Kreise oder Ellipsen stellen die jeweiligen Attribute oder auch Merkmale der Entitäten dar. Das bedeutet, es sind Objekteigenschaften, die die jeweiligen Objekte genauer beschreiben und identifizierbar machen. Als Schlüsselattribut oder Primärattribut wird dasjenige Attribut bezeichnet, welches einen eindeutigen, also im gesamten Modell einzigartigen, Identifikator einer Entität ausdrückt. Es wir mit einem *-Symbol markiert. Rauten bilden die Beziehung zwischen Objekten, indem sie deren Tätigkeit bzw. Verbindung untereinander festlegen. Mithilfe von Kardinalitäten wird die Art der Beziehung bestimmt. Es kommen die Kardinalitäten 1:1, 1:n und n:m vor (de Lange 2013, S. 315–316).

▶ **Wichtig**
   Elemente im ERM
   Rechteck/□ = Entitäten
   Raute/◇ = Beziehungen
   Ellipse/○ = Attribute

Was genau die ganzen Begriffe bedeuten und wie ein ERM erstellt wird, soll anhand des nachfolgenden Beispiels erklärt werden:

Die Carl-Benz-Schule in Koblenz möchte eine Datenbank anlegen lassen, die für alle Lehrer und Lehrerinnen die folgenden Sachverhalte und Beziehungen speichert:

Welche Fächer sie unterrichten und zu welcher Schule sie gehören. Das Lehrpersonal wird genauer beschrieben durch ihre Personalnummer, den Namen, Postleitzahl und Wohnort. Die jeweiligen Fächer sind durch eine eindeutige Fachnummer gekennzeichnet. Außerdem wird der Name der Lernfelder gespeichert und ob es sich um ein allgemeinbildendes oder ein berufsspezifisches Fach handelt. Die Schule hat einen Namen, eine eindeutige Adresse und Kontaktdaten. Geleitet wird die Berufsschule von der Direktion. Diese hat eine eindeutige Führungsnummer, einen Namen und unterschiedliche Posten. Abb. 5.5 zeigt die Umsetzung des Auftrags der Berufsschule in ein ERM.

Lehrkräfte, Lernfelder, Berufsschule und Direktion stellen die Entitäten dar. Lehrkräfte haben die Attribute Name, Postleitzahl, Wohnort und Personalnummer. Da die Personalnummer nur einmal vergeben wird, ist sie der Primärschlüssel. Die anderen Werte können mehrmals auftauchen, z. B. können zwei Lehrer im gleichen Ort wohnen oder den gleichen Vornamen haben. Der Primärschlüssel der Lernfelder ist die Fachnummer. Die Beziehung zwischen den beiden Entitäten wird mit „unterrichtet"

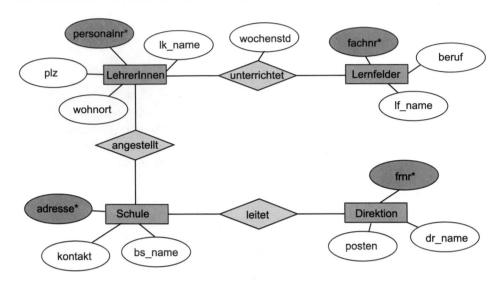

Abb. 5.5 Entity-Relationship-Modell der Carl-Benz-Schule

bezeichnet. Unterschiedliche Lehrer:innen können beliebig viele Fächer unterrichten. Daraus ergibt sich eine Kardinalität von n:m. Das heißt „viele zu vielen".

Die Berufsschule kann beliebig viele Lehrer:innen anstellen. Diese Kardinalität wird mit n:1 bezeichnet. Die Beziehung wird „angestellt" genannt. Wichtig ist, dass generell die Bezeichnung der Beziehungen nicht unbedingt in der Aufgabe vorgegeben wird. So könnte die Beziehung zwischen Lehrpersonal und Schule beispielsweise auch mit „arbeitet bei" oder „tätig" beschrieben werden.

Die Schule kann nur von einer Direktion geleitet werden und umgekehrt. Also eine 1:1-Beziehung. Hier dient die Führungsnummer als Primärschlüssel.

Doppelt auftretende Attribute, wie Namen, werden durch Kürzel gekennzeichnet und so eindeutig einer Entität zugeordnet, z. B. „lk_name" für „Name der Lehrkräfte" oder „bs_name" für „Name der Berufsschule". Da ein Datenbanksystem Umlaute, Leerzeichen und Groß- und Kleinschreibung nicht oder nur bedingt erfassen kann, wird empfohlen bei der Bezeichnung der Entitäten, Attribute und Beziehungen auf solche zu verzichten. Leerzeichen lassen sich einfach durch einen Unterstrich „_" ersetzen.

5.4.1.2 Relationales Datenbankmodell

Das relationale Datenbankmodell wird als Standard kommerzieller DBMS verwendet. Namensgebend ist der Aufbau des Modells in Relationen. In der Praxis entsprechen diese Relationen zweidimensionalen Tabellen (Gärtner 2019, S. 419). Jede Tabelle entspricht einem Entitätstyp aus dem ERM. Die Spalten der Tabelle bilden die einzelnen Attribute. Jede Zeile, auch Tupel genannt, besteht aus einem eindeutig identifizierbaren Objekt (Primärschlüssel) und den konkreten Ausprägungen seiner Attribute. Ein Tupel steht also für den vollständigen Datensatz eines Objektes. Der Primärschlüssel kann dabei ein bereits bestehendes Attribut sein, z. B. eine Personalnummer oder ein einmalig vorkommendes Datum, oder eine künstlich erzeugte ID. Außerdem können Primärschlüssel aus mehreren Attributen zusammengesetzt werden. Dies weist allerdings eine höhere Fehleranfälligkeit auf und sollte vermieden werden. Um mehrere Tabellen miteinander in Verbindung zu bringen, werden Beziehungen zwischen diesen hergestellt. Dafür wird ein Fremdschlüssel *(foreign key)* vergeben. Dieses zusätzliche Attribut verweist auf einen Datensatz in einer anderen Tabelle. So kann über den Primärschlüssel in Tabelle a eine direkte Verbindung zu Tabelle b hergestellt werden, in welcher der bisherige Primärschlüssel dann als Fremdschlüssel auftaucht (Gärtner 2019, S. 420–421). Die Tabelle „Direktion" aus Abb. 5.6 enthält beispielsweise das zusätzliche Attribut „schule_adr", welches dem Primärschlüssel der Tabelle „Schule" entspricht. Bei einer n:m-Beziehung ist für die Verknüpfung immer eine dritte Tabelle notwendig. Auf diese Weise wird die n:m-Beziehung bei der Umsetzung eines ERM in ein Relationsmodell aufgelöst und zwei Tabellen mit einer 1:n-Kardinalität erschaffen. Dafür werden die Primärschlüssel der zwei Relationen in der dritten Tabelle als Fremdschlüssel verwendet (de Lange 2013, S. 326). Die Beziehung zwischen den Tabellen „Lehrkräften" und „Lernfelder" in Abb. 5.5 und 5.6 wird über eine dritte Tabelle „Unterricht" erstellt. Diese beinhaltet eine künstlich vergebene ID und die jeweiligen Schlüsselattribute „personalnr" der Lehrkräfte und „fachnr" der Lernfelder. Zusätzlich werden in dieser Tabelle die jeweiligen Wochenstunden angegeben.

5.4.1.3 Umsetzung eines ERM in ein relationales Datenbanksystem

Die Umsetzung eines Entity-Relationship-Modells in ein *relationales Datenmodell* besteht im Grunde aus der Ableitung der Informationen des ERM in mehrere Tabellen, welche untereinander in Beziehung stehen. Diese Ansprüche werden erreicht, wenn alle erfassten Daten über die festgelegten Schlüsselattribute logisch miteinander verknüpft und abfragbar sind. Ist dieser Zustand erreicht, spricht man von referentieller

Abb. 5.6 Relationales Datenbanksystem der Carl-Benz-Schule

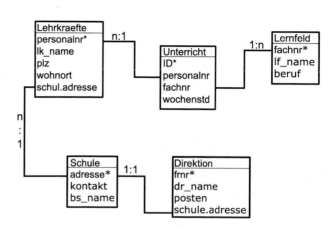

Integrität (de Lange 2013, S. 326). So wird beispielsweise gewährleistet, dass Personal-informationen einer Lehrerin aus der Tabelle „Lehrkräfte" nicht gelöscht werden können, solange in der Tabelle „Schule" weiterhin die Daten über die Lehrerin geführt werden. Dadurch wird die Konsistenzbedingung (s. Abschn. 5.3) von Datenbanken erfüllt.

Zur Optimierung der Struktur und der Umsetzung werden sogenannte Normal-formen eingesetzt. Diese sollen hauptsächlich Redundanzen (Datendopplungen) ver-meiden und so den Speicherbedarf verringern, die Fehleranfälligkeit minimieren und die Leistung erhöhen (de Lange 2013, S. 321). Bei diesen Normalformen handelt es sich um Methoden, die einzelnen Tabellen eines Relationsmodells möglichst effizient und nutzer-freundlich anzulegen. Durch die Normalisierung entstehen meist neue Tabellen. Das klingt nach mehr Aufwand, führt aber letztendlich zu einem geringeren Leistungsauf-wand, um auf die einzelnen Daten zugreifen zu können (de Lange 2013, S. 328). Anhand der Anzahl der durchgeführten Normalformen kann man die Qualität des Datenmodells beurteilen. Je mehr Normalformen angewandt wurden, desto qualitativ hochwertiger ist das Modell. Grundsätzlich werden fünf Schritte der Normalisierung unterschieden. Meist ist jedoch die dritte Normalform bereits ausreichend. Sie blockiert Redundanzen und Datenanomalien und bietet gleichzeitig ausreichend Leistung für gängige SQL-Abfragen (s. Abschn. 5.6.2) (de Lange 2013, S. 323). Aus einem realen Sachverhalt wird also ein Entity-Relationship-Modell abgeleitet, welches zu einem relationalen Datenmodell umgesetzt wird und als Datengrundlage für eine relationale Datenbank dient. Die Daten in dieser Datenbank sind dann über Datenbanksprachen abfrag- bzw. manipulierbar (s. Abschn. 5.6.2). Die Nutzung von relationalen DBMS (RDBMS) in Geoinformations-systemen (GIS) erweist sich als effiziente Methode der Pflege und Manipulation von Geodaten, da Informationen bzw. Eigenschaften von Geoobjekten, sogenannte Sach-daten und Metadaten, in der Regel in Tabellen geführt werden. Als Metadaten werden Daten über Daten bezeichnet. Nimmt man als Beispiel einen Grenzstein, so kann dieser anhand seiner Koordinaten eindeutig gefunden werden. Metadaten wären in diesem Fall beispielsweise Informationen über Material, Aufnahmeverfahren und das Datum der Vermessung (Gärtner 2019, S. 446). Relationsmodelle – über Schlüsselattribute ver-bundene Tabellen, die reale Objekte darstellen – bieten eine optimale Antwort auf die Frage nach einer überzeugenden Form der Verwaltung von Geodaten in einem GIS. Zu den bekanntesten kommerziellen RDBMS gehören Oracle und Microsoft Access. Open-Source-Varianten sind unter anderem MySQL und PostgreSQL (Gärtner 2019, S. 419).

5.5   Welche Vor- und Nachteile haben DBS?

Datenbanksystem stellen eine sinnvolle Methode der digitalen Datenverwaltung dar. Allerdings sind die Verwaltung und Pflege von Daten an eine bestimmte Technologie gebunden. Es existieren alternative Archivierungssysteme in analoger und digitaler Form, z. B. Karteisysteme oder einfache dateibasierte Ordnerstrukturen auf dem Desktop. Bei kleinen, einfachen Anwendungen und Datenbeständen für den privaten Nutzen ist der Einsatz solcher dateibasierten Systeme ausreichend. Es ergeben sich allerdings erhebliche Einschränkungen und Nachteile: Die einzelnen Programme, in denen Daten gespeichert werden, sind getrennt von anderen Anwendungen, in welchen die Daten eventuell auch sinnvoll genutzt werden könnten. Meist sind die Dateiformate unterschiedlicher Programme nicht kompatibel, sodass die Daten fehlerfrei nur innerhalb der Software verwendet werden können, in der sie erstellt wurden. Durch diese Abhängigkeit der gespeicherten Informationen von Anwendungen wird die Flexibilität der Daten enorm eingeschränkt. Gleichzeitig kommt es häufig zu Redundanzen, da gleiche Daten in unterschiedlichen Zusammenhängen auftreten können, aber aufgrund der oben beschriebenen Isolierung der Daten in jeder Anwendung einzeln gespeichert werden (de Lange 2013, S. 307–308). Zur Veranschaulichung dient folgendes Beispiel, dass auf den in Abschn. 5.4.1.1 genannten Informationen über die Carl-Benz-Schule basiert. In einem dateibasierten System könnten die Informationen aus der Tabelle „Lehrkräfte" zum Beispiel in Excel erstellt worden sein und deshalb im.xlsx-Format gespeichert werden. Die Lernfelder wurden aber in Libre Office dokumentiert, die Daten über die Direktion in dem Mac-Textverarbeitungsprogramm Pages. Herauszufinden, wer an der Schule Sozial- und Wirtschaftskunde unterrichtet und ob diese Person gleichzeitig Teil der Schulleitung ist, wäre mit einer einfachen Abfrage, wie sie ein DBS ermöglicht, nicht machbar. Da keine Verbindung zwischen dem Lehrpersonal, den Unterrichtsfächern und der Direktion besteht. Außerdem müsste mühsam jede Datei einzeln in der entsprechenden Software geöffnet werden. Vorausgesetzt, es stehen alle notwendigen Programme zur Verfügung.

Aber auch DBS können je nach Verwendungszweck Nachteile aufweisen: Dazu gehört der häufig proprietäre (also herstellerspezifische) Aufbau der verschiedenen kommerziellen und frei verfügbaren Datenbankenprogramme und die meist abweichende Abfragesyntax. Außerdem ist eine Umstellung auf DBS mit hohen Kosten und fortlaufendem Pflegeaufwand verbunden. Solche Archivierungssysteme sind komplex und die Entwicklung und Instandhaltung ist aufwendig und anspruchsvoll. Sowohl durch den Einsatz von qualifiziertem Personal als auch durch die erforderliche Hardware in Form von Servern und Speicherplatz entsteht ein finanzieller Aufwand (Bleisch und Nebiker 2011b, o. S.).

Insbesondere im Bereich der Geoinformatik gehören DBS aber zu den gängigsten Verwaltungssystemen. Das kommt daher, dass diese Form der Datenverwaltung erhebliche Vorteile gegenüber dateibasierten oder analogen Systemen aufweist. Durch die Verknüpfung eines DBS mit einem Geoinformationssystem können die Daten vielseitig aufbereitet und individuellen Fragestellungen entsprechend präsentiert werden. Dabei findet das sogenannte EVAP-Prinzip Anwendung. Die Verarbeitung von Daten in Informationssystemen wird demnach anhand der Grundelemente Erfassung, Verwaltung, Analyse und Präsentation der Daten durchgeführt (de Lange 2013, S. 338). Mehr zur Funktionsweise und Nutzung von GIS in Kap. 4 und 9.

▶ **Wichtig**
   ERFASSUNG
   VERWALTUNG
   ANALYSE
   PRÄSENTATION

Ein weiterer Vorteil ist die *Skalierbarkeit* von DBS. Damit bezeichnet man die Fähigkeit eines Systems, mit unterschiedlichen Datenmengen und Benutzerzahlen umzugehen, ohne an Leistung zu verlieren. Sie wird allein durch die vorgegebene Rechnerkapazität begrenzt. DBS sind *erweiterbar,* das bedeutet, neue Anwendungen und Ergänzungen können leicht realisiert werden, ohne die Funktionsfähigkeit bestehender Anwendungen zu beeinträchtigen. Die Verwendung von *Standards und Normen* garantiert einen sicheren Datenaustausch über Medienbrüche hinweg. So entsteht ein *effizienter Systemunterhalt* und eine *einfache Weiterentwicklung* wird gewährleistet. Durch die *Unabhängigkeit von Daten und Anwendungen* ist es zudem möglich, die Datenbestände vielfältig zu nutzen und neue Anbindungen zu schaffen. Durch *Zugriffkontrollen* kann die Datenabfrage für bestimmte Nutzergruppen zugelassen oder gesperrt werden. DBMS verfügen über Mechanismen für die Wiederherstellung von Datenbeständen und für die Speicherung von Sicherungsdateien im Falle einer missglückten Transaktion oder eines Computerabsturzes (*Recovery* und *Back-Up*) (Bleisch und Nebiker 2011b, o. S.).

5.6   Wie lassen sich Daten manipulieren?

Der eigentliche Nutzen eines RDBMS liegt nicht nur in der strukturierten Speicherung von Daten, sondern in besonderem Maße in der Datenmanipulation mithilfe einer Datenbanksprache. Dazu gehört – neben dem Erstellen, Verändern und Löschen von Tabellen oder einzelnen Datensätzen – die Datenabfrage. Das Ergebnis einer Abfrage ist ein Teil des Datenbestands in Form einer neuen, meist temporären Tabelle, die die Antwort auf eine bestimmte Fragestellung liefert. So können anwenderspezifische Analysen durchgeführt und Interpretationen ermöglicht werden. Durch die Kontrollfunktion zur Vergabe von Zugriffsrechten können die Funktionen zur Datenmanipulation verschiedenen Benutzersichten gewährt oder verweigert werden. Bei der Abfrage werden je nach Abfrageart entweder Spalten (Projektion), also Objektattribute, oder Zeilen (Selektion), d. h. einzelne Entitäten mit ihren Attributen, angezeigt. Eine Verknüpfung (engl. *join*) ist die Verbindung mehrerer Tabellen über Schlüsselfelder, die in einer neuen Tabelle zusammengeführt werden. In der Regel wird eine Kombination aus Projektion und Selektion abgefragt oder eine Verknüpfung mit Inhalten aus beiden Abfragetypen, anhand von Anforderungen an die Attribute, wie z. B. bestimmte Zeiträume bei Daten oder Minimal- und Maximalwerte bei Zahlen. Weitere Funktionen sind Rechenfunktionen, wie Summe (SUMME), Durchschnitt (AVERAGE) oder „größer als" (>) bzw. „kleiner als" (<) (de Lange 2013, S. 327–328).

5.6.1 Datenstrukturierung

Jedes Attribut kann verschiedene Ausprägungen annehmen. Diese können einem bestimmten Datentyp zugeordnet werden. Zu den wichtigsten gehören Boolean (Wahrheitswert, ja/nein bzw. wahr/falsch), String (Text mit dem Zeichenumfang A – Z und 0–9), Integer (Ganzzahlenwerte), Date (Datum) und Double und Float (Zahlen mit Nachkommastellen), wobei die letzten beiden sich in ihrer Zeichenzahl und Speichergröße unterscheiden. In Tab. 5.1 werden häufig verwendete Datentypen aufgeführt. Eine Besonderheit ist, dass auch Postleitzahlen Texte – also Datentyp String – sind, da diese mit einer 0 beginnen können. Bei dem Datentyp Integer (Zahl) würde diese automatisch wegfallen. Die unterschiedlichen Formate in den einzelnen DBS können zu Problemen führen. Hier muss eine einheitliche Schreibweise beachtet werden (z. B. entweder dd.mm.yyyy oder yyyy/mm/dd) (Gärtner 2019, S. 432; de Lange 2013, S. 92–95).

Die Merkmalsausprägungen lassen sich nicht nur nach Datentyp kategorisieren, sondern auch nach dem jeweiligen *Skalenniveau*. Dieses gibt an, welcher Art die jeweiligen Attributwerte sind und welche Operatoren dementsprechend am sinnvollsten für eine Analyse genutzt werden können. Das Skalenniveau selbst ist in einer Datenbank nicht hinterlegt, lässt sich in den meisten Fällen jedoch anhand des Datentyps festmachen.

Unterschieden werden drei bzw. vier wichtige Messskalen: *Nominal-, Ordinal-, Intervall- und Verhältnisskala*. Letztere können als metrisches Skalenniveau zusammengefasst werden.

Erstere definiert qualitative Werte ohne besondere Reihenfolge. Darüber hinaus kann eine Aussage getroffen werden, wie häufig ein Merkmal vorkommt. Der Datentyp ist hierbei entweder Boolean oder String. Beispielsweise lassen sich kartographische Objekte darin unterscheiden, ob sie punkt-, linien- oder flächenförmig sind. Zugehörigkeit und Anzahl können bestimmt werden. Es sind jedoch keine mathematischen Operatoren möglich (<, >, +, −, *, /).

In einer Ordinalskala lassen sich zusätzlich zur Nominalskala auch vergleichende Aussagen treffen. Der Datentyp ist hierbei zumeist Integer. Ein Beispiel: In Lernfeld 5 haben 30 Auszubildende eine Klassenarbeit geschrieben. Es kann eine Aussage darüber getroffen werden, wie viele Schüler:innen welche Note erhalten haben. Zusätzlich ist

Tab. 5.1 Wichtige Datentypen

String	Alphanumerische Zeichenkette
Integer	Ganze Zahlen
Float	Fließkommazahlen mit Dezimalpunkt (6-stellig)
Double	Fließkommazahlen mit Dezimalpunkt (15-stellig)
Boolean	Wahrheitswert (ja/nein, wahr/falsch)
Date	Datumswert

die Aussage zulässig, dass „Sehr gut" ein besseres Abschneiden bestätigt als „Gut". Zulässige Operatoren sind „größer als" (>) und „kleiner als" (<).

Die Intervallskala ergänzt die Ordinalskala um die Möglichkeit der Addition und Subtraktion von Werten. Datentypen sind hier in der Regel Date, Integer, Float und Double. Die einzelnen Werte stehen untereinander im Verhältnis. Zum Beispiel hat Irma 2020 ihre Ausbildung zur Geomatikerin begonnen. Jaro ist bereits seit 2018 Auszubildender. Daraus geht hervor, dass er schon zwei Jahre länger Azubi ist.

Die *Verhältnisskala* ist eine besondere Form der Intervallskala. Sie zeichnet sich durch einen absoluten Nullpunkt und einen stetigen Verlauf aus. Beispielsweise das jeweilige Einkommen der Mitarbeiter:innen eines Unternehmens in Euro. So können anhand von Datentyp und Skalenniveau erste Analyse- und Interpretationsschlüsse zugelassen werden (de Lange 2013, S. 91).

5.6.2   Standard Query Language (SQL)

Die in den 1970er-Jahren entwickelte Abfragesprachen für Daten ist in den meisten DBMS als Datenbanksprache vorgegeben. Sie wurde vom ANSI und ISO zum Standard erklärt und der Name im Zuge dessen von Structured Query Language zu Standard Query Language geändert (de Lange 2013, S. 328). Die Sprache besteht aus verschiedenen Sprachebenen. Mit der *Data Control Language* (DCL) werden die Zugriffe geregelt und überwacht. Entsprechende Operatoren sind GRANT, DENY und REVOKE. Diese Befehle werden von manchen Herstellern nicht als eigene Spracheben definiert, sondern der *Data Definition Language* (DDL) zugeordnet. Die DDL dient der Datenbeschreibung, also der Erstellung und Veränderung von Tabellen, Attributen und Verknüpfungen. Die Hauptoperatoren sind CREATE, ALTER, DROP und JOIN. *Data Manipulation Language* (DML) wird zur Datenmanipulation genutzt, wie dem Einfügen, Löschen und Aktualisieren von Daten anhand der Befehle INSERT, DELETE und UPDATE. Außerdem beinhaltet sie den wichtigen Abfragebefehl SELECT (Bleisch et al. 2013, S. 3–4).

Die Grundstruktur eines SQL-Befehls baut sich wie folgt auf:

<Operator> bezeichnet den auszuführenden Befehl (z. B. SELECT). Mit FROM gibt die Tabelle an, aus der die Daten bezogen werden sollen. Optional können über den Ausdruck WHERE Anforderungen an die ausgewählten Daten festgelegt werden. Dies geschieht in den meisten Fällen (de Lange 2013, S. 329). Obwohl SQL eine standardisierte Sprache ist, existieren verschiedene Versionen mit abweichender Syntax. Um den Kriterien eines Standards zu entsprechen, werden die wichtigsten Befehle – wie SELECT, UPDATE, DELETE und WHERE – aber von allen Varianten unterstützt. Dennoch gilt zu beachten, dass die verschiedenen DBS herstellereigene Erweiterungen haben können (Gärtner 2019, S. 422). Bei der folgenden Beschreibung der Syntax von SQL handelt es sich somit um eine Empfehlung der Autorin. Groß- und Kleinschreibung spielt in den meisten DBS keine Rolle, da diese nicht *case sensitive* sind. Es lässt die

Abfrage aber übersichtlicher erscheinen und kann deshalb und aus ästhetischen Gründen angewandt werden. Meist werden die Operatoren in Versalien geschrieben. Es empfiehlt sich, Spaltennamen generell kleinzuschreiben, Umlaute zu vermeiden und Leerzeichen durch Unterstrich zu ersetzen. So kann eine eindeutige und einheitliche Schreibweise gewährleistet werden. Jeder Befehl wird mit einem Semikolon beendet und abgeschlossen. Die Ausgabe aller Werte einer Tabelle wird mit einem * erzielt (SELECT *). Attributwerte in Form von Text oder Datum werden in Hochkomma gesetzt. Häufig werden auch Anführungszeichen verwendet. Bei mehreren Bedingungen innerhalb einer Abfrage müssen diese durch AND bzw. OR verbunden werden. Soll eine bestimmte Bedingung nicht erfüllt werden, gibt man diese mit NOT an (Bleisch et al. 2013, S. 8). Wildstrings sind Platzhalter für Attribute oder Attributteile, falls der gesamte Ausdruck nicht vollständig bekannt ist. Sie werden beispielsweise mit %, ? und – ausgedrückt. Bei Abfragen mit Wildstrings wird das Gleichheitszeichen durch den Ausdruck LIKE ersetzt, um alle Werte zu erhalten, die den Anforderungen entsprechen (Bleisch et al. 2013, S. 10). Anhand des in Abschn. 5.4.1.1 eingeführten Beispiels werden im folgenden Abschnitt einige Abfragen und ihre jeweiligen Ergebnisse aufgeführt. Dazu wird auf die Daten aus Tab. 5.2 zugegriffen.

Eine Abfrage, bei der alle Werte der Tabelle ausgegeben werden würden, sieht wie folgt aus:

SELECT   *
FROM   Lehrkräfte

Sollen lediglich die Lehrkräfte angezeigt werden, die in Koblenz wohnen wird, der Befehl um eine.

WHERE-Bedingung ergänzt (Tab. 5.3):

SELECT   *
FROM   Lehrkräfte
WHERE   wohnort = ‚Koblenz'

Tab. 5.2 Relationales Datenbankmodell, Beispiel: Carl-Benz-Schule

Lehrkräfte			
Personalnr	lk_name	plz	wohnort
1	Linus Kintscher	56.070	Koblenz
2	Merle Wenz	56.070	Koblenz
3	Lena Langschied	56.068	Koblenz
4	Johanna Gerlach	56.112	Lahnstein
5	Moaaz Hamid	56.130	Bad Ems
…	…	…	…

Tab. 5.3 Relationales
Datenbankmodell, Beispiel:
Carl-Benz-Schule, SQL-
Abfrage a

Lehrkräfte			
Personalnr	Lk_name	plz	wohnort
1	Linus Kintscher	56.070	Koblenz
2	Merle Wenz	56.070	Koblenz
3	Lena Langschied	56.068	Koblenz

Tab. 5.4 Relationales
Datenbankmodell, Beispiel:
Carl-Benz-Schule, SQL-
Abfrage b

Lehrkräfte
Lk_name
Linus Kintscher
Merle Wenz

Um nur die Namen der Lehrerkräfte herauszufinden, die in Koblenz im Stadtteil Lützel mit der Postleitzahl 56.070 wohnen, wird eine weitere Bedingung hinzugefügt und die Abfrage spezifiziert (Tab. 5.4):

SELECT	'lk_name'
FROM	Lehrkräfte
WHERE	wohnort = ‚Koblenz' AND plz = 56.070

Diese Beispiele sind sehr vereinfacht und würden in der Realität so wohl nie angewandt werden, da die Datenmenge überschaubar genug ist, um die Informationen selbst abzulesen. Bei komplexeren Abfragen und größeren Datenmengen ist die Verwendung einer Datenbanksprache jedoch sehr effizient und wirtschaftlich. Insbesondere beim Einsatz von Vergleichs- und Mengenfunktionen, wie beispielsweise „größer/kleiner als" ($>$, $<$) und „größer/kleiner gleich" ($>=$, $<=$) und „zwischen" (BETWEEN). Tab. 5.5 listet einige wichtige SQL-Befehle auf.

5.7 Wie werden Geodaten in DBS gespeichert?

Die systematische Speicherung raumbezogener Daten hat in den letzten Jahrzehnten stark an Bedeutung zugenommen. Sachdaten (Informationen, die reale Sachverhalte beschreiben) können so mit sogenannten Geometriedaten (Informationen, die Positionen im Raum beschreiben) kombiniert gespeichert werden. Der direkte oder indirekte Raumbezug (s. Kap. 2) wird entweder direkt durch Koordinaten oder indirekt durch Beziehungen zu anderen festen Positionen im Raum hergestellt. Gespeichert werden die Geodaten entweder als Vektor- oder Rasterdaten (s. Kap. 3 und 4) (Bill 2010, S. 357–358).

Tab. 5.5 Überblick wichtiger SQL-Befehle

Befehl	Aktion
SELECT	Daten abfragen
FROM	Tabelle auswählen
WHERE	Daten selektieren
LIKE	Daten vergleichen
ORDER BY	Daten sortieren
GROUP BY	Daten gruppieren
BETWEEN	Datenbereich festlegen
GRANT	Rechte gewähren
DENY	Rechte verweigern
REVOKE	Rechte auf bestimmte Tabellen verweigern
CREATE	Tabelle (CREATE TABLE) bzw. Datenbank (CREATE DATABASE) erstellen
ALTER	Tabellenaufbau verändern
DROP	Tabelle löschen
JOIN	Tabellen verbinden
INSERT	Daten einfügen
DELETE	Daten löschen
UDDATE	Daten aktualisieren

Die Speicherung raumbezogener Daten in Datenbanksystemen unterliegt einigen Besonderheiten, die an dieser Stelle genauer erläutert werden sollen. Nachdem die Geodaten in der realen Welt durch Vermessungen erhoben wurden, entscheidet die Art bzw. Form des vermessenen Objektes über die jeweilige Speicherstruktur. Es wird unterschieden zwischen punkt-, linien- und flächenförmigen Elementen. Punktförmige Geoobjekte sind beispielsweise Bäume oder Brunnen. Für deren Speicherung sind x,y-Koordinaten notwendig. Linienförmige Objekte können Straßen oder Flüsse darstellen. Dafür müssen x,y-Koordinatenfolgen erhoben werden. Häufige Flächenförmige Objekte sind Häuser oder Seen. Sie werden durch geschlossene x,y-Koordinatenfolgen bestimmt. Eine Besonderheit stellen 3D-Darstellungen dar, die aus x,y,z-Koordinatengittern erstellt werden und eine plastische Darstellung der Umwelt bieten. An dieser Stelle sei auf den Leitfaden zu Geodatendiensten im Internet der GDI-DE (Geodateninfrastruktur Deutschland) verwiesen, der eine anschauliche und ausführliche Erklärung liefert (kostenlos bereitgestellt unter www.gdi-de.org).

Um die bundes- bzw. weltweit erhobenen Geodaten interoperabel (d. h. in verschiedenen Systemen verwendbar) nutzen zu können, werden normen- und standardbasierte Austauschschnittstellen entwickelt. So können unterschiedlich erhobene Daten aus verschiedenen DBS den jeweiligen Anliegen entsprechend zusammengeführt werden. Diese Prozesse sind wesentlicher Bestandteil und Aufgabe der Geodateninfrastruktur (s. Kap. 9) (BKG 2019, S. 10–12).

5.8   Lernaufwand und -angebot

Im Rahmenlehrplan ist das Lernfeld 5 (2. Lehrjahr) mit 40 Unterrichtsstunden angegeben. Es gehört zu den „kleinen" Lernfeldern, ist aber nichtsdestotrotz sehr wichtig für ein umfassendes Verständnis sowohl technischer als auch inhaltlicher Anforderungen an Geodaten und deren sichere Speicherung und Weiterverarbeitung in Datenbanken.

Lies die nachfolgenden Fragen und Aufgaben durch und versuche, Antworten zu finden:

Fragen

Nenne die wichtigsten Eigenschaften von Datenbanksystemen.

Was verstehst du unter dem ACID-Prinzip?

Was ist das EVAP-Prinzip?

Warum sind Datenbanken und Datenbanksysteme im Geoinformationswesen sinnvoll? Wie sind Datenbanksysteme aufgebaut?

Was ist ein Entity-Relationship-Modell? Was bezeichnen Primär- und Fremdschlüssel in diesem Modell? Welche Kardinalitäten kennst du und was bedeuten sie?

Was ist ein relationales Datenbankmodell?

Liste dir bekannte Datentypen auf.

Für was wird die Standard Query Language (SQL) verwendet? Welche Operatoren beinhaltet ein Abfragebefehl und was kannst du damit machen?

Wodurch unterscheiden sich objektorientierte von relationalen Datenbankmodellen? Zähle Vor- und Nachteile der beiden Modelle auf.

Fallen dir noch mehr Fragen zur Datenbankenverwaltung ein?

Versuche, die wesentlichen Begriffe und Modelle zu verinnerlichen und in eigenen Worten wiederzugeben. Es hilft, wenn du es jemandem erklärst, der keine oder wenig Ahnung von dem Thema hat.

Literatur

Bill R (2010) Grundlagen der Geo-Informationssysteme 5., völlig neu bearb. Aufl. Wichmann, Berlin

BKG (Hrsg) (2019) *Geodatendienste im Internet – ein Leitfaden.* https://www.gdi-de.org/download/2020-03/Leitfaden-Geodienste-im%20Internet.pdf. Zugegriffen: 11. Juli 2022

Bleisch S, Nebiker S (2011a) Einführung in Datenbanksysteme. Weitere Vorteile DBMS. GITTA. http://www.gitta.info/IntroToDBS/de/multimedia/weitereVorteileDBMS.pdf. Zugegriffen: 22. Juli 2020

Bleisch S, Nebiker S (2011b) Einführung in Datenbanksysteme. Nachteile DBMS. GITTA.http://www.gitta.info/IntroToDBS/de/multimedia/nachteileDBMS.pdf. Zugegriffen: 22. Juli 2020

Bleisch S, Dobre A, Moser A, Schrattner M (2013) Die relationale Anfragesprache SQL. GITTA. http://www.gitta.info/RelQueryLang/de/text/RelQueryLang.pdf. Zugegriffen: 22. Juli 2020

Bleisch S, Nebiker S, Schrattner M (2016) Datenbanksysteme: Konzepte und Architekturen. GITTA. http://www.gitta.info/DBSysConcept/de/text/DBSysConcept.pdf. Zugegriffen: 22. Juli 2020

de Lange N (2013) Geoinformatik in Theorie und Praxis. Springer Spektrum, Berlin

Gärtner M (Hrsg) Asbeck M, Drüppel S, Skindelies K, Stein M (2019) Vermessung und Geoinformation. Fachbuch für Vermessungstechniker und Geomatiker. Selbstverlag Michael Gärtner, Solingen

Josefine Klaus hat 2018 ihre Ausbildung als Geomatikerin am Landesamt für Vermessung und Geobasisinformation RLP in Koblenz abgeschlossen. Sie studierte Kulturwissenschaften in Leipzig und war 2022 bei der Erstellung der kartenbasierten Geschichtsapp „Frankfurt History" beteiligt. Ihr Schwerpunkt ist niedrigschwellige und zeitgemäße Wissensvermittlung.

Geodaten beziehen, modellieren und Geoprodukte gestalten

6

Julika Miehlbradt

6.1 Lernziele und -inhalte

Lernfeld 6 befasst sich mit grundlegendem Wissen aus dem Bereich Mediengestaltung. Im Fokus dieses Kapitels stehen die Aspekte Farblehre und Typographie. Bei der Erstellung von Karten, Flyern oder Grafiken unterstützt Wissen aus dem Bereich der Farblehre den Gestaltungsprozess und hilft, ein harmonisches Endergebnis zu schaffen. In diesem Lernfeld werden daher die additive und die subtraktive Farbmischung sowie die Farbsysteme RGB und CMYK eingeführt (Abb. 6.1).

Die Typographie ist ein breites und wichtiges Feld in der Mediengestaltung. Für die alltäglichen Aufgaben von Geomatiker:innen kann an dieser Stelle nur ein Einstieg in ausgewählte Themenfelder gegeben werden. Dazu werden die Begriffe Mikro- und Makrotypographie differenziert beleuchtet. Dabei werden als wichtige Kenngrößen der Mikrotypographie unter anderem Fachbegriffe am Buchstaben sowie Abstände zwischen Zeichen, Buchstaben und Zeilen erläutert. Im Fokus der Makrotypographie steht die Verwendung von Gestaltungsrastern, beispielsweise die Satzspiegelkonstruktion zur Layoutgestaltung. Daneben wird die Scribbletechnik als Werkzeug der Entwurfsplanung vorgestellt.

J. Miehlbradt (✉)
Oldenburg, Deutschland
E-Mail: j.miehlbradt@outlook.de

J. Klaus (Hrsg.), *Geomatik*, https://doi.org/10.1007/978-3-662-66274-8_6

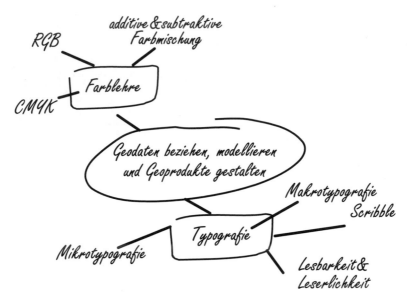

Abb. 6.1 Lernziele und -inhalte von Lernfeld 6

6.2 Wie nehmen wir Farben wahr?

Um Farben wahrnehmen zu können, benötigen wir Licht. Licht ist Energie und wird in elektromagnetischen Wellen ausgestrahlt. Für das menschliche Auge sind Wellen im Bereich zwischen 380 und 780 nm sichtbar. Dieses sichtbare Licht entspricht allerdings nur einem kleinen Bereich der elektromagnetischen Strahlung und befindet sich zwischen der ultravioletten (UV-) Strahlung und der Infrarot (IR-) Strahlung (Bundesamt für Strahlenschutz 2022, o. S). Radios empfangen beispielsweise die Frequenzen von Sendern über die Ultrakurzwelle (UKW), Essen kann mithilfe von Mikrowellen erwärmt werden und beim Röntgen wird der Körper mit Röntgenstrahlen bestrahlt. Die UV- und die IR-Strahlung sind für das menschliche Auge nicht sichtbar (Bühler et al. 2018, S. 3–4).

Elektromagnetische Strahlen werden über ihre *Wellenlänge* und die *Amplitude (Schwingungsweite)* geformt. Die Anzahl der Schwingungen einer elektromagnetischen Welle in einer bestimmten Zeiteinheit entspricht der *Frequenz*. Im Wellenbereich der Farben bestimmt die Länge einer Welle die Farbigkeit des Lichts und die Amplitude die Helligkeit (Bühler et al. 2018, S. 4).

Im sichtbaren Spektrum registriert das menschliche Auge Wellen im Bereich zwischen 400 und 500 nm als Blau, zwischen 500 und 600 nm als Grün und zwischen 600 und 700 nm als Rot (AK DGfK 2004, 5.6 S. 1059). Der Farbwert Blau befindet sich im kurzwelligen, Grün im mittelwelligen und Rot im langwelligen Bereich. Da die Farben in den entsprechenden Grenzbereichen ineinander überlaufen und sich

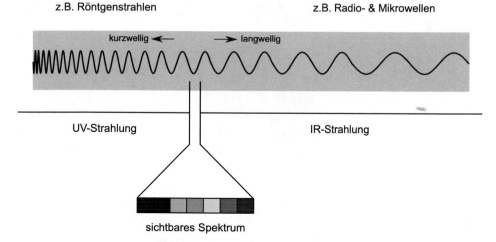

Abb. 6.2 Elektromagnetisches Spektrum

vermischen, kann der Mensch im sichtbaren Teil des elektromagnetischen Spektrums die Farben Violett, Blau, Grün, Gelb, Orange und Rot differenzieren (Abb. 6.2).

Um die Farbmischung, die in Abschn. 6.2.1 beschrieben wird, nachvollziehen zu können, werden grundlegende Kenntnisse über den Vorgang des Farbensehens vorausgesetzt. Eine ausführliche Erklärung findet sich beispielsweise in der „Bibliothek der Mediengestaltung" von Bühler, Schaich und Sinner (Bühler et al. 2018).

6.2.1 Additive und subtraktive Farbmischung

Die *Primärfarben* (auch *Grund-* oder *Lichtfarben*) Rot, Grün und Blau (*RGB*) werden *additiv gemischt*. Die jeweiligen Mischfarben werden heller, da immer mehr Licht hinzukommt. Diese Grundfarben kennen wir im RGB-System als *Bildschirmfarben*. Auf der Grundlage dieses Farbsystems werden alle Farben auf digitalen Endgeräten angezeigt. Die Farbe Weiß entsteht, indem die Grundfarben in gleichen Anteilen addiert werden.

Im RGB-Farbraum werden Farben in Form von Zahlenkombinationen als Farbwert pro Farbkanal (Rot, Grün und Blau) angegeben. Die Zahl 255 bedeutet einen maximalen Farbanteil, der Wert 0 bedeutet kein Licht, also schwarz. Die Schreibweise folgt dabei dem Schema *Rotwert Grünwert Blauwert*. Rot wird also mit „255 0 0" definiert: Es hat einen hundertprozentigen Anteil Rot und keine anderen Farbanteile.

▶ **Wichtig**
Rot
Grün
Blau

Abb. 6.3 Additive und
subtraktive Farbmischung

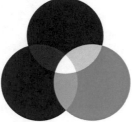

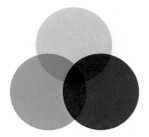

Für den Druck relevant ist die *subtraktive Farbmischung*. Im Gegensatz zur additiven Farbmischung wird bei der subtraktiven Farbmischung – wie der Name schon sagt – Lichtenergie subtrahiert, also abgezogen (Abb. 6.3). Das bedeutet, dass die Mischfarben (Körperfarben) dunkler sind als die ursprünglichen Farben, die zu ihrer Erstellung verwendet wurden. Je mehr Farben sich überdecken, desto dunkler wird das Endergebnis (Böhringer et al. 2008, S. 207).

Die bei der subtraktiven Farbmischung verwendeten Primärfarben sind Cyan, Gelb (Yellow) und Magenta. Um jeden Farbkontrast herstellen zu können, wird zusätzlich mit Schwarz (BlacK oder Key) gedruckt *(CMYK-System)*. Aus diesen Farben werden beim Druck alle benötigten Farbwerte gebildet. Der Farbraum vom CMYK-System ist nicht eindeutig festgelegt, sondern kann sich herstellerbedingt (je nach Drucker) unterscheiden. Zusätzlich beeinflussen das ausgewählte Papier bzw. der ausgewählte Bedruckstoff das letztendliche Farbergebnis (Böhringer et al. 2008, S. 210–211).

Bei CMYK entspricht der Wert 100 dem maximalen Farbanteil und 0 bedeutet keine Farbe, also weiß (Böhringer et al. 2008, S. 210). Die Schreibweise ist analog zu den RGB-Werten *Cyan Magenta Yellow Key* (Cyan = 100 0 0 0 usw.).

▶   **Wichtig**
     Cyan
     Magenta
     Yellow
     Key/BlacK

Sogenannte *Farbcodes* ermöglichen es, Farbwerte eindeutig festzulegen. Dadurch können Farbwerte zwischen verschiedenen Farbsystemen umgerechnet werden. Dies ist erforderlich, wenn zum Beispiel eine digitale Karte (RGB-System) ausgedruckt werden soll (CMYK-System). Trotz der Verwendung von Farbcodes ist zusätzlich ein Prüfdruck hilfreich, um die Farbwerte mit denen in der digitalen Variante zu kontrollieren und gegebenenfalls anzupassen.

Tab. 6.1 Farbcodes der Grundfarben im additiven und subtraktiven Farbsystem

Farbe	RGB-Wert	CMYK-Wert
Rot	255 0 0	0 100 100 0
Grün	0 255 0	100 0 100 0
Blau	0 0 255	100 100 0 0
Cyan	0 255 255	100 0 0 0
Magenta	255 0 255	0 100 0 0
Gelb	255 255 0	0 0 100 0

Farbcodes der Farben Rot, Grün und Blau sowie Cyan, Magenta und Gelb jeweils im RGB- und CMYK-System

Mithilfe dieser Farbcodes kann man außerdem Kund:innen genaue Angaben zu den ausgewählten Farben geben. So kann auf verschiedenen Endgeräten eine möglichst hohe Farbähnlichkeit erreicht werden. Die Tab. 6.1 zeigt die entsprechenden Farbcodes im RGB- bzw. CMY-Farbraum für die Farben Rot, Grün, Blau, Cyan, Magenta und Gelb.

Farbcodes im Hexadezimalsystem (HEX) werden bei der Programmierung von zum Beispiel Webseiten verwendet, um Farbwerte unabhängig vom verwendeten Browser, Bildschirm und individuellen Einstellungen möglichst konsistent zu definieren. Die Schreibweise besteht aus zweistelligen Hexadezimalzahlen: #RRGGBB (#RotGrünBlau). Die Hexadezimalzahl FF gibt einen hundertprozentigen Farbanteil an. Die Farbe Weiß wird dementsprechend über den Wert #FFFFFF angegeben, denn alle drei Farbkanäle haben einen hundertprozentigen Farbanteil. Der Wert 00 gibt an, dass keine Farbe bzw. kein Licht vorhanden ist. Der Code #000000 entspricht der Farbe Schwarz (Böhringer et al. 2008, S. 212).

6.2.2 Der sechsteilige Farbkreis

In einem Farbordnungssystem erhalten Farben eine eindeutige Position und Beschreibung. Dadurch werden auch die Beziehungen der Farben untereinander hergestellt und gekennzeichnet (Hammer 2008, S. 160–162). Der sechsteilige Farbkreis gilt als das einfachste Farbordnungssystem (Bühler et al. 2018, S. 19). Er setzt sich aus den Grundfarben der additiven und der subtraktiven Farbmischung zusammen. Die Farben des RGB- und des CMY-Systems werden jeweils abwechselnd angeordnet. Somit liegen im Kreis immer eine subtraktive und eine additive Farbe gegenüber. Jede dieser Farben kann hergestellt werden, indem die beiden direkten Nachbarfarben (also die beiden Farben, die sie im Farbkreis umgeben) miteinander vermischt werden (AK DGfK 2004, 5.6, S. 998–999).

Die subtraktive Farbe Gelb befindet sich im Farbkreis zwischen den additiven Farben Rot und Grün. Werden die Farben Rot und Grün addiert, entsteht die Farbe Gelb. Zwischen den subtraktiven Farben Gelb und Magenta befindet sich im Farbkreis die

Farbe Rot. Auch diese Farbe ergibt sich aus der Mischung der beiden Farben, die sich im Farbkreis direkt daneben befinden: Die Farben Gelb und Magenta vermischen sich zu Rot. Schau dir dazu die Abb. 6.4 des sechsteiligen Farbkreises und die Tab. 6.1 an. Eine Farbe des RGB-Systems wird in CMY-Farbraum über zwei Farben mit 100-prozentigem Anteil erzeugt – diese Farben liegen im sechsteiligen Farbkreis nebeneinander.

Farben, die sich im Farbkreis gegenüberliegen, werden *Komplementärfarben* genannt. Komplementärfarben sind „Farbenpaare, die in einer besonderen Beziehung zueinander stehen" (Bühler et al. 2018, S. 4). Werden diese Farben gemischt, entsteht Unbunt. Bei der subtraktiven Farbmischung wird die unbunte Farbe Schwarz, bei der additiven Farbmischung die unbunte Farbe Weiß gebildet (AK DGfK 2004, 5.6, S. 999). Um die Komplementärfarbe einer Grundfarbe herzustellen, müssen die verbleibenden beiden Grundfarben desselben Systems (RGB- oder CMY-System) vermischt werden (Bühler et al. 2018, S. 4).

Übersicht

„*Komplementärfarben* sind Farbenpaare, die in einer besonderen Beziehung zueinanderstehen:

- Komplementärfarben liegen sich im Farbkreis gegenüber.
- Komplementärfarben ergänzen sich zu Unbunt. [...]
- Komplementärfarbe zu einer Grundfarbe ist immer die Mischfarbe der beiden anderen Grundfarben."

(Böhringer et al. 2008, S. 209)

Abb. 6.4 Der sechsteilige Farbkreis

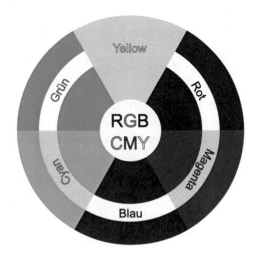

Im Farbkreis liegt die additive Primärfarbe Grün der subtraktiven Primärfarbe Magenta gegenüber. Dementsprechend ist Grün die Komplementärfarbe von Magenta und umgekehrt. Werden die verbleibenden Grundfarben der additiven Farbmischung Rot und Blau vermischt, entsteht Magenta. Beide Farben umgeben im Farbkreis die Farbe Magenta.

Werden die komplementären Farben Grün und Magenta additiv miteinander vermischt, entsteht die Farbe Weiß. Auch das ist auf die bereits genannte Farbmischung zurückzuführen: Da Magenta aus Rot und Blau entsteht, werden bei der Mischung von Magenta und Grün indirekt die Farben Rot, Grün und Blau vermischt. Das Ergebnis entspricht der Farbe Weiß.

6.3   Wie nehmen wir Schrift wahr?

Sprache und Schrift dienen zur Kommunikation zwischen den Menschen. Beides hat sich über viele Jahrtausende entwickelt und auch immer wieder verändert. Der Ursprung der Schrift liegt in der Sprache. Schon in der Steinzeit haben die Menschen miteinander kommuniziert. Um ihr Wissen im Stamm weiterzugeben, haben sie es in Höhlenmalereien festgehalten. Damit haben sie auch die ersten Formen der Schrift entwickelt. Sie verwendeten Symbole als Schriftzeichen und konnten so Sachverhalte möglichst bildhaft darstellen. Die Malereien waren zwar leicht verständlich, erforderten jedoch viel Zeit in der Erstellung. Um die Bilder schneller erzeugen zu können, entwickelten sie mit der Zeit Zeichen mit einer stellvertretenden Bedeutung. Die Schriftzeichen wurden sukzessiv immer abstrakter, sodass schließlich jedes Zeichen eine bestimmte Bedeutung hatte (AK DGfK 2004, 5.5, S. 926–928).

Die über Jahrtausende dauernde Weiterentwicklung dieser Schriftzeichen führte zu ersten Schriftsystemen um circa 1000 vor Christus. Einen entscheidenden Einfluss auf die Entwicklung der Schrift hatten unter anderem die Phönizier, die Griechen und die Römer. Die Griechen erweiterten 900 vor Christus das aus 22 Konsonanten bestehende Alphabet der Phönizier um Vokale. Die Römer führten unter anderem um circa 100 nach Christus Interpunktionen ein und sorgten so für eine bessere Lesbarkeit von Wörtern und Texten. Im Laufe der Jahrhunderte entwickelten sich verschiedene Schriftbilder wie beispielsweise die gotischen Schriften im 12. Jahrhundert oder die Renaissanceschriften im 15. Jahrhundert (AK DGfK 2004, 5.5, S. 929–935). Für weiterführende Informationen zur Schriftgeschichte und zum Entwicklungsverlauf der unterschiedlichen Alphabete und Schriftsysteme empfiehlt sich beispielsweise das „Kompendium der Mediengestaltung" (Böhringer et al. 2011).

In der Typographie wird ein besonderes Augenmerk auf die Lesbarkeit, Leserlichkeit und Erkennbarkeit eines Textes gelegt. Einen erheblichen Einfluss darauf haben zum einen die Schriftart und auch -größe, zum anderen kann auch der Abstand zwischen Buchstaben, Wörtern und Zeilen den Lesefluss behindern. Das Ziel ist es, einen Text so zu gestalten, dass ihn alle Lesenden komfortabel und leicht erfassen können. Dazu muss man als Lesende:r fähig sein, Zeichen identifizieren, also *erkennen,* zu können. Um ein Zeichen erkennen zu können, muss es bereits vorher bekannt sein. Wenn du einen Text lesen möchtest, ist demnach die Voraussetzung, dass du das Alphabet kennst. Denn so werden beim Lesen einzelne Buchstaben oder Silben vom Gehirn wiedererkannt und zu einem Wort zusammengefügt. Sind jedoch beispielsweise Buchstaben nur teilweise sichtbar, weil sie verdeckt werden oder abgeschnitten sind, fällt es schwerer, sie eindeutig zu identifizieren und den Text angenehm zu lesen. Der Lesevorgang wird zusätzlich erschwert, wenn das Gehirn nicht eindeutig identifizieren kann, wo das Wort beginnt und endet. Der Text ist dann nur schwer oder gar nicht *leserlich.* Entscheidend dafür ist der Wortzwischenraum – sowohl ein zu kleiner als auch ein zu großer Wortzwischenraum stört den Lesefluss.

Beispiel

DieAusbildungzur/mGeomatiker:indauertdreiJahre.
Die   Ausbildung   zur/m   Geomatiker:in   dauert   drei   Jahre. ◄

Wenn Zeichen, Silben, Wortbestände sowohl erkennbar als auch leserlich sind und als Wort, Satz oder Text erfasst werden können, ist ein Text *lesbar* (Böhringer et al. 2011, S. 28). Bei der Gestaltung eines Textes steht die Lesbarkeit im Zentrum.

Erkennbarkeit	„Erkennbarkeit beschreibt die Eigenschaft, einzelne Zeichen zu erkennen, um deren Information zu erfassen."
Leserlichkeit	„Leserlichkeit ermöglicht es, eine Zeichenfolge im Zusammenhang zu erfassen."
Lesbarkeit	„Ein Text ist lesbar, wenn Sie die Information der einzelnen Zeichen in leserlich angeordneter Zeichenfolge erfassen und zweifelsfrei verstehen können."

(Böhringer et al. 2011, S. 28)

Beim Lesen wird nicht jeder Buchstabe bzw. jedes Zeichen einzeln erfasst. Das Auge fliegt vielmehr über die Zeilen und stoppt an bestimmten Punkten, sogenannten *Fixationen* oder *Fixationspunkten* (Abb. 6.5). An diesen Stellen werden – in Abhängigkeit von der Schriftgröße – ungefähr neun Zeichen vom Auge erkannt. Dadurch werden Wortgruppen erfasst und zu Silben oder bekannten Wortbestandteilen zusammengesetzt. Anschließend springt das Auge zur nächsten Fixation. Ein Wechsel in die nächste Zeile ist ebenfalls eine Fixation. Eine Fixation dauert nur ungefähr 100 bis 300 Millisekunden. Der Sprung zur nächsten Fixation wird *Sakkade* genannt (Hammer 2008, S. 294–295). In Abb. 6.5 ist die Sakkade anhand der roten Pfeile dargestellt.

Beim Lesen erfolgt parallel die kognitive Verarbeitung der aufgenommenen Zeichen und Informationen. Kann eine Zeichenkombination nicht direkt erkannt werden, beispielsweise weil es sich um ein Fremdwort, einen Fachbegriff oder ein langes Wort handelt, springt das Auge zur vorherigen Fixation zurück. Dieser Prozess wird

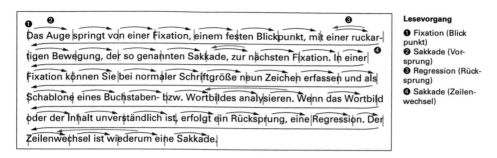

Abb. 6.5 Sakkade, Fixation und Regression beim Lesevorgang (Böhringer et al. 2011, S. 29)

Regression genannt (Böhringer et al. 2011, S. 29). Die Regression ist in Abb. 6.5 anhand der grünen Pfeile demonstriert.

Erkennbarkeit, Leserlichkeit und Lesbarkeit können an die Bedürfnisse der Lesenden angepasst werden. Die Wahl einer passenden Schriftart spielt hier ebenfalls eine entscheidende Rolle. Diese sollte adressatengerecht und abgestimmt mit dem Thema gewählt werden. Im „Kompendium der Mediengestaltung" (Böhringer et al. 2008) findest du eine Vielzahl an Beispielen unterschiedlicher Schriftarten, -familien und -größen.

Die Typographie wird in die Bereiche *Mikro-* und *Makrotypographie* geteilt. Die Mikrotypographie beschäftigt sich mit der Gestaltung von Texten. Wichtige Kenngrößen in der Mikrotypographie sind die Abstände zwischen Buchstaben, Wörtern und auch Zeilen. In Abschn. 6.4 werden diese und weitere wichtige Kenngrößen vorgestellt, die die Wirkung von Texten beeinflussen und ermöglichen, Texte lesbar zu gestalten.

Die Layoutgestaltung zählt in den Bereich *Makrotypographie* (Böhringer et al. 2011, S. 292, 2008). Abschn. 6.5 beschäftigt sich im Detail mit der Gestaltung von Layouts und welche Aspekte dabei beachtet werden müssen. In der Regel wird mit einem Entwurf, einem sogenannten *Scribble*, begonnen. Für die bestmögliche Seitengestaltung ist die Einteilung in bedruckbaren und freien Raum besonders wichtig. Basierend darauf kann der bedruckbare Raum individuell gestaltet werden. Diese Einteilung kann anhand bestimmter Konstruktionsanweisungen geschehen. Drei wichtige Konstruktionshilfen werden anhand von Beispielen und Graphiken ebenfalls im Abschnitt vorgestellt.

6.4   Wie kann ein Text gestaltet werden?

Sobald mehrere Buchstaben sich zu Wörtern und Sätzen zusammensetzen, muss nicht nur der Abstand zwischen Wörtern, sondern auch der Abstand zwischen einzelnen Buchstaben optimal festgelegt werden. Dafür ist es erforderlich, den Aufbau eines Buchstabens zu kennen. Die folgende Abb. 6.6 erläutert am Buchstaben *A* die typographischen Fachbegriffe.

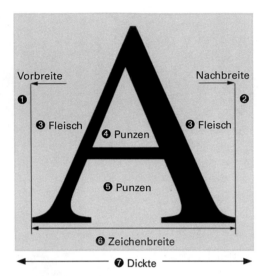

Fachbegriffe am Buchstaben

❶ Vorbreite: Schmaler Abstand auf dem Schriftkegel vor dem Buchstabenbild.

❷ Nachbreite: Schmaler Abstand auf dem Schriftkegel nach dem Buchstabenbild – Vor- und Nachbreite dienen der Lesbarkeit einer Schrift und sorgen dafür, dass sich Zeichen beim Satz nicht berühren.

❸ Fleisch: Nichtdruckende Elemente um das Buchstabenbild.

❹ Geschlossene Punzen: Innenraum eines Schriftzeichens ohne Öffnung.

❺ Offene Punzen: Offener Innenraum eines Schriftzeichens.

❻ Zeichenbreite: Breite des druckenden Schriftbildes.

❼ Dickte: Zeichen mit Vor- und Nachbreite, hier grau unterlegt.

Abb. 6.6 Der Buchstabe und dessen Fachbegriffe (Böhringer et al. 2011, S. 182)

Ein Buchstabe hat immer eine gewisse *Zeichenbreite*. Diese Breite wird unter anderem durch die Größe des Innenraumes bzw. der Innenräume eines Zeichens beeinflusst. Diese Bereiche werden *Punze* genannt. Ein Buchstabe hat immer eine gewisse Vor- bzw. Nachbreite. Die gesamte Breite eines Buchstabens einschließlich der Vor- und Nachbreite und den Bereichen, die nicht bedruckt werden, wird als *Dickte* bezeichnet (Böhringer et al. 2011, S. 182), (Hammer 2008, S. 296). Die Dickte entspricht der Standardbreite des Buchstabens (AK DGfK 2004, 5.5, S. 937).

Bei einigen Schriftarten werden zusätzlich *Serifen* angefügt. Serifen sind kurze, horizontale Striche, die am Anfang oder Ende eines Buchstabens angebracht werden. Sie können einseitig oder beidseitig angesetzt werden. Die Gestaltung einer Serife erfolgt in Abhängigkeit der Schriftart. Serifen werden verwendet, um die Lesbarkeit zu verbessern (AK DGfK 2004, 5.5, S. 941). Abb. 6.7 zeigt beidseitige Serifen beispielsweise am Buchstaben „H" sowie einseitige Serifen an Buchstaben „u".

Für eine gleichmäßige und über alle Schriftarten hinweg einheitliche Ausrichtung der Buchstaben hilft das *Vier-Linien-System*. Dieses System ist in Abb. 6.7 dargestellt. Mithilfe von vier horizontalen Linien wird die Schrift in die Bereiche *Oberlänge, Mittellänge* (auch *x-Höhe* genannt) und *Unterlänge* eingeteilt. Die Schrifthöhe erstreckt sich über alle drei Bereiche. Die Oberlänge und x-Höhe bilden die *Versalhöhe* einer Schrift. Sie entspricht der Höhe von Großbuchstaben. Die Linie, auf der Zeichen ohne Unterlänge stehen, wird *Grundlinie* genannt. Beim Vier-Linien-System handelt es sich um gedachte Linien (AK DGfK 2004, 5.5 S. 938). Es bietet eine Orientierungshilfe und ermöglicht eine einheitliche Verbindung der Zeichen auch bei Verwendung unterschiedlicher Schriften und Schriftgrößen (Böhringer et al. 2011, S. 182–183).

Fachbezeichnungen am Musterwort „Hamburgo"
1 = Hauptstrich/Grundstrich   8 = Endstrich
2 = Haarstrich   9 = Symmetrieachse
3 = Serife   10 = Versalhöhe
4 = Scheitel   11 = Oberlänge
5 = Bauch   12 = Mittellänge, x-Höhe
6 = Anstrich   oder Höhe der Gemeine
7 = Kehlung   13 = Unterlänge

Abb. 6.7 Das Vier-Linien-System in der Typographie (Böhringer et al. 2011, S. 182)

Die Nachbreite eines Buchstabens und die Vorbreite eines angrenzenden Buchstabens sorgen dafür, dass die Buchstaben sich nicht berühren. Das steigert die Lesbarkeit und sorgt für ein angenehmes Lesen. Wenn sich die Buchstaben berühren, gehen sie fließend ineinander über und können nicht mehr eindeutig identifiziert werden. In der Typographie bezeichnet man diesen Abstand als *Laufweite*. Die Laufweite ist der Weißraum zwischen zwei Buchstaben und bildet den Kontrast zu den Buchstaben (Hammer 2008, S. 296).

Jede Schriftart hat bereits eine festgelegte, optimale Laufweite. Dennoch ist es möglich oder erforderlich, die Laufweite gezielt zu verändern und an bestimmte Gegebenheiten anzupassen. Mit der Verkleinerung der Laufweite kann beispielsweise ein Text in ein festgelegtes Textfenster eingepasst werden. Eine Vergrößerung der Laufweite hilft, optische Lücken im Text zu schließen oder Worttrennungen im Blocksatz zu umgehen. Wenn Texte geschwungen platziert werden sollen, bietet sich in der Regel ebenfalls eine Anpassung der Laufweite an. Generell ist jedoch darauf zu achten, dass die Lesbarkeit nicht darunter leidet. Daher empfehlen Böhringer, Bühler und Schaich bei der Vergrößerung der Laufweite, den Wortabstand ebenfalls zu vergrößern (Böhringer et al. 2011, S. 194). Die *Laufweitenänderung* bezieht sich in der Regel auf einen gesamten Textabschnitt. Abb. 6.8 zeigt exemplarisch die Auswirkungen von negativen und positiven Buchstabenabständen.

Treffen zwei Buchstaben mit einer weiten Vor- und Nachweite aufeinander, können sehr große Abstände entstehen, die wie ein Loch im Wort wirken. Das kann den Leseprozess stören. Mithilfe des *Unterschneidens* (engl. *kerning*) kann gezielt dieser Abstand verändert werden. Im Vergleich zur Laufweitenänderung bezieht sich das Unterschneiden nicht auf einen gesamten Text, sondern lediglich auf bestimmte Buchstabenkombinationen. Diese werden in der Regel in einer Tabelle, der *Kerningtabelle*, organisiert. Abb. 6.9 zeigt das Unterschneiden der Buchstaben T und y, die beim Wort „Typo" aufeinandertreffen. Durch die Überlagerung von Vor- und Nachbreite dieser

Abb. 6.8 Exemplarische
Laufweitenänderung (Hammer
2008, S. 297)

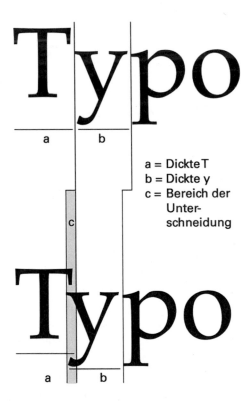

Buchstabenabstand	-20%
Buchstabenabstand	-10%
Buchstabenabstand	0%
Buchstabenabstand	10%
Buchstabenabstand	20%
Buchstabenabstand	30%
Buchstabenabstand	40%
Buchstabenabstand	75%

Abb. 6.9 Unterschneiden am
Beispiel des Wortes „Typo"
(Böhringer et al. 2011, S. 196)

a = Dickte T
b = Dickte y
c = Bereich der
Unter-
schneidung

beiden Buchstaben wird der Buchstabenabstand reduziert und das Bild wirkt aus-
geglichener (Böhringer et al. 2011, S. 196; Hammer 2008, S. 299).

Um Abstände wie die Laufweite festzulegen, wird eine einheitliche Maßeinheit verwendet. In der Mikrotypographie gilt das *Geviert* als das „satztechnische und typo-

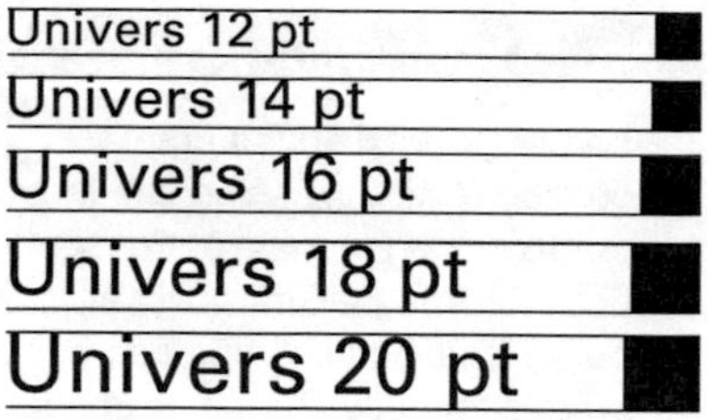

Abb. 6.10   Das Geviert
(Böhringer et al. 2011, S. 184)

Univers 12 pt

Univers 14 pt

Univers 16 pt

Univers 18 pt

Univers 20 pt

grafische Bezugsmaß der Schrift" (Böhringer et al. 2011, S. 184). Ein Geviert ist ein Quadrat, dessen Breite bzw. Höhe in Abhängigkeit zur Schrifthöhe steht. Es handelt sich somit um eine relative Maßeinheit (Abb. 6.10).

Um den Abstand zwischen einzelnen Wörtern festzulegen, kann als Abstandshalter die Dickte des Buchstabens „i" verwendet werden. Das erzeugt ein ausgeglichenes Bild und unterstützt einen angenehmen Lesevorgang. Analog zur Laufweitenänderung kann auch dieser Abstand bei Bedarf individuell angepasst werden. Dabei sollte darauf geachtet werden, dass der Wortabstand nicht zu groß wird. Große Wortabstände betonen die einzelnen Wörter und beeinflussten die Lesbarkeit eines langen Textes in der Regel negativ, da die entstehenden Lücken den Lesefluss hemmen. Wird der Zwischenraum verkleinert, wird die Lesegeschwindigkeit erhöht. Statt einzelne Wörter zu betonen, wird der gesamte Satz als zusammengehörig wahrgenommen (Böhringer et al. 2011, S. 200; Hammer 2008, S. 300–302). Hammer empfiehlt alternativ zur Dickte des Buchstabens „i" 1/3 Geviert als optimalen Wortabstand (Hammer 2008, S. 301).

Neben den zuvor genannten Kenngrößen der Mikrotypographie hat auch die *Satzart* einen entscheidenden Einfluss auf die Gestaltung eines Textes. Die Satzart bestimmt die Ausrichtung eines Textes. Die gängigsten Satzarten sind:

- Flattersatz (links-/rechtsbündig)
- Blocksatz
- Mittelachsensatz
- Rausatz

Beim *Flattersatz* (oben links in Abb. 6.11) werden alle Zeilen an einer Textseite (links oder rechts) bündig ausgerichtet. Die Zeile läuft zum anderen Seitenrand frei aus. Durch die verschiedenen Längen der Wörter „flattern" die Texte in unterschiedlichem Ausmaß. Die Wörter können getrennt werden, dabei sollte jedoch über mehrere Zeilen hinweg kein Treppeneffekt erzeugt werden. Gerade der linksseitige Flattersatz unterstützt den Lesefluss rechtsläufiger Texte, da er die Leserichtung (von links nach rechts) unterstützt.

Beim *Blocksatz* (oben rechts in Abb. 6.11) wird der Text sowohl am linken als auch am rechten Rand bündig ausgerichtet, sodass die vorhandene Breite der Textspalte vollständig ausgenutzt wird. Auch hier können Worttrennungen genutzt werden, es sollten jedoch nicht mehr als drei in Folge umgesetzt werden (Böhringer et al. 2011, S. 202). In

1 Flatterachsensatz (linksbündig)

Lorem ipsum dolor sit amet,
consectetuer adipiscing elit. Maecenas
porttitor congue massa. Fusce
posuere, magna sed pulvinar ultricies,
purus lectus malesuada libero, sit
amet commodo magna eros quis urna.
Nunc viverra imperdiet enim. Fusce
est. Vivamus a tellus.
Nunc viverra imperdiet enim. Fusce
est. Vivamus a tellus. Pellentesque
habitant morbi tristique senectus et
netus et malesuada fames ac turpis
egestas. Proin pharetra nonummy
pede. Mauris et orci. Aenean nec
lorem. In porttitor. Donec laoreet
nonummy augue. Suspendisse dui
purus, scelerisque at, vulputate vitae,
pretium mattis, nunc. Mauris eget
neque at sem venenatis eleifend. Ut
nonummy.

2 Blocksatz

Lorem   ipsum   dolor   sit   amet,
consectetuer adipiscing elit. Maecenas
porttitor   congue   massa.   Fusce
posuere, magna sed pulvinar ultricies,
purus lectus malesuada libero, sit
amet commodo magna eros quis urna.
Nunc viverra imperdiet enim. Fusce
est. Vivamus a tellus. Nunc viverra
imperdiet enim. Fusce est. Vivamus a
tellus.   Pellentesque   habitant   morbi
tristique   senectus   et   netus   et
malesuada fames ac turpis egestas.
Proin pharetra nonummy pede. Mauris
et orci. Aenean nec lorem. In porttitor.
Donec   laoreet   nonummy   augue.
Suspendisse dui purus, scelerisque at,
vulputate vitae, pretium mattis, nunc.
Mauris eget neque at sem venenatis
eleifend. Ut nonummy.

3 Mittelachsensatz

Lorem ipsum dolor sit amet,
consectetuer adipiscing elit. Maecenas
porttitor congue massa. Fusce
posuere, magna sed pulvinar ultricies,
purus lectus malesuada libero, sit
amet commodo magna eros quis urna.
Nunc viverra imperdiet enim. Fusce
est. Vivamus a tellus. Nunc viverra
imperdiet enim. Fusce est. Vivamus a
tellus. Pellentesque habitant morbi
tristique senectus et netus et
malesuada fames ac turpis egestas.
Proin pharetra nonummy pede. Mauris
et orci. Aenean nec lorem. In porttitor.
Donec laoreet nonummy augue.
Suspendisse dui purus, scelerisque at,
vulputate vitae, pretium mattis, nunc.
Mauris eget neque at sem venenatis
eleifend. Ut nonummy.

4 Rausatz

Lorem ipsum dolor sit amet, consectetuer adipiscing elit. Maecenas
porttitor congue massa. Fusce posuere, magna sed pulvinar ultricies,
purus lectus malesuada libero, sit
amet commodo magna eros quis urna.
Nunc viverra imperdiet enim. Fusce
est. Vivamus a tellus. Nunc viverra imperdiet enim. Fusce est. Vivamus a
tellus. Pellentesque habitant morbi
tristique senectus et netus et malesuada fames ac turpis egestas. Proin
pharetra nonummy pede. Mauris et
orci. Aenean nec lorem. In porttitor.
Donec laoreet nonummy augue. Suspendisse dui purus, scelerisque at,
vulputate vitae, pretium mattis, nunc.
Mauris eget neque at sem venenatis
eleifend. Ut nonummy.

Abb. 6.11   Die unterschiedlichen Satzarten

der Regel wird der Blocksatz für wissenschaftliche Arbeiten oder auch in Tageszeitungen verwendet.

Beim *Mittelachsensatz* (unten links in Abb. 6.11) werden die Zeilen mittig ausgerichtet und flattern in beide Richtungen aus. Das sieht interessant aus, der Zeilenwechsel ist allerdings erschwert und beeinflusst das Lesen.

Eine Sonderform des Flattersatzes ist der *Rausatz* (unten rechts in Abb. 6.11). Ähnlich zum Flattersatz laufen die Zeilen zum anderen Seitenrand aus. Allerdings flattern die Zeilen geringer und wirken aufgrund der Silbentrennung ruhiger. Böhringer, Bühler und Schlaich empfehlen, in maximal vier aufeinanderfolgenden Zeilen die Silbentrennung zu verwenden (Böhringer et al. 2011, S. 202).

Bei allen Satzarten ist auch der *Zeilenabstand* zu beachten. Der Zeilenabstand entspricht dem Abstand zwischen den Grundlinien zweier Zeilen. Der Freiraum zwischen zwei Zeilen – also der Bereich, in dem sich keine Zeichen befinden – wird Durchschuss genannt. Der Durchschuss ist demnach kleiner als der Zeilenabstand. Es gibt keine genaue Vorgabe zur Größe des Zeilenabstandes. Empfehlenswert ist mindestens 120 % der Schriftgröße (Hammer 2008, S. 304–305). Sowohl ein zu kleiner als auch ein zu großer Zeilenabstand reduzieren die Lesbarkeit eines Textes.

6.5   Wie kann ein Layout gestaltet werden?

Ein Layout bildet das Zusammenspiel unterschiedlicher Elemente. Es werden Texte und Graphiken miteinander verbunden. Scribbles helfen im Vorhinein, vorhandene Ideen zu kanalisieren und neue Ansätze der Gestaltung aufzuzeigen. Man beginnt in der Regel mit einem groben Entwurf. Basierend darauf wird die technische Umsetzung geplant. Analog zu dieser Vorgehensweise wird aufbauend auf der Scribbletechnik aus Abschn. 6.5.1 die konkrete Gestaltung eines Layouts in Abschn. 6.5.2 thematisiert.

6.5.1   Scribbletechnik

Scribbles helfen, erste Ideen zu finden und festzuhalten, um kreative Aufträge wie die Gestaltung einer Webseite oder das Design eines Flyers umzusetzen. Die Technik leitet sich vom englischen Wort „scribble" (dt. Gekritzel) ab. Denn genau darum geht es: spontane Einfälle, Ideen und Vorstellungen werden graphisch festgehalten, um später konkrete Entwürfe daraus abzuleiten. Scribbles können sowohl digital als auch analog gezeichnet werden. Häufig ist die Freihandzeichnung die einfachste. Mit den entsprechenden Geräten ist heutzutage auch digitales Freihandzeichnen möglich. Wichtig ist vor allem, dass allen Gedanken freien Lauf gelassen werden kann. Ziel ist es, einen groben Entwurf (oder mehrere Entwürfe) zu entwickeln, ohne dabei exakte Vorgaben zu definieren. Anschließend wird das Scribble verfeinert und als Grundlage für die technische Umsetzung genutzt (Hammer 2008, S. 107–108).

Das Ziel eines Scribbles ist auch, das Vorhaben übersichtlich zu visualisieren. Für die Übersichtlichkeit ist es hilfreich, lediglich die Aufteilung der unterschiedlichen Elemente darzustellen. Abhilfe schaffen Platzhalter: Für Zeichnungen auf Papier wird beispielsweise in der Regel die „Strichmanier" (s. Abb. 6.12) verwendet, um Textelemente anzudeuten (Böhringer et al. 2011, S. 274). Bei der digitalen Herstellung werden neben Platzhaltern auch Blindtexte zur Andeutung von Textelementen verwendet. Dabei können auch unterschiedliche Schriftgrößen für Überschriften und Fließtexte, Absätze in Textelementen und Abstände zwischen Bild- und Textelemente skizziert werden (Hammer 2008, S. 108). Abb. 6.12 zeigt ein Scribble zur Layoutgestaltung. Weitere Informationen zur analogen Vorgehensweise im Hinblick auf Schriften und Flächendarstellungen liefern Böhringer, Bühler und Schlaich im „Kompendium der Mediengestaltung" (Böhringer et al. 2011).

6.5.2 Wie gestaltet man eine Seite?

Ein Scribble definiert bereits grob die Raumaufteilung von Text und Graphiken innerhalb eines bestimmten Rahmens auf einer Seite. Dieser Rahmen wird *Gestaltungsraster* genannt. Ein Gestaltungsraster bildet eine Rahmung des textlichen Inhalts und sorgt für Ordnung und Struktur im Layout. Es lässt Variationsmöglichkeiten bei der Platzierung einzelner Textelemente zu, während gleichzeitig durch bestimmte Vorgaben ein Wiedererkennungswert geschaffen wird. Ziel ist es, ein möglichst harmonisches Zusammenspiel der unterschiedlichen Komponenten zu schaffen. Wird ein mehrseitiges Produkt realisiert, lockert ein abwechslungsreiches Layout den Fließtext auf. Dabei sollte aber ein gewisses Muster eingehalten und – wie immer – die Lesbarkeit nicht vernachlässigt werden.

▶ **Definition** „Ein Gestaltungsraster basiert auf einem horizontalen und vertikalen X/Y-Koordinatensystem. In diesem System werden Texte, Bilder, Flächen, Farben und optische Räume lesefreundlich und damit funktionsgerecht angeordnet."
(Böhringer et al. 2011, S. 282)

Ein sehr bekanntes Gestaltungsraster ist der *Satzspiegel*. Der Begriff stammt aus dem Buchdruck. Dabei wird das Blatt in den bedruckten und den freien Raum eingeteilt. Für Bilder und Texte wird also ein abgegrenzter Raum auf einer Seite definiert. Umrandet wird dieser Bereich von sogenannten Stegen (Abb. 6.13): *Kopfsteg, Außensteg (auch: rechter/linker Außenrand), Fußsteg und Innensteg (auch: Bund)* (Hammer 2008, S. 131–133).

Der Satzspiegel kann auf unterschiedliche Weisen konstruiert werden. Eine Methode ist die *Linienkonstruktion nach Villard* (Abb. 6.14). Über Diagonalen, die über die Doppelseite a) und die Einzelseite b) gezogen werden, können Schnittpunkte ermittelt werden, die den Satzspiegel formen. Die Abb. 6.14 zeigt die entsprechenden Diagonalen.

Headline

Abb. 6.12 Scribbletechnik

Abb. 6.13 Satzspiegel mit
Stegen

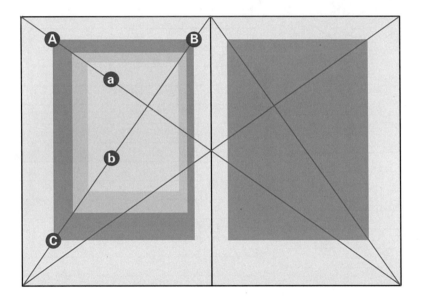

Abb. 6.14 Satzspiegelkonstruktion nach Villard (Villard'sche Figur) (Hammer 2008, S. 132)

Anschließend kann der Punkt A frei auf der Diagonalen a gewählt werden. Er definiert den Rand des Satzspiegels. Ausgehend von diesem Punkt (A) werden die Punkte B und C konstruiert, indem eine horizontale und eine waagerechte Linie von diesem Punkt aus erzeugt und so lange verlängert werden, bis sie auf die Diagonale b der Einzelseite treffen. Über die Punkte A, B und C kann ein Rechteck als Satzspiegel geformt werden. Dabei wird der vierte Eckpunkt des Rechteckes über den Schnittpunkt der Horizontalen – ausgehend von Punkt B und der Senkrechten ausgehend von Punkt C – ermittelt (Hammer 2008, S. 132).

Der *feste Satzspiegel* erweitert die Satzspiegelkonstruktion nach Villard. Aufbauend auf der vorherigen Abbildung zeigt Abb. 6.15 die feste Satzspiegelkonstruktion. Der Schnittpunkt D zwischen der Diagonalen der Doppelseite (a) und der Einzelseite (b) wird genutzt, um den Satzspiegelrand festzulegen, indem eine Senkrechte im Schnittpunkt erzeugt wird. Der Schnittpunkt zwischen dieser Senkrechten und dem Blattrand wird genutzt, um ausgehend von diesem Punkt E eine Linie zum Schnittpunkt (F) der Diagonalen auf der anderen Einzelseite zu konstruieren. Die Linie schneidet dabei im Punkt G die Diagonale b der Einzelseite. Der Schnittpunkt G definiert den Rand des Satzspiegels.

Beide Satzspiegelkonstruktionen gelten als besonders harmonisch. Es wird jedoch viel Platz für Freiflächen in Anspruch genommen, die berücksichtigt werden müssen (Hammer 2008, S. 133).

Die Satzspiegelkonstruktion anhand der *Neunerteilung* (s. Abb. 6.16) rastert die Einzelseite mit neun horizontalen und neun vertikalen Kästchen (Böhringer et al. 2011, S. 285). Nach Hammer kann ein ausgewogenes Ergebnis erzielt werden, wenn der Rand – beginnend beim Innensteg im Uhrzeigersinn – im Verhältnis 1:1:2:2 gebildet wird (Hammer 2008, S. 134). Somit verbleibt für den Satzspiegel eine Fläche von jeweils sechs Kästchen in Höhe und Breite (Böhringer et al. 2011, S. 285).

Ein ähnliches und ebenfalls harmonisches Ergebnis kann erzielt werden, indem der Satzspiegel basierend auf Verhältniszahlen konstruiert wird. Das bekannteste Verhältnis, das bereits aus der Antike stammt, ist der *Goldene Schnitt*. Der Goldene Schnitt berücksichtigt die „Proportionen der menschlichen Figur" (Böhringer et al. 2011, S. 285) und

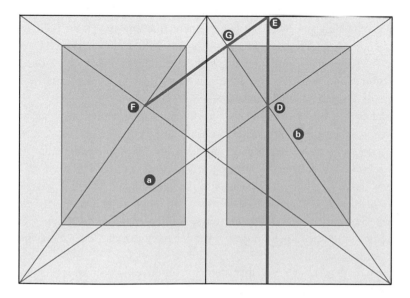

Abb. 6.15   Feste Satzspiegelkonstruktion (Hammer 2008, S. 133)

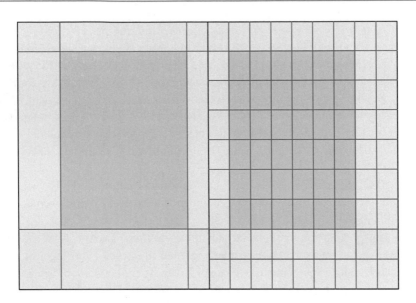

Abb. 6.16 Neunerteilung (Hammer 2008, S. 134)

wirkt daher insgesamt sehr harmonisch. Der Goldene Schnitt setzt eine Teilstrecke ins Verhältnis zur Gesamtstrecke unter Berücksichtigung des Verhältnisses 5:8 bzw. 1:1,625. Dabei „verhält sich die kürzere Strecke zur längeren Strecke wie die längere zur ganzen Strecke" (Böhringer et al. 2011, S. 286). Wird das Prinzip des Goldenen Schnittes in der Satzspiegelkonstruktion verwendet, wird häufig das Randverhältnis 3:5:8:13 eingehalten. Auch bei dieser Satzspiegeleinteilung wird viel Freifläche zugelassen. Außerdem ist der Bundsteg sehr klein und wird bei gebundenem Buchmaterial zusätzlich verkleinert. Das beeinträchtigt das Layout, da der Zeilenbeginn schlechter sichtbar ist. Gerade bei gebundenen Werken mit höherer Seitenanzahl wird daher in der Regel der Bundsteg vergrößert, um ein harmonisches Bild sowie eine gute Lesbarkeit ermöglichen zu können (Böhringer et al. 2011, S. 286; Hammer 2008, S. 133).

Das Gestaltungsraster ist ein „ästhetisches Ordnungssystem" (Böhringer et al. 2011, S. 292). Dabei gilt es nicht nur, Einheitlichkeit zu schaffen und Text und Grafik zu platzieren, sondern auch bei der Platzierung den Lesefluss einzuhalten und die Blickführung einzelner Abbildungen zu berücksichtigen. Eine weitere Unterteilung des Satzspiegels kann dafür sinnvoll sein. Dazu wird der Satzspiegel in beliebig viele Spalten eingeteilt (Abb. 6.17). Die Anzahl der Spalten ist unter anderem abhängig von dem Druckformat. Satzspiegel von DIN-A4-Seiten sollten nicht in mehr als vier Spalten unterteilt werden. Tageszeitungen hingegen werden häufig in fünf oder mehr Spalten aufgebaut (Böhringer et al. 2011, S. 292–295).

Ein mehrspaltiges Layout erweitert den Spielraum eines Satzspiegels und schafft kreative Gestaltungsmöglichkeiten. Gerade die Komposition aus Bild und Text kann so

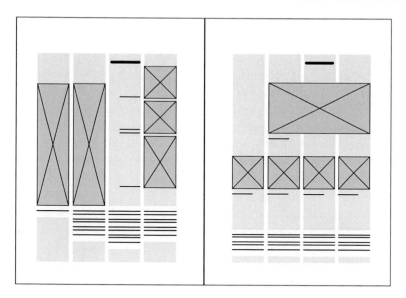

Abb. 6.17 Layoutgestaltung mit mehrspaltigem Satzspiegel (Hammer 2008, S. 135)

abwechslungsreich gestaltet werden. Graphiken können über mehrere Spalten verlaufen (Abb. 6.17), es kann gezielt Freiraum geschaffen werden oder Texte von Graphiken können umrahmt werden.

In der Regel wird in gängigen Typographiesoftwareprodukten der Satzspiegel nicht nur in Spalten unterteilt, sondern in Zellen – es entsteht ein Gitternetz, das auf der Seite liegt. Die Größe der Zellen kann individuell bestimmt werden und ist in Abhängigkeit von der verwendeten Schriftart und -größe festzulegen. Mithilfe dieser Zellen können Bilder und Texte kreativ, harmonisch und abwechslungsreich platziert werden. Das Gitternetz dient nur zur Unterstützung beim Entwerfen und Gestalten mehrspaltiger Layouts. Im Endprodukt ist es nicht sichtbar (Böhringer et al. 2011, S. 298). Zusätzliche schmale Zwischenspalten verhindern, dass Elemente nebeneinanderliegender Spalten direkt aneinandergrenzen oder sich sogar überlagern (Böhringer et al. 2011, S. 292). Diese Zwischenspalte wird auch *Spaltenzwischenraum* oder *Zwischenschlag* genannt (Hammer 2008, S. 136). Die Größe des Spaltenzwischenraumes muss passend festgelegt werden. Bei zu kleinem Abstand kann das Auge nur schwer zwischen zwei Textspalten unterscheiden, sodass das Auge statt in die nächste Zeile in die nächsten Spalte wandert. Dadurch ist die Lesbarkeit immens gestört. Die Breite der Buchstabenkombination *„jmi"* hat sich als Spaltenabstand bewährt. Für optimale Lesebedingungen empfehlen Böhringer, Bühler und Schaich 45 bis 65 Zeichen pro Textspalte (Böhringer et al. 2011, S. 298).

Erstreckt sich ein Text über mehrere Seiten hinweg, ist ein besonderes Augenmerk auf den Umbruch zu legen. Umbrüche können den Satzspiegel beeinträchtigen, wenn sie den Text unpassend aufteilen. Besonders die *Witwe* (früher *Hurenkind*) und der *Schuster-junge* sollen unbedingt vermieden werden. Als Witwe werden Texte bezeichnet, die am Ende einer Seite beginnen. Texte, die in der ersten Zeile einer neuen Seite enden, werden als Schusterjunge bezeichnet (Böhringer et al. 2011, S. 335). Die Witwe fällt besonders schnell ins Auge. Beide Auffälligkeiten können umgangen werden, indem der Umbruch vorgezogen wird oder unter Berücksichtigung der Lesbarkeit der Wortabstand, die Lauf-weite und der Zeilenabstand verändert werden. In der Regel ist es nicht erforderlich, manuell einzugreifen. Gängige Typographiesoftwareprodukte stellen entsprechende Funktionen bereit, um diese Umbruchfehler (Witwe und Schusterjunge) zu vermeiden (Hammer 2008, S. 320–321).

6.6   Lernaufwand und -angebot

Lernfeld 6 bietet den Auszubildenden der Geomatik einen fundamentalen Einstieg in den Bereich der Mediengestaltung. Im zweiten Ausbildungsjahr wird in 80 h der Inhalt des Lernfelds vermittelt. Abweichend vom Rahmenlehrplan wird der Bereich Diagramm-erzeugung und Diagrammarten und daran anknüpfend eine Einführung in die Statistik im Kap. 7 behandelt.

Lernfeld 6 und 9 sind inhaltlich eng verknüpft. Die Farblehre aus Lernfeld 9 wird in diesem Kapitel behandelt. Der Input zu Geodateninfrastrukturen und Geodatenbezug aus Lernfeld 6 wird in Kap. 9 aufgenommen. Die Gestaltung von Geoprodukten muss in erster Linie in praktischen Übungen vermittelt werden und wird in der Berufsschule und im Ausbildungsbetrieb geübt. Die theoretischen Grundlagen neben Typographie und Farblehre werden in anderen Lernfeldern vermittelt.

Das Arbeitsfeld von Mediengestalter:innen in Theorie und Praxis kann nicht voll-ständig in einem Lernfeld abgedeckt werden. Dieses Kapitel bietet einen Einstieg in den Bereich der Mediengestaltung. Um dieses Wissen anzureichern oder Wissenslücken zu füllen, eignet sich beispielsweise das „Kompendium der Mediengestaltung" von Boehringer, Buehler und Schlaich (und Sinner in der neuesten Ausgabe) sowie das Werk von Hammer aus dem Literaturverzeichnis.

Anhand der folgenden Fragen kannst du dein Wissen in diesem Bereich überprüfen:

Fragen

Was sind Komplementärfarben?

Erläutere die Satzspiegelkonstruktion nach Villard, die feste Satzspiegel-konstruktion und die Neunerteilung. Fertige hilfreiche Skizzen an.

Differenziere die Begriffe Sakkade, Regression und Fixation.

Was ist der Unterschied zwischen Lesbarkeit und Leserlichkeit? Was meint der Begriff Erkennbarkeit in der Mediengestaltung?

Definiere die unterschiedlichen Satzarten. Fertige passende Skizzen an.

Worin unterscheiden sich die Farbsysteme RGB und CMYK? Stelle die beiden Systeme grundlegend vor. Nenne dabei auch exemplarisch eine Farbe und dessen Farbwert im jeweiligen System.

Was ist ein Gestaltungsraster? Warum sollte ein Gestaltungsraster in der Layoutgestaltung verwendet werden?

Definiere den Begriff Geviert. Welche Rolle spielt das Geviert in der Typographie und warum handelt es sich um eine relative Maßeinheit?

Literatur

Böhringer J, Bühler P, Schlaich P (2008) Kompendium der Mediengestaltung. Produktion und Technik für Digital- und Printmedien. 4. Aufl. Springer, Berlin

Böhringer J, Bühler P, Schlaich P (2011) Kompendium der Mediengestaltung. Konzeption und Gestaltung für Digital- und Printmedien. 5. Aufl. Springer, Berlin

Bühler P, Schlaich P, Sinner D (2018) Digitale Farbe. Farbgestaltung. Colormanagement. Farbverarbeitung. Springer, Berlin

Bundesamt für Strahlenschutz (Hrsg) (2022) Licht. https://www.bfs.de/DE/themen/opt/sichtbares-licht/einfuehrung/einfuehrung_node.html. Zugegriffen: 14. Aug. 2022

Hammer N (2008) Mediendesign für Studium und Beruf. Springer, Berlin

Kommission Aus- und Weiterbildung DGfK (Hrsg) (2004) Focus. Kartographie. Grundlagen der Geodatenvisualisierung. Ausbildungsleitfaden Kartograph/in, CD-ROM im PDF-Format

Julika Miehlbradt hat 2018 die Ausbildung zur Geomatikerin bei der alta4 AG in Trier abgeschlossen. Im Anschluss absolvierte sie über das Landesamt für Geoinformation und Landesvermessung Niedersachsen ein berufsintegriertes Studium der Geoinformatik in Oldenburg. Seit 2022 ist sie dort in der Regionaldirektion Oldenburg-Cloppenburg als Geoinformatikerin tätig. Für 2023 ist sie als Ausbilderin für angehende Geomatiker:innen in ihrer Regionaldirektion berufen.

Geobasisdaten mit Fachdaten verknüpfen und visualisieren

7

Julika Miehlbradt

7.1 Lernziele und -inhalte

In Kap. 2 wurdest du in die Thematik der Karten eingeführt. Die unterschiedlichen Darstellungsformen und auch die verschiedenen Bestandteile einer Karte sind dir dadurch inzwischen vertraut. Lernfeld 7 beschäftigt sich darauf aufbauend mit der Kartenherstellung – der Kartographie. Im Fokus stehen die Möglichkeiten zur Aufbereitung und Darstellung von räumlichen Informationen (Abb. 7.1).

In diesem Lernfeld werden Gestaltungsprinzipien vorgestellt, die gerade zur Einbettung statistischer Daten in das Kartenbild hilfreich sind. Dafür ist ein grundlegender Einblick in die Statistik erforderlich. Anhand vielzähliger Berechnungsbeispielen werden die fundamentalen Kenngrößen der Häufigkeitsverteilung erklärt.

Einen wichtigen Aspekt in der Kartographie bildet die Generalisierung. Sie hilft dabei, alle erforderlichen Informationen in das Kartenbild integrieren zu können. Abschn. 7.4 befasst sich daher mit der Generalisierung des Karteninhalts für eine bessere Lesbarkeit. Um die Einführung in die Kartographie abzurunden, werden abschließend Signaturen und deren Darstellungsmethoden thematisiert.

J. Miehlbradt (✉)
Oldenburg, Deutschland
E-Mail: j.miehlbradt@outlook.de

J. Klaus (Hrsg.), *Geomatik,* https://doi.org/10.1007/978-3-662-66274-8_7

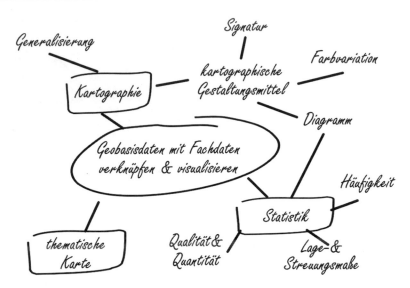

Abb. 7.1 Lernziele und -inhalte von Lernfeld 7

7.2   Einführung in die thematische Kartographie

Der einfachste Weg, räumliche Informationen möglichst vielen Menschen leicht zugänglich zu machen, ist in Form einer Karte. Die *Kartographie* beschäftigt sich mit der Präsentation von Informationen in Karten. Im Zentrum steht der Gedanke, die bestmögliche Darstellung zu schaffen. Dabei ist nicht entscheidend, ob die Informationen in einer analogen oder einer digitalen Karte dargestellt werden.

Die Umsetzungsmöglichkeiten sind sehr variabel und abhängig vom Informationsgehalt der Karte. In der Regel werden Informationen über die Erdoberfläche *(Geobasisdaten)* und themenbezogene Informationen *(Geofachdaten)* visualisiert. Gerade die Kombination beider Geodatenarten ist gängige Praxis: Geobasisdaten dienen mit ihren topographischen Informationen als Hintergrundkarte, Geofachdaten bieten darauf aufbauend räumliche Informationen. Es lässt sich unschwer erkennen: Die Bereiche Kartographie und Geodäsie sind eng miteinander verknüpft und teilweise nur schwer voneinander zu differenzieren (Kohlstock 2018, S. 143).

▶ „[Kartographie ist die] Wissenschaft und Technik von der graphischen, kommunikativen, visuell-gedanklichen und technologischen Verarbeitung georäumlicher Informationen vor allem auf der Grundlage von Karten (Bollmann et al. 2001, o. S.).“

Der Gedanke, Informationen graphisch aufzubereiten, ist nicht neu. Bereits im Altertum beschäftigten sich die Menschen mit der Dokumentation räumlicher Informationen in Karten. Die Griechen versuchten, den Körper der Erde und das Zusammenspiel der

Planeten zu bestimmen und hielten ihre Ergebnisse in Karten fest. Mönche benutzten kartographische Darstellungen zur „Illustration biblischen Geschehens" (Hake et al. 2002, S. 531). Gerade im Zeitalter der Entdeckungen wurde durch die Schifffahrt die Verbreitung und der Bedarf an Karten stark vorangetrieben. Mit der Notwendigkeit der Orientierung auf See entstanden erste Kartennetzentwürfe. Auch die Präsentation der Begebenheiten an Land waren von Interesse, wobei der Fokus auf der künstlerischen Präsentation statt auf der Lagerichtigkeit der Objekte lag (Hake et al. 2002, S. 529–540).

Neben der Dokumentation von Handels- und Schifffahrtswegen gewinnt im 19. Jahrhundert auch die kartographische Dokumentation administrativer Grenzen sowie unterschiedlicher Landnutzungsarten an Bedeutung. Gerade die zunehmende Intensität der Landwirtschaft bestätigt die Notwendigkeit, Eigentum und Grenzen landesweit und eindeutig zu erfassen. Mit dem technischen Fortschritt im Messverfahren und der trigonometrischen Landesaufnahme zur Einführung des Steuerkatasters entwickelten sich die topographischen Kartenwerke zu den heute bekannten. Informationen zur Bodenbeschaffenheit und Ertragsfähigkeit oder der Gewässerverlauf werden in thematischen Karten festgehalten (Hake et al. 2002, S. 540–543).

7.2.1 Was ist eine thematische Karte?

Eine grundlegende Unterscheidung von Kartentypen wird in Kap. 2 getroffen – die zwischen *topographischen* und *thematischen Karten*. Dort werden topographische Karten im Detail vorgestellt. Doch was genau ist eine thematische Karte?

In einer thematischen Karte werden Informationen visualisiert, die einen Bezug zur Erdoberfläche haben, aber nicht topographischen Daten entsprechen. Es werden Begebenheiten, Verteilungen und Verbreitungen dargestellt, die sowohl auf quantitative als auch qualitative Daten zurückzuführen sind. In der Regel ist neben dem sachlichen und räumlichen Bezug der Daten auch ein zeitlicher Zusammenhang gegeben. Beispielsweise kann anhand einer Befragung ermittelt werden, welche Strecke die Bevölkerung in Deutschland durchschnittlich mit dem Auto zurücklegt. Über die Angabe des Wohnortes können die Aussagen regional differenziert ausgewertet werden. In einer thematischen Karte können regionalen Unterschiede, die identifiziert wurden, dargestellt werden.

Grundsätzlich setzen sich thematische Karten aus zwei Komponenten zusammen: aus den Hintergrundinformationen, der sogenannten *Basiskarte,* und dem *thematischen Inhalt.* Den thematischen Inhalt erlangt man aus verschiedenen Quellen, aus eigenen Erhebungen oder Stichproben. Bei der Wahl der Quellen ist die Qualität der Geodaten entscheidend. Vor der Weiterverarbeitung müssen die Daten auf Vollständigkeit, Genauigkeit, Aktualität und Lesbarkeit geprüft werden (Werner et al. 2006, o. S.). Für eine adressatengerechte Gestaltung des thematischen Inhalts werden in Abschn. 7.5 unterschiedliche kartographische Gestaltungsmittel vorgestellt.

Die Basiskarte liefert passend zum thematischen Inhalt Hintergrundinformationen und bietet eine Orientierungsmöglichkeit. Als Basiskarte kann sowohl auf topographische Karten als auch auf Luftbilder zurückgegriffen werden. Die Basiskarte beschränkt sich auf die erforderlichen Elemente, um die Karte sinnvoll zu ergänzen, ohne sie unnötig zu überlasten oder die Erfassung des eigentlichen Karteninhalts zu erschweren. Topographische Karten bieten durch die Beschriftung und die Darstellung von Ortschaften, administrativen Grenzen, Gewässern und Verkehrswegen den Betrachtenden leicht die Möglichkeit zur Orientierung (Kohlstock 2018, S. 148).

GITTA – ein E-Learning-Kurs und Bundesprogramm Schweizer Hochschulen – stellt unter dem Link http://gitta.info/ThematicCart/de/html/index.html einen Kurs zur thematischen Kartographie bereit. Das Kapitel „Methoden thematischer Darstellungen" umfasst vielzählige Beispiele thematische Karten und orientiert sich dabei an einer Einteilung in Kartengruppen anhand von Gefügetypen nach Imhof (Werner et al. 2006, o. S.). Hier findest du Definitionen und Graphiken zu den unterschiedlichen Kartentypen.

7.2.2 Welche Kartentypen gibt es?

Der Unterschied zwischen einer *Karte* und einem *Kartogramm* wird in Kap. 2 aufgezeigt. Allerdings ist Karte nicht gleich Karte. Auch eine thematische Karte kann differenzierter betrachtet werden. Dazu existieren verschiedene Ansätze.

Ein grundlegender Ansatz ist die Gliederung von Kartentypen anhand des Maßstabes. Man unterscheidet zwischen *kleinmaßstäbigen* (M $\leq$ 1:500.000), *mittelmaßstäbigen* (1:10.000 > M < 1:500.000) und *großmaßstäbigen Karten* (M $\geq$ 1:10.000) (Kohlstock 2018, S. 144). Eine Karte der Länder der Europäischen Union gehört demnach zu den kleinmaßstäbigen Karten, während die Stadt Trier mit ihren einzelnen Stadtteilen und angrenzenden Ortschaften in einer großmaßstäbigen Karte dargestellt wird.

Diese Unterteilung ist jedoch nicht immer eindeutig. Der Maßstab der Karte steht in Abhängigkeit zur Ausdehnung des Sachverhaltes, der visualisiert werden soll. Es ist nicht immer möglich, für Karten desselben Themas denselben Maßstabsbereich zu verwenden. Eine Karte von Trier erfordert einen anderen Maßstab als eine Karte von Berlin. Man kann demnach nicht sagen: Stadtkarten gehören immer zu großmaßstäbigen Karten.

Eindeutiger ist stattdessen die Gruppierung nach dem Karteninhalt. Kohlstock wählt eine Gliederung in *allgemeingeographische* und *anthropogeographische Themenbereiche*. Eine Gewässerkarte zählt zum allgemeingeographischen Bereich. Zu diesem zählen „Sachverhalte aus dem Naturbereich" (Kohlstock 2018, S. 144), beispielsweise aus den Bereichen Geologie, Geomorphologie oder Klimatologie. Die Anthropogeographie (von griech. ánthrōpos = Mensch, auch: Humangeographie) befasst sich mit der Beeinträchtigung und der Wechselwirkung zwischen Mensch und Umwelt. Thematisiert werden Informationen zur Bevölkerung und deren Entwicklung und Verteilung, Fakten zur Wirtschaft und deren Wachstum. Aber auch planerische Entwicklungen wie die Raum- und Verkehrsplanung oder auch Stadtkarten zählen zu anthropogenen Karten (Kohlstock 2018, S. 144).

Ein weiterer Ansatz, thematische Karten bestimmten Kartentypen zuzuweisen, ist die Einteilung anhand der Art der Entstehung. Hierbei wird zwischen einer *Grundkarte* und einer *Folgekarte* unterschieden. Während Grundkarten originäre Daten darstellen, die zum Beispiel durch eine Vermessung entstanden sind, meint der Begriff Folgekarte Karten, die durch die Ableitung und Aufbereitung von Informationen entstehen (Hake et al. 2002, S. 28). Eine typische thematische Grundkarte ist zum Beispiel eine Standortkarte von Windenergieanlagen (WEA) an der Nordsee. Die Lage der WEA wurde beispielsweise durch eine GPS-Vermessung ermittelt. Eine thematische Folgekarte hingegen entsteht, indem bereits vorhandene Informationen kombiniert werden.

Eine Folgekarte der Standortkarte könnte den erwirtschafteten Strom in kWh eines Windparks an der Nordsee im Verhältnis zum durchschnittlichen Stromverbrauch pro Gemeinde Niedersachsens darstellen. WEA werden nicht nur an der Nordsee aufgestellt, sondern übers Land verteilt. Bayern stellt im Energie-Atlas Bayern passende Geodaten interaktiv bereit (s. Abb. 7.2):

Neben der Lage aller geförderten WEA im Bundesland ist unter anderem auch der potentielle Windertrag einer WEA in unterschiedlichen Höhen ermittelt worden. Dazu wurden Windsimulationen herangezogen (Bayerisches Staatsministerium für Wirtschaft, Landesentwicklung und Energie 2021, o. S.).

Es gibt weitere Einteilungen thematischer Karten. Imhof beispielsweise differenziert basierend auf der Informationsdichte zwischen *analytischen und synthetischen Karten*. Analytische Karten stellen lediglich ein einzelnes Themengebiet genauer dar, das explizit analysiert wurde. Synthetische Karten hingegen vereinen mehrere unterschiedliche Themen in einer Karte zu einem neuen Sachverhalt (Imhof 1972, S. 14–15). Hake, Grünreich und Meng unterscheiden Karten unter anderem nach dem Karteninhalt, der Entstehungszeit oder der äußeren Form (Hake et al. 2002, S. 27–31). Nicht jede Einteilung ist eindeutig und manchmal schließen mehrere Kartentypen dieselbe Kartenart ein. Das vorherige Beispiel der Folgekarte ist beispielsweise oftmals gleichermaßen auch eine synthetische Karte.

7.3 Statistische Daten in thematische Karten integrieren

Geofachdaten entstehen häufig über die Verknüpfung räumlicher und statistischer Daten. Ziel ist es, tabellarische Informationen mit einem räumlichen Bezug zu versehen. Häufig werden statistische Daten in Form von Diagrammen graphisch in das Kartenbild eingebettet. Mehr zu Diagrammen und ihren unterschiedlichen Darstellungsformen erfährst du in Abschn. 7.5.5. Um zu verstehen, wie Daten in Diagrammen umgesetzt werden können, ist zunächst ein grundlegender Einblick in die Statistik erforderlich.

Die Statistik ist ein Gebiet mit vielschichtigen Aufgabenbereichen: Man unterscheidet zwischen der *deskriptiven und induktiven Statistik*. Ziel der *deskriptiven Statistik (beschreibende Statistik)* ist die Beschreibung, Zusammenfassung und Verdichtung der erhobenen Daten bei möglichst geringem Informationsverlust. Die *explorative Statistik*

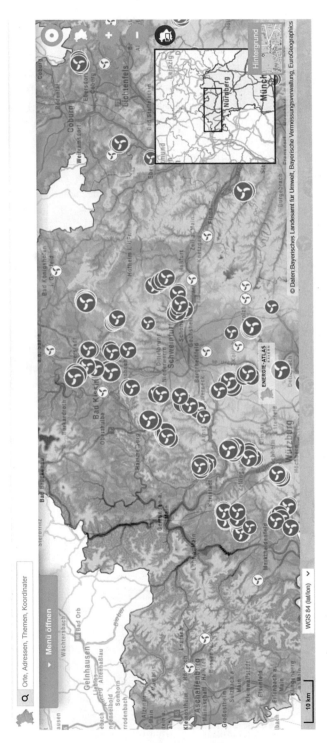

Abb. 7.2 Ausschnitt aus dem Energie-Atlas Bayern im Raum Würzburg mit den Standorten von WEA und dem Standortertrag fiktiver WEA in 100 m Höhe über dem Grund (Bayerisches Staatsministerium für Wirtschaft, Landesentwicklung und Energie 2021, o. S.)

erweitert die deskriptive Statistik. Damit können Muster und Strukturen im Datensatz identifiziert werden. Die *induktive Statistik (schließende Statistik)* befasst sich mit Stichproben und Zufallsvariablen, um basierend darauf Hypothesen aufzustellen und zu prüfen. Zur induktiven Statistik zählt ebenfalls die Wahrscheinlichkeitsrechnung (Mittag und Schüller 2020, S. 7–8).

Gegenstände statistischer Untersuchungen sind *Merkmalsträger.* Merkmalsträger können beispielsweise Personen oder Raum- und Zeiteinheiten sein. Die Summe aller Merkmalsträger wird als *Grundgesamtheit* bezeichnet. Merkmalsträger haben bestimmte *Eigenschaften* (auch *Merkmale* oder *Variablen*). Jede Eigenschaft kann bestimmte Werte annehmen, die als *Merkmalsausprägung* bezeichnet werden (Mittag und Schüller 2020, S. 28). Abb. 7.3 zeigt das Verhältnis der verschiedenen Grundbegriffe der Statistik.

Beispiel

In einem zehnjährigen Zyklus wird bundesweit der *Zensus* erhoben. Die ausführenden Stellen sind die Statistischen Ämter des Bundes und der Länder. Der Zensus ist eine Bevölkerungszählung in ganz Deutschland, um die Demographie und Wohnsituation in Deutschland zu erfassen. Dazu werden vorhandene Daten der Ämter (zum Beispiel vom Einwohnermeldeamt) genutzt und um persönliche Befragungen ergänzt. Es werden 10 % der Bevölkerung Deutschlands zur Befragung aufgefordert. Die Verpflichtung zur Teilnahme ist im Zensusgesetz gesetzlich verankert (Statistisches Bundesamt 2022b, o. S.).

Nach der Erhebung wird der Datenbestand analysiert. Beispielsweise kann der Datensatz hinsichtlich des durchschnittlichen Alters, des Berufsstandes oder der durchschnittlichen Größe des Wohnraumes deskriptiv und explorativ ausgewertet werden. Interessant sind hierbei die Verteilungen der Häufigkeiten. Gleichermaßen aufschlussreich ist der Vergleich der Ergebnisse mit vorherigen bundesweiten Bevölkerungszählungen, um regionale und soziale Unterschiede aber auch Ent-

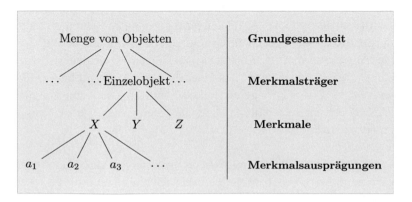

Abb. 7.3 Statistische Grundbegriffe (Mittag und Schüller 2020, S. 23)

wicklungen identifizieren zu können. Es können Thesen aufgestellt werden (zum Beispiel: „Singlehaushalte leben im Norden Deutschlands auf mehr Wohnfläche als Singlehaushalte im Osten Deutschlands"), die anschließend anhand der Datenauswertung geprüft und bestätigt oder entkräftet werden können (induktive Statistik).

Die zuvor genannten Grundbegriffe können im Beispiel Zensus folgende Aufteilung beschreiben:

Statistische Untersuchung:	Einwohner:innenzahlen in den Bundesländern der BRD.
Grundgesamtheit:	Bundesländer der BRD.
Merkmalsträger:	Rheinland-Pfalz.
Eigenschaft/Merkmal/Variable:	Einwohner:innenzahl am 9. Mai 2011.
Variablenwert:	3 989 808.

Die Zahlen stammen aus dem Zensus 2011 (Statistische Ämter des Bundes und der Länder 2015, S. 8). ◀

7.3.1   Qualität vs. Quantität

Bei der Verwendung statistischer Daten ist eine Differenzierung zwischen *Qualität* und *Quantität* erforderlich. Qualitatives Datenmaterial liefert Informationen, um einen Sachzusammenhang zu beschreiben. Typische qualitative Informationen einer Befragung sind Angaben zum Geschlecht, Beruf oder zur Religionszugehörigkeit. Quantitative Daten hingegen sind numerische Informationen und beschreiben eine Menge oder Intensität. Sie befinden sich immer in einem bestimmten Wertebereich, zum Beispiel das Alter der befragten Person, die Einwohner:innenzahl in einer Stadt oder die Höchsttemperatur an einem bestimmten Tag (Mittag und Schüller 2020, S. 28).

Beispiel

Wird eine Statistik über die Kriminalität in einer bestimmten Region erhoben, können sowohl qualitative als auch quantitative Informationen ermittelt werden. Qualitatives Datenmaterial gibt Auskunft über die unterschiedlichen Formen eines Diebstahls. Es wird dokumentiert, ob es sich um einen Taschendiebstahl, einen Einbruch oder einen Bankraub handelt. Wird zum Jahresende die Gesamtzahl aller kriminellen Ereignisse und die Anzahl der unterschiedlichen Diebstahlsformen ausgewertet, handelt es sich um Daten quantitativer Art. ◀

Quantitatives Datenmaterial kann in diskrete und stetige Variablen unterschieden werden. Während diskrete Variablen nur endlich viele Ausprägungen aufweisen (z. B. Bevölkerungszahlen), können stetige Variablen den Wert jeder reellen Zahl annehmen. Gleichzeitig bilden die Variablenwerte ein Intervall. Innerhalb dieses Intervalls können die Variablen jeden möglichen Wert annehmen, also auch Werte mit unendlich vielen Nachkommastellen (Mittag und Schüller 2020, S. 24).

Oftmals werden bei der Analyse einer statistischen Untersuchung die *Häufigkeiten* ausgewertet. Die Betrachtung der Häufigkeiten ermöglicht, sich einen Überblick über die Rohdaten zu verschaffen. Der Begriff Häufigkeit ist mit der Anzahl der Merkmalsträger, die die betrachtete Variablenausprägung vertreten, gleichzusetzen. Dabei ist zwischen der absoluten und der relativen Häufigkeit zu differenzieren. Die *absolute Häufigkeit* entspricht der Anzahl der untersuchten Ausprägungen. Der Wert liegt demnach zwischen null und der Summe aller Ausprägungen. Die *relative Häufigkeit* entspricht dem prozentualen Anteil im Verhältnis zur Summe aller Ausprägungen. Dazu wird die Anzahl der Ausprägungen durch die Summe der Daten dividiert.

Die Summe der absoluten Häufigkeiten liefert die Gesamtzahl aller Ausprägungen, während die Summe der relativen Häufigkeiten den Wert eins ergibt (Mittag und Schüller 2020, S. 52–53).

Beispiel

Häufigkeiten können in der Regel für alle Merkmalsausprägungen bestimmt werden. Jedoch ist die relative Häufigkeit oft aussagekräftiger als die absolute, da sie ermöglicht, Untersuchungen miteinander zu vergleichen, auch wenn sich die Anzahl der Merkmalsausprägungen unterscheidet:

Angenommen bei einer jährlich durchgeführten Befragung haben insgesamt 521 Personen teilgenommen. Davon gaben 279 Personen an, sich dem weiblichen und 164 dem männlichen Geschlecht zugehörig zu fühlen, und 78 Befragte gaben eine diverse Geschlechtsidentität an. Im Jahr davor konnten 705 Personen befragt werden. Von diesen 705 Personen gaben 195 Personen eine weibliche, 41 eine diverse und 369 eine männlichen Geschlechtsidentität an. Diese Werte repräsentieren die absolute Häufigkeit. Die folgende Tab. 7.1 zeigt die absoluten und relativen Häufigkeiten der beiden Befragungen zur Angabe des Geschlechtes. Aufgrund der unterschiedlichen Stichprobengröße ist ein Vergleich der absoluten Häufigkeiten – im Vergleich zu den relativen Häufigkeiten – nicht sonderlich aussagekräftig. ◀

Tab. 7.1 Umfrageergebnis

	Absolute Häufigkeit		Relative Häufigkeit	
	Aktuelles Jahr	Vorjahr	Aktuelles Jahr	Vorjahr
Männlich	164	369	$\frac{164}{521} = 0{,}3147 \triangleq 31{,}47\%$	$\frac{369}{705} = 0{,}5234 \triangleq 52{,}34\%$
Weiblich	279	295	$\frac{279}{521} = 0{,}5355 \triangleq 53{,}55\%$	$\frac{295}{705} = 0{,}4184 \triangleq 41{,}84\%$
Divers	78	41	$\frac{78}{521} = 0{,}1498 \triangleq 14{,}98\%$	$\frac{41}{705} = 0{,}0582 \triangleq 5{,}82\%$
	$\sum 521$	$\sum 705$	$\sum 1$	$\sum 1$

Absolute und relative Häufigkeiten des Geschlechts (Quelle: eigene)

Sowohl qualitative als auch quantitative Daten lassen sich bestimmten Skalenniveaus zuordnen. *Nominalskalierte Daten* sind rein qualitativer Art. Diese Daten lassen sich in Kategorien einteilen, sie können jedoch nicht in eine Rangfolge gebracht werden. *Ordinalskalierte Daten* hingegen können in eine Reihenfolge gebracht und dadurch auch miteinander verglichen werden: Wert A ist größer/kleiner als Wert B. Sowohl bei nominal- als auch ordinalskalierten Daten ist jedoch die Berechnung von Differenzen nicht sinnvoll. Typische ordinale Daten sind Schulnoten. Sie lassen sich in eine Reihenfolge bringen, aber die Abstände zwischen den einzelnen Noten können nicht gleichgesetzt werden. *Metrisch skalierte Daten* wiederum bieten diese Möglichkeit: Die Abstände zwischen den unterschiedlichen Werten sind fest definiert, sodass die Werte verglichen werden können. Metrisch skalierte Daten können zum Beispiel das Alter der befragten Personen oder das Ergebnis einer Temperaturmessung sein (Mittag und Schüller 2020, S. 25–26).

7.3.2 Wichtige statistische Kennzahlen

Die Auswertung einer Datenerhebung liefert wertvolle Informationen über die Grundgesamtheit der statistischen Untersuchung und dient dazu, deren Verteilung bezogen auf bestimmte Merkmalsausprägungen zu ermitteln. Dieser Themenbereich fällt in die deskriptive Statistik. Wichtige Kenngrößen für die Ermittlung von Häufigkeitsverteilungen sind die *Lage- und Streuungsmaße*. Die Kenngrößen der Lage sind der *Modus,* der *Median* sowie das *arithmetische Mittel*.

Um die Berechnungen dieser Kenngrößen möglichst anschaulich vorstellen zu können, werden in allen nachfolgenden Berechnungen dieselben fiktiven Werte genutzt.

- *Modus/Modalwert:*
  Der Modus (x_{mod}) kann für alle Merkmalsausprägungen bestimmt werden. Er entspricht dem Merkmalswert, der am häufigsten in der Verteilung vorkommt (s. Tab. 7.2). Der Modus ist zwar sehr einfach zu bestimmen, gleichzeitig ist dies jedoch auch das informationsärmste Lagemaß, da die Werteverteilung nicht berücksichtigt wird und somit keinerlei Aussage darüber getroffen werden kann, wie die restlichen Werte verteilt sind.

Der Wert 17 ist am häufigsten vertreten, daher: $x_{mod} = 17$.

Tab. 7.2 Wertangaben von zehn befragten Personen

x_1	x_2	x_3	x_4	x_5	x_6	x_7	x_8	x_9	x_{10}
17	8	13	17	29	11	9	17	34	2

Exemplarische Wertangaben (Quelle: eigene)

- *Median:*

Der Median ($\tilde{x}$) einer Verteilung kann nur dann bestimmt werden, wenn der Datensatz sortiert ist. Der Wert, der die Datenreihe halbiert, entspricht dem Median. Er teilt die Daten in 50 %, die größer als der Median sind, und 50 %, die kleiner als dieser sind. Er wird daher auch *Zentralwert* genannt. Der Median ist robust gegenüber Ausreißern. Auch wenn die Werte der Datenreihe, die größer als dieser sind, exorbitant groß sind, hat dies keinerlei Auswirkungen auf den Median.

Da der Median die Datenreihe in zwei gleichgroße Teile teilt, bildet der Median das 0,5-Quantil. Generell ist es möglich, den Datensatz in beliebige Quantile *(q-Quantile)* einzuteilen. Weitere besondere Quantile sind das 0,25-Quantil *(unteres Quantil)* und das 0,75-Quantil *(oberes Quantil)* (Mittag und Schüller 2020, S. 85). Die folgende Abbildung, Abb. 7.4, veranschaulicht die Einteilung der Datenreihe anhand der speziellen Quantile.

Bei einer ungeraden Anzahl an Werten kann der Median direkt abgelesen werden. Bei einer geraden Anzahl an Werten werden die beiden mittleren Werte addiert und anschließend durch zwei dividiert:

$$\tilde{x} = x_{\left(\frac{n+1}{2}\right)} \quad bzw. \quad \tilde{x} = \frac{x_{\left(\frac{n}{2}\right)} + x_{\left(\frac{n+1}{2}\right)}}{2}$$

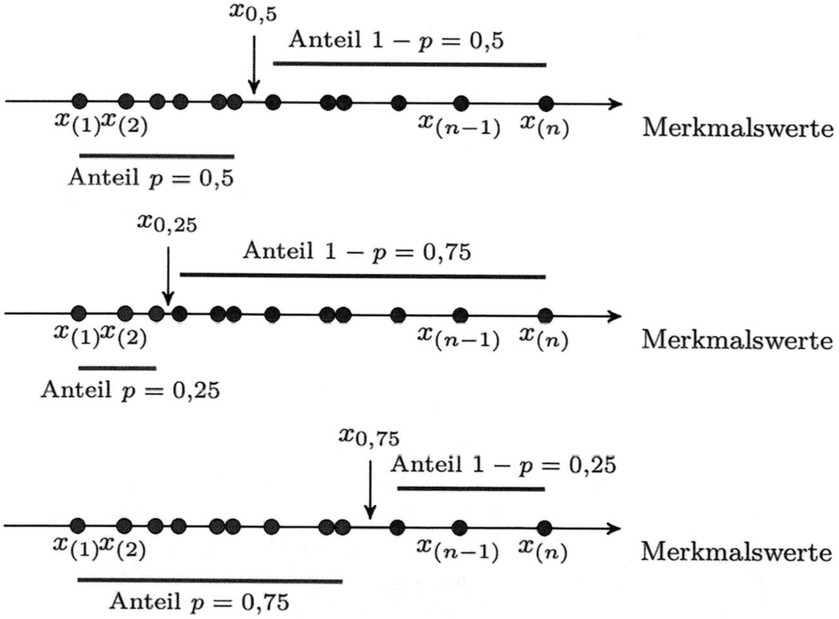

Abb. 7.4 Median, unteres Quantil und oberes Quantil (Mittag und Schüller 2020, S. 87)

Tab. 7.3 Wertangaben bei einer ungeraden Anzahl an befragten Personen (unsortiert und sortiert) zur Bestimmung des Medians

Unsortiert:								
x_1	x_2	x_3	x_4	x_5	x_6	x_7	x_8	x_9
17	8	13	17	29	11	9	17	34
Sortiert:								
x_1	x_2	x_3	x_4	x_5	x_6	x_7	x_8	x_9
8	9	11	13	17	17	17	29	34

Exemplarische Wertangaben in unsortiertem und sortiertem Zustand bei neun befragten Personen (Quelle: eigene)

Tab. 7.4 Wertangaben bei einer geraden Anzahl an befragten Personen (unsortiert und sortiert) zur Bestimmung des Medians

Unsortiert:									
x_1	x_2	x_3	x_4	x_5	x_6	x_7	x_8	x_9	x_{10}
17	8	13	17	29	11	9	17	34	2
Sortiert:									
x_1	x_2	x_3	x_4	x_5	x_6	x_7	x_8	x_9	x_{10}
2	8	9	11	13	17	17	17	29	34

Exemplarische Wertangaben in unsortiertem und sortiertem Zustand bei zehn befragten Personen (Quelle: eigene)

Tab. 7.3 und 7.4 zeigen Berechnungsbeispiele bei einer geraden und einer ungeraden Anzahl an befragten Personen. Die Stichprobe aus dem vorherigen Beispiel (Tab. 7.2) wurde in Tab. 7.3 um den letzten Eintrag reduziert, um eine ungerade Anzahl an Werten zu erhalten.

$$\tilde{x} = x_{\left(\frac{n+1}{2}\right)} = x_5 = 17$$

$$\tilde{x} = \frac{x_5 + x_6}{2} = \frac{13 + 17}{2} = 15$$

- *Arithmetisches Mittel:*
  Das arithmetische Mittel ($\bar{x}$) ist die vermutlich bekannteste Kenngröße. Es wird auch als *Durchschnitt* oder *Mittelwert* bezeichnet. Zur Bestimmung des Mittelwertes werden alle Variablenwerte addiert und anschließend durch die Anzahl der Werte dividiert. Die Werte müssen nicht sortiert sein. Tab. 7.5 zeigt die bereits bekannten Wertangaben, anschließend ist die Berechnung aufgeührt.

$$\bar{x} = \frac{1}{n} \cdot \sum_{i=1}^{n} x_i$$

Tab. 7.5 Wertangaben bei einer geraden Anzahl an befragten Personen zur Bestimmung des Mittelwertes

Unsortiert:

x_1	x_2	x_3	x_4	x_5	x_6	x_7	x_8	x_9	x_{10}
17	8	13	17	29	11	9	17	34	2

Exemplarische Wertangaben in unsortiertem Zustand bei zehn befragten Personen (Quelle: eigene)

$$\bar{x} = \frac{1}{10} \cdot \sum_{i=1}^{10} x_i = \frac{(17 + 8 + 13 + 17 + 29 + 11 + 9 + 17 + 34 + 2)}{10} = \frac{157}{10} 15,7$$

Die Bestimmung des Mittelwertes ist insbesondere bei der Berechnung der Durchschnittszensur einer Klausur in der Schule bekannt. Bei Schulnoten handelt es sich um ordinal skalierte Werte. Sie gehören daher zu den diskreten Variablen. Im Vergleich zu stetigen Variablen können bei diskreten Variablen keine Zwischenwerte zweier Merkmalsausprägungen ausgewertet werden (Mittag und Schüller 2020, S. 24). Das Ergebnis einer Durchschnittsnote (in Form einer arithmetischen Mittelwertberechnung) von beispielsweise 3,25 ist daher nicht aussagekräftig. Der Median hingegen kann bei ordinal skalierten Daten angewendet werden und ist an dieser Stelle mit der am häufigsten vorkommenden Note das aussagekräftigere Lagemaß.

Nicht zu vernachlässigen ist die Empfindlichkeit des Mittelwertes gegenüber Ausreißern. Exorbitant große Werte der Datenreihe verändern den Durchschnitt gravierend. Dies lässt sich am Beispiel des Einkommens gut verdeutlichen. Das durchschnittliche Bruttomonatsverdienst von Vollzeitbeschäftigten lag im Jahr 2021 in Deutschland laut dem Statistischen Bundesamt bei 4100 € (Statistisches Bundesamt 2022a, o. S.). Höchstverdiener:innen verzerren diesen Durchschnitt jedoch nach oben. Auch an dieser Stelle würde der Median ein aussagekräftigeres Ergebnis erzielen.

Die *Spannweite, Varianz* sowie die *Standardabweichung* gelten als elementare Parameter zur Berechnung und Beurteilung der Streuung eines Datensatzes (Mittag und Schüller 2020, S. 73). Sie zählen zu den *absoluten Streuungsmaßen*.

- *Spannweite:*
  Die Spannweite (R, da engl. *Range*) repräsentiert die Breite des gesamten Wertebereiches der betrachteten Variable. Sie ergibt sich aus der Differenz zwischen dem größten und dem kleinsten Wert. Da lediglich der maximale und der minimale Wert in die Berechnung einfließen, ist die Spannweite sehr empfindlich für Ausreißer (Mittag und Schüller 2020, S. 81).

$$R = x_{max} - x_{min}$$

- *(Empirische) Varianz:*
  Die Varianz (s^2) ist ein gängiges Maß, um die Weite der Streuung der Daten zu bestimmen. Sie wird auch als *mittlere quadratische Abweichung* bezeichnet. Von jedem x-Wert, also jedem Fall der Stichprobe, wird der Mittelwert subtrahiert. Anschließend wird die Summe aller Abweichungen gebildet. So kann bestimmt werden, wie sich die Werte um den Mittelwert verteilen. Die Abweichungen fließen in quadrierter Form ein, dadurch ändert sich die Einheit. In der Regel wird die Varianz als Zwischenschritt zur Bestimmung der Standardabweichung berechnet. In der Literatur wird die Varianz aufgrund der Quadrierung häufig mit s^2 abgekürzt (Mittag und Schüller 2020, S. 81).

$$s^2 = \frac{1}{n} \cdot \sum_{i=1}^{n} (x_i - \overline{x})^2$$

- *(Empirische) Standardabweichung:*
  Die Standardabweichung (s) entspricht der mittleren Abweichung vom arithmetischen Mittel und ergibt sich aus der positiven Wurzel der empirischen Varianz. Dadurch wird die quadrierte Maßeinheit wieder in dieselbe Einheit des Ausgangswertes umgewandelt (Mittag und Schüller 2020, S. 82). Die Standardabweichung bildet die Grundlage für weitere statistische Untersuchung, beispielsweise um Verteilungen zu vergleichen oder Zusammenhänge bestimmter Merkmale zu identifizieren (Mittag und Schüller 2020, S. 146–148)

$$s = \sqrt{s^2} = \sqrt{\frac{1}{n} \cdot \sum_{i=1}^{n} (x_i - \overline{x})^2}$$

Die Tab. 7.6 beinhaltet die Berechnungen der absoluten Streuungsmaße. Analog zu den vorherigen Beispielen werden dieselben Werte der Beispielrechnungen aus Tab. 7.2 herangezogen.

Neben absoluten Streuungsmaßen können auch *relative Streuungsmaße* berechnet werden. Sie werden an dieser Stelle nicht weiter thematisiert, da sie in der Regel den täglichen statistischen Anwendungsfall für Auszubildende der Geomatik übersteigen. Darüber hinaus existieren weitaus komplexere und tiefgreifendere statistische Berechnung, die auf diesem Grundwissen aufbauen. An dieser Stelle sollen die

Tab. 7.6 Berechnung der Streuungsmaße der Werteverteilung aus Tab. 7.2

Spannweite:	$R = x_{10} - x_1 = 34 - 2 = 32$
Varianz:	$s^2 = \frac{1}{n} \cdot \sum_{i=1}^{n} (x_i - \overline{x})^2 = 83,81$
Standardabweichung:	$s = \sqrt{s^2} = \sqrt{83,81} = 9,1548$

Spannweite, Varianz und Standardabweichung exemplarischer Wertangaben (Quelle: eigene)

grundlegenden Berechnungen der Statistik vorerst ausreichen. Weitere Einblicke in die Statistik und die Analyse von statistischen Daten sowie vielzählige Beispiele findest du in der Literaturquelle von Mittag und Schüller 2020 am Ende dieses Lernfeldes.

7.4 Generalisierungsformen in der Kartographie

Zur Erinnerung aus Kap. 2: Eine Karte stellt die Realität verkleinert und vereinfacht dar. Es können nicht alle Elemente, die sich auf der Erdoberfläche befinden, abgebildet werden. Hierin liegt einer der entscheidenden Unterschiede zwischen einer Karte und einem Luftbild. Ein Luftbild zeigt einen Ausschnitt der Erde (in einer bestimmten Auflösung), so wie er gerade vorliegt. Es ist eine Momentaufnahme aller vorhandenen und sichtbaren Merkmale. Eine Karte hingegen unterliegt einer Verarbeitung. Die Bestandteile – also der Informationsgehalt – werden im Vorhinein je nach Funktion und Thema der Karte ausgewählt. Es erfolgt eine Einteilung in essentielle und nichtessentielle Merkmale in Bezug auf den darzustellenden Sachverhalt (Kohlstock 2018, S. 75). Alle Bestandteile abzubilden, ist vor allem in kleinmaßstäbigen Karten ohne Überlagerungen nicht möglich. In den meisten Fällen verliert die Karte so an Übersichtlichkeit. Bei digitalen, nichtstatischen Karten kann durch interaktives Ein- und Rauszoomen der Maßstab und Bildausschnitt verändern werden, sodass Geoobjekte bei einem großen Maßstab entsprechend detailliert dargestellt werden. Aber auch hier kann die Übersichtlichkeit verloren gehen.

Es sollten verschiedene Darstellungsmethoden eingehalten werden, um das Kartenwerk nicht zu überladen. Sowohl an statische als auch an interaktive Karten bestehen die Anforderungen.

- vollständig (Prinzip der Vollständigkeit),
- geometrisch korrekt (Prinzip der geometrischen Richtigkeit) und
- gut lesbar (Prinzip der Lesbarkeit) zu sein

(Hake et al. 2002, S. 166).

Um den Verlust der Übersichtlichkeit zu vermeiden, wird der Karteninhalt vereinfacht – man spricht auch von einer *Generalisierung*. Man beschränkt sich auf die fundamentalen Inhalte, die in der Karte abgebildet werden sollen. Dazu werden die entsprechenden Geodaten zweckdienlich aufbereitet. So wird das Kartenbild im Hinblick auf die Lesbarkeit und Verständlichkeit verbessert und die wesentlichen Elemente können leichter erfasst werden (Imhof 1972, S. 217). Eine Verbesserung der Lesbarkeit führt unvermeidlich dazu, dass das Prinzip der geometrischen Richtigkeit herabgesetzt wird. Größere Symbole sorgen beispielsweise einerseits dafür, dass diese leichter erkannt werden können. Andererseits hat dies zur Folge, dass nicht mehr alle Objekte an ihrer originären Lage positioniert werden können und entsprechend weichen müssen (Hake et al. 2002, S. 166). Dieser Versatz der Lage muss möglichst gering gehalten werden. Dazu kann beispielsweise der Karteninhalt reduziert werden, wodurch jedoch wiederum die Vollständigkeit der Karte herabgesetzt wird.

▶ **Wichtig**

„Eine Karte mit sparsamer, aber sinnvoller Auswahl von Eintragungen leistet mehr
als ein Blatt, das mit Belanglosigkeiten überfüllt ist."
    (Imhof 1972, S. 217)

Eine Karte ist das Zusammenspiel aus dem thematisierten Sachverhalt in einem gewissen
Detaillierungsgrad sowie einer ansprechenden Gestaltung. Diese Zusammensetzung
generiert viele Anforderungen und die Umsetzung aller Bedingungen ist nicht möglich.
Ziel einer guten Karte ist es, einen Ausgleich zwischen allen Anforderungen zu schaffen.
Dabei sollen auch die zuvor genannten Prinzipien einer Karte bestmöglich eingehalten
werden. An dieser Stelle unterstützt die Generalisierung.

Die Generalisierung findet jedoch nicht erst bei der Erstellung einer Karte
Anwendung. Man unterscheidet zwischen der *kartographischen Generalisierung* und
der *Objektgeneralisierung*. Letzteres meint die Vereinfachung der realen Objekte bereits
bei der Erfassung. Denn schon bei der Datenaufnahme vor Ort erfolgt eine Einteilung
in obligatorische und optionale Objekte, um vorrangig das Wesentliche zu erfassen.
Diesen Vorgang nennt man auch *Erfassungsgeneralisierung* (Kohlstock 2018, S. 75). Die
Differenzierung zwischen wesentlichen und nichtwesentlichen Elementen findet gerade
bei der Aufnahme der Topographie Anwendung.

Eine andere Art der Objektgeneralisierung ist die *Modellgeneralisierung*. Während
man bei der Erfassungsgeneralisierung in der Örtlichkeit die Objekte gezielt auswählt,
wird bei der Modellgeneralisierung ein ähnlicher Ansatz auf Basis eines *Objektmodells*
verfolgt. Das Objektmodell entsteht aus der Erfassungsgeneralisierung und liegt digital
vor. Beispielsweise wird in der Vermessungs- und Katasterverwaltung das *Digitale
Basis-Landschaftsmodell (Basis-DLM)* erhoben und geführt. Bei der Erfassung werden
nur die elementaren Objekte aufgenommen *(Erfassungsgeneralisierung)*. Diese werden
digital verarbeitet und in einem Objektmodell gespeichert. Basierend darauf erfolgt eine
Generalisierung des Datenbestandes, beispielsweise für die *Digitale topographische
Karte* im Maßstab 1:25.000 (DTK25) bzw. für das *Digitale Landschaftsmodell* im
Maßstab 1:50.000 (DLM50). Es erfolgt demnach eine Generalisierung zwischen den
unterschiedlichen Modellen, wobei das abgeleitete Modell meistens eine geringere
Genauigkeit aufweist (Hake et al. 2002, S. 168). Die Modellgeneralisierung erfolgt in
der Regel prozessautomatisiert.

Bei der *kartographischen Generalisierung* wird die Datengrundlage im Hinblick auf
das Endprodukt vereinfacht. Ausgehend vom Objektmodell wird entweder ein *digitales
kartographisches Modell* oder eine Folgekarte erzeugt (Hake et al. 2002, S. 168).
Maßgebend sind dabei die *graphischen Minimaldimensionen* (Imhof 1972, S. 217).
Damit ist die kleinstmögliche Darstellung von Signaturen gemeint, in der sie eindeutig
identifiziert und erfasst werden können. Einerseits beeinflusst das Sehvermögen des
Menschen die Minimaldimension. Gemeint ist damit „die Fähigkeit, feine Details und
Formen noch wahrzunehmen" (Kohlstock 2018, S. 76). Zum anderen haben auch die
„reproduktionstechnischen Möglichkeiten" (Kohlstock 2018, S. 76–77) einen Einfluss.

Die Minimaldimension dient nicht nur dazu, die Größe einer Signatur festzulegen, sondern auch um den erforderlichen Abstand zwischen verschiedenen Signaturen zu definieren, damit diese voneinander unterschieden werden können. Denn das menschliche Auge kann Linien mit einer Strichstärke < 0,05 mm nicht mehr wahrnehmen und Objekte mit einem Abstand < 0,15 mm nicht mehr voneinander unterscheiden. Diese Werte müssen mindestens verdoppelt werden, um Farben eindeutig erkennen zu können (Kohlstock 2018, S. 76–77). Wird diese graphische Minimaldimension unterschritten, besteht Handlungsbedarf: Es können entweder unwichtige Elemente aus dem Kartenbild entfernt oder die Darstellung der wichtigen Elemente dem Kartenmaßstab entsprechend geometrisch optimiert werden.

Der Handlungsspielraum wird vom Maßstab, Thema und Zweck des Endproduktes beeinflusst. Wird eine Folgekarte in einem kleineren Maßstab abgeleitet, steht derselben Fläche weniger Platz zur Verfügung. Je kleiner der Maßstab, desto weniger Platz ist verfügbar, sodass ab einem gewissen Punkt die Minimaldimension unterschritten wird. In Abhängigkeit vom Maßstab müssen diese Objekte angemessen vergrößert werden, ohne die anderen Objekte zu behindern (Bollmann et al. 2001, o. S.). Orientiert am Prinzip der geometrischen Korrektheit wird gerade in großmaßstäbigen Karten eine *grundrisstreue Darstellung* verfolgt. Doch je kleiner der Maßstab wird, desto schwieriger ist eine grundrisstreue Darstellung. In mittelmaßstäbigen Karten ist nur noch eine *grundrissähnliche Darstellung* möglich und in kleinmaßstäbigen Karten kann lediglich eine *lagetreue Darstellung* eingehalten werden (AK DGfK 2004, 5.9 S. 1059).

Welche Elemente als bedeutsam und welche als unbedeutsam gelten, ist in Abhängigkeit vom Thema individuell zu treffen (AK DGfK 2004, 5.9 S. 1060). Während zum Beispiel bei einer Straßenkarte das Verkehrsnetz unabdingbar ist, kann das Straßennetz bei der Darstellung der Gewässer in derselben Region vernachlässigt werden. Diese Einteilung ist in Abhängigkeit vom thematischen Inhalt der Karte festzulegen. Auch der Zweck einer Karte kann das Endprodukt beeinflussen. Das Format einer Printkarte ist beispielsweise für die Größe der Signaturen ausschlaggebend. Eine digitale Karte erfordert in Abhängigkeit der verschiedenen Zoomstufen eine sinnvolle Skalierung der eingebundenen Signaturen.

In der Regel wird daher objektbezogen vereinfacht. Die *objektbezogene Generalisierung* kann erneut thematisch unterteilt werden. Hake, Grünreich und Meng trennen in die Bereiche *geometrische Generalisierung* und *sachliche Generalisierung mit geometrischer Wirkung* (Hake et al. 2002, S. 169). Kohlstock bezeichnet die Kategorien als die *rein geometrische Generalisierung* und die *geometrisch-begriffliche Generalisierung* (Kohlstock 2018, S. 78). Die Gliederung der nachfolgenden Abschnitte orientieren sich an der Bezeichnung von Kohlstock. Dabei werden die verschiedenen Generalisierungsarten vorgestellt und jeweils mit einem entsprechenden Beispiel textuell und graphisch unterstützt.

Viele Formen der Generalisierung lassen sich in einem GIS auf Grundlage der Attribute, die über das Objekt abgespeichert werden, generieren. Es werden beispielsweise die Objekte selektiert, deren Attribut einem bestimmten Wert entspricht oder

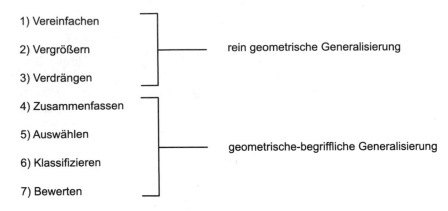

Abb. 7.5 Maßnahmen der Generalisierung

oberhalb bzw. unterhalb dieses Wertes liegt. Ein klassisches Beispiel dafür ist die unterschiedliche Darstellung von Städten in einer Karte. Städte, in denen mehr als 100.000 Einwohner:innen leben, gelten als Großstädte. In Karten werden diese häufig mit einem größeren Symbol oder einer größeren Beschriftung im Vergleich zu Kleinstädten gekennzeichnet. Es kann auf Anhieb anhand der Symbolgröße unterschieden werden, ob es sich um eine größere oder kleine Stadt handelt.

Neben dem Zugriff auf die Attribute können auch die Geometrien von Objekten zum Zwecke der Generalisierung vereinfacht werden. In einem GIS stehen dazu Werkzeuge bereit, die beispielsweise die Geometrie vereinfachen. Kap. 9 befasst sich im Detail mit grundlegenden GIS-Funktionalitäten. Diese Funktionalitäten werden in der Regel für die Erstellung kleinmaßstäbiger Karten angewendet. Detailliert erfasste Grenzen wirken in kleinmaßstäbigen Karten häufig unruhig, da die Detailgenauigkeit aufgrund des Maßstabes nicht mehr erkennbar ist. Eine Vereinfachung der Geometrie bringt zusätzlich eine Reduktion des Speicherplatzes mit sich. Weitere Beispiele findest du direkt in der Beschreibung der Generalisierungsart (Abb. 7.5).

7.4.1   Rein geometrische Generalisierung

- *Vereinfachung:*

Der Prozess der Vereinfachung meint die Änderung der Geometrieform in eine weniger detaillierte (Kohlstock 2018, S. 77). Hierzu zählt z. B. das Glätten von Linien oder das Vereinfachen von Gebäudegrundrissen. Häufig geschieht dies automatisiert anhand einer Reduktion der Stützpunkte. Dadurch reduziert sich automatisch der Detaillierungsgrad. Gerade der detaillierte Verlauf eines Gewässers oder hochgenaue Grundriss eines Gebäudes kann in kleinmaßstäbigen Karten nicht erkannt werden. Der Verlauf eines Gewässers wird geglättet und der Grundriss eines Gebäudes vereinfacht, indem beispielsweise Vorsprünge weggelassen werden (Abb. 7.6).

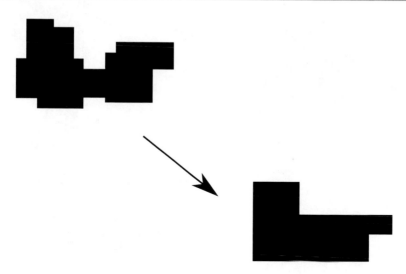

Abb. 7.6 Generalisierung: Vereinfachung

- *Vergrößerung:*

Unter der Maßnahme des Vergrößerns ist vor allem das Verbreitern eine bekannte Methode (Kohlstock 2018, S. 77). Häufig werden beispielswcise Verkehrswege oder auch Signaturen in topographischen Karten verbreitert. Bestimmte Straßen werden so hervorgehoben, sie sind gut lesbar und auch Signaturen fallen dem Betrachtenden leichter ins Auge. Damit entspricht die Ausdehnung in der Karte nicht mehr einer maßstäblichen Darstellung. Die Breite einer Straße kann demnach nicht anhand des Maßstabes rechnerisch ermittelt werden. Das nachfolgende Beispiel zeigt die Verbreiterung von zwei unterschiedlichen Straßenarten. Dadurch wird die bereits farblich sichtbare Differenzierung der Straßen unterstützt (Abb. 7.7).

- *Verdrängung:*

Als Folge des Vergrößerns ergibt sich die dritte Maßnahme der geometrischen Generalisierung: das Verdrängen von Objekten (Kohlstock 2018, S. 77). Wenn bestimmte Objekte durch eine Vergrößerung im Kartenbild optisch hervorgehoben werden, ergibt sich zwangsläufig ein Platzproblem. Für andere Objekte in der unmittelbaren Umgebung ist nicht mehr ausreichend Platz vorhanden, sodass diese verdrängt werden und weichen müssen, damit sich die Elemente nicht überlagern. Häufig werden zum Beispiel Nebenstraßen oder Fußwege von Hauptverkehrsstraßen verdrängt, wenn diese verbreitert werden. In Abb. 7.8 wird sowohl die Straße als auch der Fluss verbreitet. Dadurch wird die weiße bogenförmige Straße und das Museum von seiner ursprünglichen Position verdrängt. In der generalisierten Karte verläuft die Straße weiter östlich im Vergleich zur ursprünglichen Darstellung. Dadurch wird eine Überlagerung der Objekte verhindert. Um weiterhin ein topologisch korrektes Abbild zu schaffen, verändert sich auch die Lage des Museums. Dadurch verkleinert sich in der generalisierten Karte das Siedlungsgebiet nordöstlich des Museums, die Darstellung bleibt jedoch topologisch korrekt.

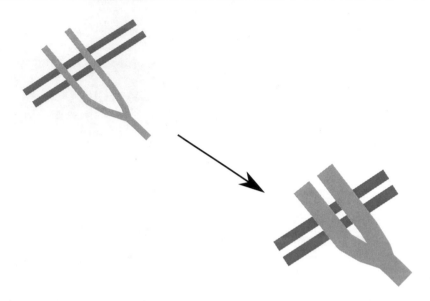

Abb. 7.7   Generalisierung: Vergrößerung

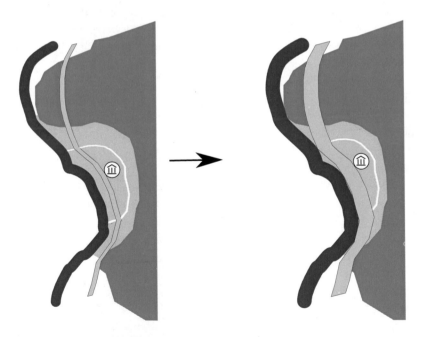

Abb. 7.8   Generalisierung: Verdrängung

7.4.2 Geometrisch-begriffliche Generalisierung

- *Zusammenfassung:*
  Gleichartige Objekte, die direkt nebeneinanderliegen, können zu einem Element zusammengefasst werden. Ein gängiges Anwendungsbeispiel stellen Häuserreihen dar (Kohlstock 2018, S. 77). In großmaßstäbigen Karten werden einzelne Häuser dargestellt. Ab einem gewissen Maßstab werden diese zu Häusergruppen oder sogar Siedlungsbereichen zusammengefasst, da detailliertere Darstellungen nicht erkannt werden können (Abb. 7.9).

- *Auswahl:*
  Wichtige und unwichtigen Informationen werden durch Anwender:innen differenziert: Wichtige Informationen werden ausgewählt, unwichtig erscheinende weggelassen (Kohlstock 2018, S. 77). Die Einteilung in „wichtig" und „unwichtig" erfolgt dabei immer im Hinblick auf den darzustellenden Sachzusammenhang. Da es nicht möglich ist, alle Informationen darzustellen, kann so Übersichtlichkeit gewahrt und zusätzlich ausreichend Platz für Informationen des thematisierten Sachverhaltes geschaffen werden. In der Übersichtskarte einer Stadt ist es ausreichend, sich auf das Straßennetz der Hauptverkehrswege zu beschränken und beispielsweise Straßen in einer Fußgängerzone wegzulassen. In Abb. 7.10 werden in der generalisierten Karte lediglich die Hauptstraßen dargestellt und die Vielzahl an kleinen Quer- und Stichstraßen, die in der ursprünglichen Karte vorhanden sind, weggelassen.

- *Klassifikation:*
  Beim Klassifizieren wird der Informationsgehalt ausgedünnt, indem bei aneinandergrenzenden Elementen nur das Element behalten wird, das das typischere darstellt

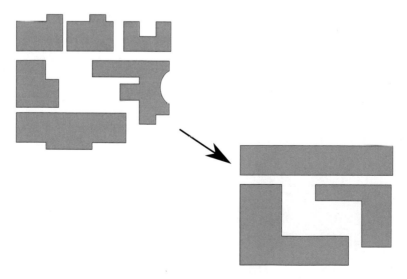

Abb. 7.9 Generalisierung: Zusammenfassung

(Kohlstock 2018, S. 77). Das reduziert auch die Symbolanzahl, denn zu viele unterschiedliche Symbole lassen die Karte schnell überladen wirken.

In Abb. 7.11 kann die kleine Waldfläche im nordwestlichen Bereich im Vergleich zum Hauptbestand im Norden vernachlässigt werden. Gleiches gilt auch für die beiden Gebiete im südlichen Bereich. In der generalisierten Karte verbleiben ausschließlich die beiden Flächen, die das Waldgebiet charakterisieren. Die beiden kleineren Flächen fallen weg, da sie weniger prägnant sind.

Die Klassifikation beinhaltet gleichermaßen die Umwandlung von flächenhaften Darstellungen in punktbezogene Darstellungen – so wird bei kleinmaßstäbigen Karten beispielsweise ein Museum nur noch über eine Signatur dargestellt, während

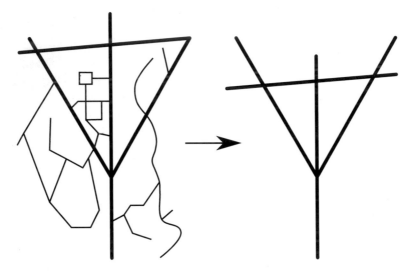

Abb. 7.10 Generalisierung: Auswahl

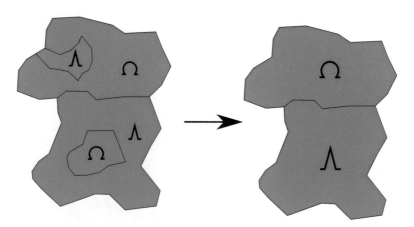

Abb. 7.11 Generalisierung: Klassifikation von flächenhaften Darstellungen

Abb. 7.12 Generalisierung:
Klassifikation (Umwandlung
von flächenhafter in
punktbezogene Darstellung)

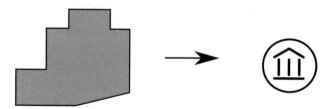

in großmaßstäbigen Karten der Gebäudegrundriss sichtbar ist (Abb. 7.12). Diese
Umwandlung von flächenbezogenen Darstellungen in punktbezogene Darstellungen
wird *Typisieren* genannt (Kohlstock 2018, S. 78).

- *Bewertung:*

Die letzte Generalisierungsform stellt das Bewerten dar. Beim Bewerten eines
Objektes erhält das wichtiger erscheinende eine Betonung und wird so speziell
hervorgehoben (Kohlstock 2018, S. 77). Denkbar ist dies beispielsweise mithilfe dedizierter Symbole oder anhand typographischer Ansätze. Das bereits zuvor
genannte Beispiel der unterschiedlichen Darstellung von Städten basierend auf ihrer
Einwohner:innenzahl ist an dieser Stelle erneut aufgegriffen und graphisch aufbereitet
worden (Abb. 7.13).

Abb. 7.13 Generalisierung: Bewertung

7.5   Kartographische Gestaltungsmittel

Graphische Darstellungsmittel dienen dazu, den thematischen Inhalt einer Karte zu präsentieren. Für die Gestaltung einer Karte wird auf unterschiedliche Gestaltungsmittel zurückgegriffen. Hake unterscheidet zwischen *geometrischen Elementen* (also Punkt-, Linien- und Flächenobjekte) und *erläuternden Elementen* wie Signaturen, Beschriftungen und Farben (Hake et al. 2002, S. 106–107). Häufig werden geometrische Elemente um Signaturen und farbliche Variationen ergänzt. In Anlehnung an Kohlstock werden im Folgenden die unterschiedlichen Gestaltungsmittel in Abhängigkeit vom geometrischen Objekt, das präsentiert werden soll, vorgestellt (Kohlstock 2018, S. 151–157).

7.5.1   Was ist eine Signatur?

In der Kartographie helfen Signaturen, räumliche Sachverhalte graphisch darzustellen. Man spricht auch von *Kartenzeichen* (AK DGfK 2004, 5.1 S. 816). Dazu werden Zeichen oder Symbole verwendet und abstrahiert dargestellt. Zeichen entsprechen zum Beispiel Zahlen und Buchstaben in allen Sprachen. Symbole haben eine konventionelle, allgemein verständliche Bedeutung wie beispielsweise die Symbole für männliche, weibliche und diverse Personen. Folgende Anforderungen helfen bei der Erstellung bzw. Auswahl eines gelungenen Kartenzeichen (AK DGfK 2004, 5.1 S. 819):

- schnell erkennbar
- einfach
- eindeutig
- ähnlich
- originell
- standardisiert
- lesegewohnt

Die Ausgestaltung einer Signatur ist vielfältig. Nach Hake, Grünreich und Meng zählt sie deshalb zu den „wichtigsten Gestaltungsmittel in der kartographischen Visualisierung" (Hake et al. 2002, S. 122). Aufgrund der vielfältigen Ausgestaltungsmöglichkeiten von Signaturen ist eine Legende im Kartenbild erforderlich. Signaturen können generell die folgenden Formen annehmen (Hake et al. 2002, S. 123):

1. *Bildhafte Darstellung:*
   Bildhafte Signaturen sind Aufriss-, Schrägluft- oder Grundrissbilder von Objekten (s. Abb. 7.14). Sie sind in der Regel leicht verständlich, die Erstellung ist jedoch mit einem hohen Aufwand verbunden.
2. *Symbolhafte Darstellung:*

Bei der *symbolhaften Darstellung* werden allgemeinverständliche Symbole verwendet. Es werden typische Bildzeichen benutzt, sodass leicht eine Assoziation entsteht. Typische symbolhafte Signaturen in Karten sind zum Beispiel ein rotes Kreuz auf weißem Grund zur Darstellung eines Krankenhauses oder eine Zapfsäule für die Präsentation einer Tankstelle.

3. *Geometrische Darstellung:*

   Geometrische Signaturen umfassen neben geometrischen Figuren (Kreis, Dreieck oder Viereck) auch Schraffuren und Strichpunktierungen auf ebendiesen. Dazu werden die Formen teilweise oder vollumfänglich gefüllt (s. Abb. 7.14). Geometrische Signaturen sind leicht zu erstellen und bieten diverse Kombinationsmöglichkeiten.

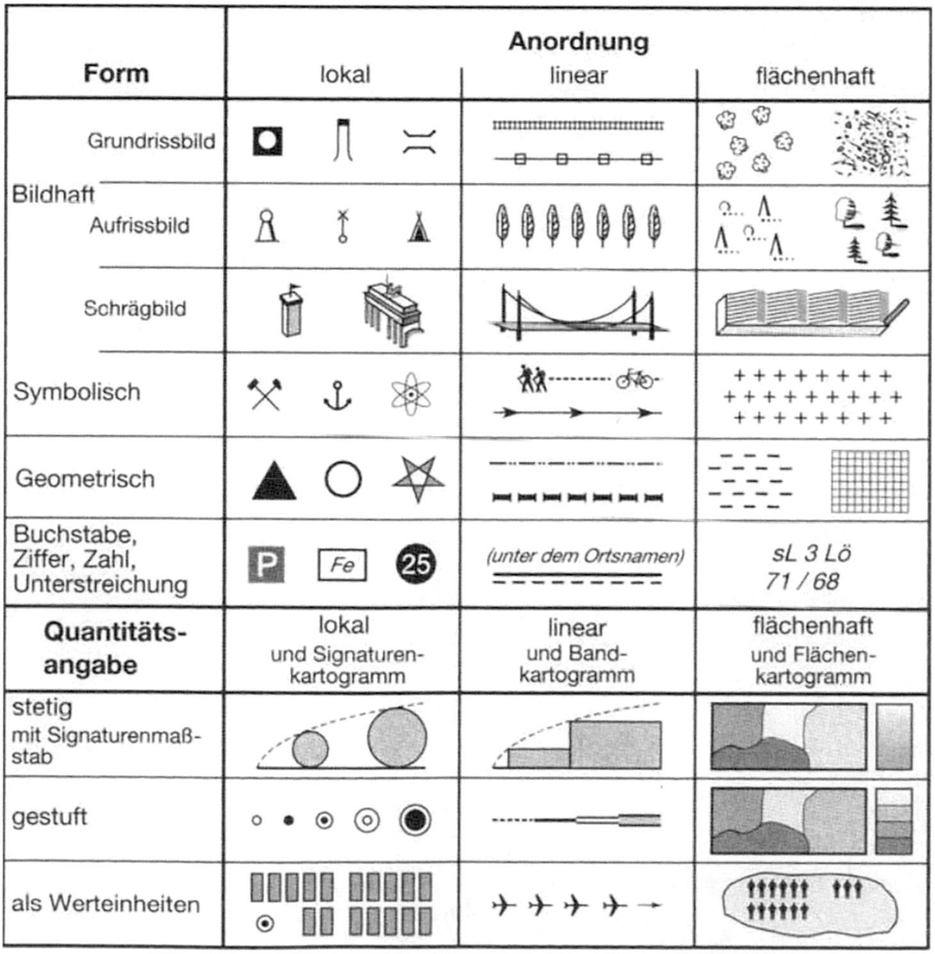

Abb. 7.14 Formen von Signaturen und deren Anordnungsmöglichkeiten (Hake et al. 2002, p. 122 [6])

4. *Darstellung über alphanumerische Zeichen:*
Alphanumerische Zeichen, also Ziffern oder Buchstaben, werden genutzt, um bekannte Abkürzungen oder leicht verständliche Kurzbezeichnungen darzustellen. Dazu werden in der Regel Buchstaben und Buchstabenkombinationen genutzt. Ziffern werden verwendet, um Schlüssel- oder Verhältniszahlen darzustellen. Beschilderungen von Schnellstraßen oder Autobahnen und die Kennzeichnung von Parkplätzen erfolgen zum Beispiel über alphanumerische Zeichen.

Unabhängig von der gewählten Signatur werden quantitative Informationen in die Signatur verarbeitet. Häufig wird eine Signatur skaliert, um quantitative Angaben zu vermitteln. Die Größe der Signatur ist demnach abhängig vom Attributwert des Objektes. Dabei sollte darauf geachtet werden, dass die Änderung der Größe proportional umgesetzt wird (Kohlstock 2018, S. 151–152). Liegen zu viele unterschiedliche Werte vor, bietet es sich an, die Daten zu klassifizieren. In einem GIS können bei numerischen Werten die Klassenanzahl und die Klassengrenzen vom System ermittelt oder manuell definiert werden.

Alternativ dazu bieten sich Werteinheitssignaturen an. Eine Signatur entspricht einem bestimmten Wert, sodass die Summe der Signaturen, die einem Objekt zugeordnet werden, den absoluten Wert ergeben. So können die absoluten Objektwerte im Vergleich zu skalierten Signaturen leicht miteinander verglichen werden, jedoch erfordern sie einen hohen Platzbedarf (Hake et al. 2002, S. 128). Entsprechende Beispiele findest du im Abschn. 7.5.2.

Abb. 7.14 von Hake, Grünreich und Meng fasst die unterschiedlichen Formen und Anordnungsmöglichkeiten von Signaturen noch einmal zusammen (Hake et al. 2002, S. 122).

7.5.2 Darstellung punktbezogener Objekte

Bei dieser Darstellungsart steht in der Regel im Mittelpunkt, den Standort eines Objektes zu präsentieren. Nach Kohlstock eignen sich hierfür geometrische (1. in Abb. 7.15), symbolische (2. in Abb. 7.15) und bildhafte (3. in Abb. 7.15) Signaturen oder Buchstaben und Ziffern (Kohlstock 2018, S. 151). Im anfänglichen Beispiel der Standortkarte von WEA liefert eine punktbezogene Signatur die Information, an welcher Stelle sich eine Anlage befindet.

Neben der Darstellung der Lage können Objekte auch anhand attributiver Werte unterschiedlich visualisiert werden. Dabei können sowohl quantitative als auch qualitative Angaben genutzt werden. Solche Variationsmöglichkeiten helfen, neben der Lage zusätzliche Informationen zu übermitteln. Informationen zu den Betreibern der WEA zählen zu qualitativen Informationen. Das kann beispielsweise über Farbvariationen (2. in Abb. 7.15) umgesetzt werden. Um zusätzlich quantitative Angaben

Abb. 7.15 Beispiele für
Darstellungen punktbezogener
Objekte

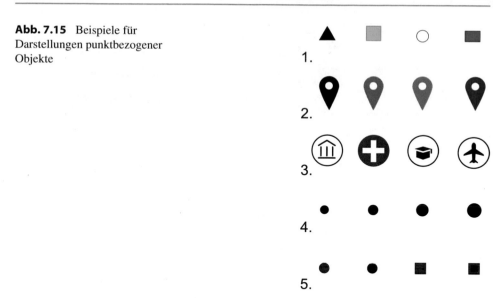

wie den Rotordurchmesser pro Anlage in die Signatur einzubauen, eignet sich die Skalierung. In Abhängigkeit des Durchmessers werden die Signaturen skaliert (4. in Abb. 7.15): Je größer die Signatur, desto größer ist auch der Durchmesser des verbauten Rotors. Alternativ zur Skalierung kann die Durchmessergröße auch über Farben und einen Wechsel der Geometrieform demonstriert werden (5. in Abb. 7.15).

Um den erzeugten Strom pro WEA innerhalb eines Jahres als Absolutwert darzustellen, helfen Werteinheitssignaturen. Eine Signatur, beispielsweise ein gelber Blitz, steht für 1000.000 kWh Strom. Hat eine Anlage 3000.000 kWh Strom erzeugt, erscheinen drei Blitz-Signaturen in der Karte. Hat eine Anlage 2500.000 kWh Strom erzeugt, erscheinen zwei vollständig gelbe Blitz Signaturen sowie ein lediglich halb ausgefüllter Blitz in der Karte. Über die Anzahl an Signaturen ist ein direkter Vergleich der Erträge möglich, allerdings nehmen Werteinheitssignaturen entsprechend viel Platz im Kartenbild ein (Kohlstock 2018, S. 152).

7.5.3 Darstellung linearer Objekte

Lineare Objekte werden mithilfe von Linien oder linear angeordneten Signaturen in einer Karte dargestellt. Typische lineare Objekte sind zum Beispiel Gewässer, Verkehrswege oder Höhenlinien zur Repräsentation des Reliefs. Die Darstellung des Reliefs wird in Kap. 11 thematisiert.

Variationen in der Signatur können über die Ausgestaltung von Linienunterbrechungen (links in Abb. 7.16), die Farbe der Linie(n) (mittig in Abb. 7.16) und

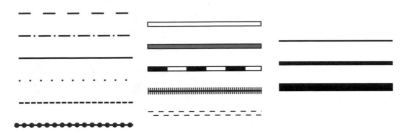

Abb. 7.16 Beispiele für Darstellungen linearer Objekte

unterschiedliche Strichstärken (rechts in Abb. 7.16) erzielt werden. Variationen in der Strichstärke ermöglichen, die Objekte zu skalieren, um beispielsweise die Straßenbreite proportional zum Verkehrsaufkommen einzuzeichnen. Gleichermaßen sind bei linearen Darstellungen auch schriftliche Erläuterungen üblich (Kohlstock 2018, S. 154).

7.5.4 Darstellung flächenhafter Objekte

Flächenhafte Objekte können über eine Flächenfüllung oder mithilfe von Signaturen visualisiert werden. Die Visualisierung anhand der Flächenfüllung eignet sich zur Präsentation relativer Werte (quantitative Angabe). Ein klassisches Beispiel relativer Werte ist die Einwohnerdichte. Dieser Wert gibt an, wie viele Einwohner:innen pro Fläche durchschnittlich in einem Gebiet leben. In der Regel wird die Bevölkerungs-dichte in einer *Choropletenkarte* (Abb. 7.17) veranschaulicht (Spektrum 2001, o. S.). Im Bundesgebiet wird die Bevölkerungsdichte häufig pro km^2 für eine bestimmte Gebietseinheit wie die Kreise und kreisfreien Städte bestimmt. Die Abb. 7.17 zeigt eine Choropletenkarte am Beispiel der durchschnittlichen Lebenserwartung in den Ländern der europäischen Union.

Signaturen können sowohl für quantitative als auch qualitative Informationen heran-gezogen werden. Für qualitative Informationen eignen sich dieselben Signaturen wie zur Darstellung punktbezogener Objekte (Kohlstock 2018, S. 156). In amtlichen top-graphischen Karten wird häufig die Flächennutzungsart über ein Symbol dargestellt, das über die gesamte Fläche in einer bestimmten Frequenz wiederholt wird. Hake nennt diese Signaturform *flächig verteilten Signaturen* (Hake et al. 2002, S. 131).

Vielzählige weitere Beispiele zur kartographischen Gestaltung flächenhafter Objekte findest du im e-Learning-Kurs von GITTA im Abschnitt „Methoden thematischer Dar-stellungen" unter http://gitta.info/ThematicCart/de.

Abb. 7.17 Statistischer Atlas – Eurostat (Europäische Kommission 2022, o. S.)

7.5.5 Informationen in Diagrammen darstellen

Um Statistiken in das Kartenbild zu integrieren, werden oftmals Diagramme genutzt. Dabei können sowohl relative als auch absolute Werte herangezogen werden. Die Umrechnung von absoluten Werten zu relativen Werten können eigenständig in einem GIS oder Tabellenkalkulationsprogramm umgesetzt werden (s. Abschn. 7.3). Klassische Diagramme sind das Kreis- und das Säulendiagramm. Diese Diagrammtypen treten auch in weiteren abgewandelten Formen auf. Darüber hinaus existieren weitere Diagrammtypen, auf die jedoch an dieser Stelle nicht weiter eingegangen werden kann.

Bei einem Kreisdiagramm werden Häufigkeiten in Form von Sektoren dargestellt (Mittag und Schüller 2020, S. 53). Die Häufigkeiten entsprechen Anteilen der Häufigkeitssumme. Da ein Anteil jeweils einen Teil des Kreisdiagrammes einnimmt, muss die Summe aller Anteile auch der Häufigkeitssumme entsprechen. Werden relative Werte bei der Berechnung verwendet, muss die Summe entsprechend 100 bzw. eins ergeben. Kreisdiagramme eignen sich, um Teilmengen mit der Gesamtmenge ins Verhältnis zu setzen und die unterschiedlichen Teilmengen miteinander vergleichen zu können.

Säulendiagramme präsentieren statistische Daten in vertikaler oder horizontaler (dann: Balkendiagramm) Form (Mittag und Schüller 2020, S. 53–54). Auch bei Säulendiagrammen können sowohl absolute als auch relative Daten visualisiert werden. Bei dieser Diagrammform setzt sich das Diagramm aus zwei Achsen zusammen, wobei auf einer Achse die Merkmalsausprägungen und auf der anderen der Wertebereich angegeben ist. Die Höhe der Säule (bzw. beim Balkendiagramm die Länge des Balkens) repräsentieren die Häufigkeit der entsprechenden Merkmalsausprägung.

Statistiken, die in ein Kartenbild eingegliedert werden, beziehen sich häufig auf punktbezogene oder flächenhafte Objekte. Punktbezogene Diagramme (auch Positionsdiagramme) werden aus Platzgründen oftmals neben dem eigentlichen Objekt platziert. Der Bezug zum jeweiligen Objekt wird in der Regel kenntlich gemacht, wenn er nicht ersichtlich ist. Flächenbezogene Diagramme (Kartodiagramme) werden möglichst in der Fläche platziert, auf die sie sich beziehen (Hake et al. 2002, S. 133–134). Bei interaktiven Karten werden Diagramme häufig auch außerhalb der Karte an einer bestimmten Stelle platziert (s. Abb. 7.18). Die Interaktivität der Karte ermöglicht einen dynamischen Wechsel des Diagramms, sobald der Raumbezug verändert wird. So können Überlagerungen verhindert und ausreichend Platz und Übersichtlichkeit generiert werden. Am Beispiel der Bundestagswahl 2017 zeigt Abb. 7.18 im unteren linken Bereich das Wahlergebnis in Form eines Säulendiagrammes. Das Diagramm passt sich interaktiv in Abhängigkeit vom ausgewählten Wahlkreis an und zeigt das entsprechende Wahlergebnis im ausgewählten Gebiet.

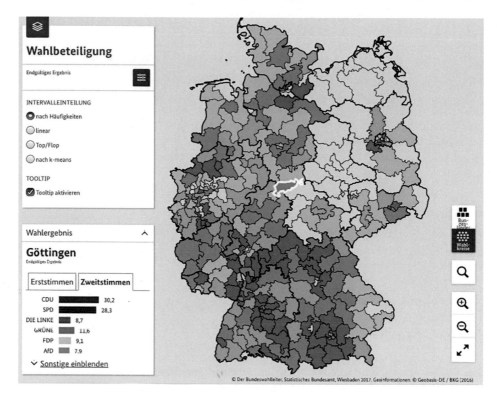

Abb. 7.18 Säulendiagramm der Wahlbeteiligung bei der Bundestagswahl 2017 (Mittag und Schüller 2020, S. 55)

7.5.6   Wie lassen sich die Bestandteile einer Karte bestmöglich kombinieren?

Der österreichische Geograph und Kartograph Erik Arnberger entwickelte in seinem Werk „Thematische Kartographie" (1977) vier Grundprinzipien, um die Basiskarte und den thematischen Inhalt kartographisch bestmöglich zu kombinieren. Diese *Grundprinzipien nach Arnberger* präzisieren die Komposition der Bestandteile eines Kartenbildes.

Karten, die sich am *Lageprinzip* (auch *topographisches Prinzip*) orientieren, weisen eine größtmögliche Lagetreue der dargestellten Objekte und eine maßstabsgetreue Generalisierung der Basiskarte auf. In Abb. 7.19 sind die Standorte fiktiv ausgewählter On- und Offshore-WEA durch Punktsymbole lagerichtig dargestellt. Dabei wird die Signaturgröße an die lagetreue Position abgestimmt, sodass keine wichtigen Inhalte verdeckt werden. Dadurch ist die Signaturgröße begrenzt und die Aussagekraft und die Ablesegenauigkeit verringert (Werner et al. 2006, o. S.; Kohlstock 2018, S. 150; Hake et al. 2002, S. 141).

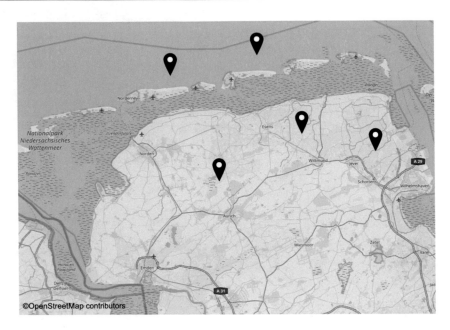

Abb. 7.19 Lageprinzip nach Arnberger

Im Vergleich dazu wird in Abb. 7.20 eine anschauliche Signatur verwendet und damit das *bildhafte Prinzip* aufgegriffen. Bei diesem Prinzip wird möglichst wenig abstrahiert dargestellt und das Kartenbild ist bestmöglich anschaulich. Die Signaturen können zwei- oder dreidimensional sein. Wenn unterschiedliche Sachverhalte im Kartenbild sichtbar sind, können auch Signaturen aus unterschiedlichen Perspektiven dargestellt werden (Werner 2006, o. S.; Kohlstock 2018, S. 151; Hake et al. 2002, S. 141).

In thematischen Karten, die dem *bildstatistischen Prinzip* entsprechen, erfolgt die Darstellung von Objektwerten anhand von Werteinheitssignaturen. Abb. 7.21 greift das Beispiel aus Abschn. 7.5.2 auf und zeigt den erwirtschafteten Strom in kWh über Werteinheitssignaturen. Angenommen ein gelber Blitz entspricht 1000.000 kWh Strom, dann konnte die WEA nördlich von Aurich 1250.000 kWh Strom erzeugen. Die Darstellung erfordert einen hohen Platzbedarf, sodass selbst eine Lageorientierung in vielen Fällen nicht mehr gegeben ist (Werner et al. 2006, o. S.; Kohlstock 2018, S. 151; Hake et al. 2002, S. 141).

Beim *Diagrammprinzip* folgt überwiegend die Darstellung in Form von Kartogrammen und Diakartogrammen. Es werden genauere Informationen über Wertgrößen und innere Merkmalsaufteilung dargestellt. Es werden demnach quantitative Informationen verarbeitet. So können Werte differenziert voneinander abgelesen, in einen gemeinsamen Bezug gebracht und deren Beziehungen und Abhängigkeiten zueinander analysiert werden. Beispielsweise könnten die Kreisdiagramme in Abb. 7.22 die Tage der unterschiedlichen Betriebszustände „in Betrieb", „Notabschaltung" und

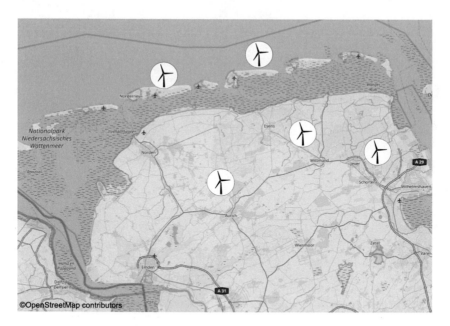

Abb. 7.20 Bildhaftes Prinzip nach Arnberger

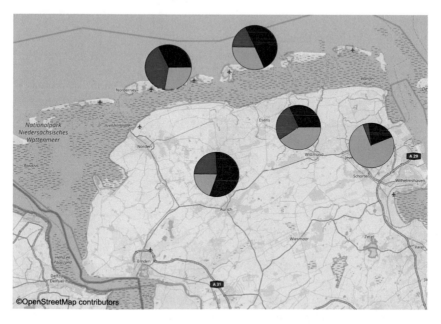

Abb. 7.21 Bildstatisches Prinzip nach Arnberger

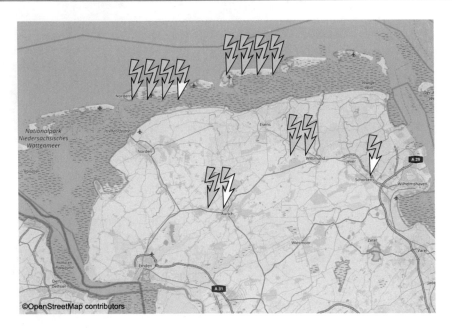

Abb. 7.22 Diagrammprinzip nach Arnberger

„Stillstand" einer WEA pro Jahr zeigen. Da es sich um prozentuale Anteile handelt, können die Ergebnisse miteinander verglichen werden. Diese Darstellung erfordert eine verstärkte Generalisierung, sodass insbesondere in großmaßstäbigen Karten die Lagetreue nicht mehr gegeben ist (Werner et al. 2006, o. S.; Kohlstock 2018, S. 150; Hake et al. 2002, S. 141).

7.6 Lernaufwand und -angebot

Das Lernfeld greift eines der beiden Kernthemen aus Kap. 2 erneut auf und spezifiziert das bereits erlangte Wissen der Kartenkunde. Auszubildende der Geomatik vertiefen das Wissen über die Kartographie und erlernen grundlegendes Fachwissen zur Erstellung einer thematischen Karte. Dazu werden die unterschiedlichen Kartentypen aufgezeigt und wichtige Aspekte der Generalisierung von Geodaten erläutert. Basiswissen für die Ausgestaltungen von Signaturen und den verschiedenen Darstellungsmöglichkeiten in thematischen Karten runden den Einstieg in die Kartographie ab.

Lernfeld 7 ist Teil des 2. Lehrjahres. Der Lehrstoff wird den Auszubildenden in 80 Unterrichtsstunden vermittelt. Das im Rahmenlehrplan vermerkte Themengebiet der Datenbankabfragen wird in Kombination mit der Abfragesprache SQL in Kap. 5 vermittelt. Die Aspekte Georeferenzierung, Metainformationen und Urheberrecht sind thematisch bedingt ins Kap. 4 integriert.

Aufgrund des thematischen Zusammenhangs zwischen der Kartographie, Signaturen und Diagrammen werden die Inhalte zu Diagrammarten und Symbolen aus Kap. 6 in diesem Lernfeld behandelt. Darstellungsmethoden von Höhenlinien und dem Relief sind in das Kap. 11 ausgelagert. Dort werden mehrdimensionale Geoprodukte behandelt.

Die folgenden Fragen bieten eine Möglichkeit, dein Wissen in diesem Bereich zu prüfen:

Fragen

Die Generalisierung nimmt in der Herstellung von Karten eine zentrale Rolle ein. Erläutere den Zweck der Generalisierung.

Was ist der Vorteil einer Generalisierung? Welchen Nachteil bringt sie jedoch auch mit sich?

Welche Auswirkungen hat eine Generalisierung auf die Anforderungen (Prinzipien) von Karten?

Erkläre vier Formen der Generalisierung.

Worin unterscheidet sich eine Grundkarte von einer Folgekarte?

Erkläre die vier Grundprinzipien der kartographischen Gestaltung nach Arnberger.

Differenziere die Begriffe grundrisstreue, grundrissähnliche und lagetreue Darstellung.

Erläutere die Begriffe Objektgeneralisierung und kartographische Generalisierung.

Addiere bzw. subtrahiere den Wert 2 abwechselnd auf/von den Werten aus Tab. 7.2 und berechne anschließend die Lage- und Streuungsmaße.

Literatur

Bayerisches Staatsministerium für Wirtschaft, Landesentwicklung und Energie (Hrsg) (2021) Windenergie, Windkraft, Windenergieanlage, Potenzial. https://www.energieatlas.bayern.de/thema_wind/potenzial.html#windatlas. Zugegriffen: 27. Juni 2022

Bollmann J, Koch WG, Lipinski A (Hrsg) (2001a) *Lexikon der Kartographie und Geomatik.* https://www.spektrum.de/lexikon/kartographie-geomatik/. Zugegriffen: 15. Mai 2022

Bundesverband WindEnergie e. V. (Hrsg) (2021) Windenergie in Deutschland – Zahlen und Fakten. https://www.wind-energie.de/themen/zahlen-und-fakten/deutschland/. Zugegriffen: 19. Juni 2022

DGfK e. V. (Hrsg) (2021) Portrait – Deutsche Gesellschaft für Kartografie e.V. https://www.dgfk.net/portrait/. Zugegriffen: 9. März 2021

Europäische Kommission, Eurostat (Hrsg) (2021) *eurostat – Statistical Atlas.* https://ec.europa.eu/statistical-atlas/viewer. Zugegriffen: 4. Juli 2022

Hake G, Grünreich D, Meng L (2002) Kartographie. Visualisierung raum-zeitlicher Informationen. Walter de Gruyter, Berlin

Imhof E (1972) Thematische Kartographie. In: Obst E, Schmitthüsen J (Hrsg) Lehrbuch der allgemeinen Geographie, Bd. 10. De Gruyter, Berlin

Kohlstock P (2018) Kartographie. Schöningh, Paderborn

Kommission Aus- und Weiterbildung DGfK (Hrsg) (2004) Focus. Kartographie. Grundlagen der Geodatenvisualisierung. Ausbildungsleitfaden Kartograph/in. CD-ROM im PDF-Format

Mittag H-J, Schüller K (2020) *Statistik. Eine Einführung mit interaktiven Elementen*. Springer Spektrum, Berlin

Spektrum (Hrsg) (2001b) Lexikon der Kartographie und Geomatik. https://www.spektrum.de/lexikon/kartographie-geomatik/choroplethenkarte/739. Zugegriffen: 19. Juni 2022

Statistische Ämter des Bundes und der Länder (Hrsg) (2015) Zensus 2011. Zensus Kompakt. Endgültige Ergebnisse. Statistisches Landesamt Baden-Württemberg, Stuttgart

Statistisches Bundesamt (Hrsg) (2022a) *Durchschnittliche Bruttomonatsverdienste, Zeitreihe – Statistisches Bundesamt*. https://www.destatis.de/DE/Themen/Arbeit/Verdienste/Verdienste-Verdienstunterschiede/Tabellen/liste-bruttomonatsverdienste.html. Zugegriffen: 9. Juni 2022

Statistisches Bundesamt (Hrsg) (2022b) Eine neue Datenbasis für Deutschland – Zensus 2022. https://www.zensus2022.de/DE/Home/_inhalt.html. Zugegriffen: 25. Mai. 2022

Werner M, Hurni L, Demarmels S, Spiess E, Schenkel R (2006) Thematische Kartographie. http://gitta.info/ThematicCart/de/html/index.html. Zugegriffen: 25. Sept. 2021

Julika Miehlbradt hat 2018 die Ausbildung zur Geomatikerin bei der alta4 AG in Trier abgeschlossen. Im Anschluss absolvierte sie über das Landesamt für Geoinformation und Landesvermessung Niedersachsen ein berufsintegriertes Studium der Geoinformatik in Oldenburg. Seit 2022 ist sie dort in der Regionaldirektion Oldenburg-Cloppenburg als Geoinformatikerin tätig. Für 2023 ist sie als Ausbilderin für angehende Geomatiker:innen in ihrer Regionaldirektion berufen.

Fernerkundungssysteme auswerten, interpretieren und in ein Geoinformationssystem einbinden

8

Richard Kupser

8.1 Lernziele und -inhalte

Zahlreiche Geodaten werden mit Verfahren der Photogrammetrie und Fernerkundung erhoben und kommen im Arbeitsalltag vieler Geomatiker:innen regelmäßig zum Einsatz. Um diese Geodaten qualifiziert beschaffen, verwalten, interpretieren, analysieren und präsentieren zu können, bedarf es eines Basiswissens in den beiden Bereichen. Daher werden in diesem Kapitel die Grundlagen für die Themengebiete Photogrammetrie und Fernerkundung gelegt (s. Abb. 8.1).

Im Bereich der Photogrammetrie stehen zum einen die Kamera als Aufnahmegerät und ihre Bestandteile im Vordergrund. Als Bestandteil im weiteren Sinn sind hier auch (Lage-)Parameter zu erwähnen, die es ermöglichen, dass aus einem Bild Geodaten mit amtlichen Raumbezug erzeugt werden können. Zum anderen werden die Methoden der Einzel-, Stereo- und Mehrbildphotogrammetrie und einige daraus erzielte Produkte vorgestellt.

Bei dem Thema Fernerkundung liegt der Fokus auf den unterschiedlichen Aufnahmesystemen (z. B. RADAR, LIDAR) und ihren Einsatzgebieten. Am Beispiel der Bildflugplanung werden Planungsprozesse und mathematische Grundlagen der Maßstabsberechnung in Bildern erläutert. Der Aspekt der Auswertung konzentriert sich in erster Linie auf die Interpretation von Bilddaten anhand eines Interpretationsschlüssels.

R. Kupser (✉)
hanseWasser Bremen GmbH, Oldenburg, Deutschland
E-Mail: richard.kupser@outlook.de

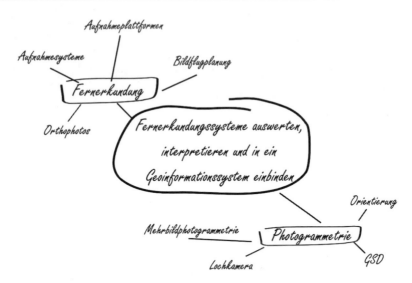

Abb. 8.1 Lernziele und -inhalte von Lernfeld 8

8.2   Was ist Photogrammetrie?

Kurzgefasst versteht man unter dem Begriff Photogrammetrie den Erkenntnisgewinn über Form, Lage und Eigenschaften von Objekten anhand von Bilddaten. Dabei ist es erst einmal irrelevant, wie groß der Abstand von dem jeweiligen Aufnahmegerät zu dem dargestelltem Gebiet oder Objekt ist. So zählen beispielsweise Makroaufnahmen in der Fertigungstechnik ebenso zu den photogrammetrischen Aufnahmen wie *Drohnen-* oder *Satellitenbilder*. Die letzten beiden Beispiele lassen erkennen, dass es keine strikte Trennung mehr zwischen Photogrammetrie und Fernerkundung gibt, wie noch vor einigen Jahren. Vielmehr ist die Photogrammetrie in der Geodäsie als ein Teilgebiet der Fernerkundung zu sehen. Diese umfasst dabei sowohl die Aufnahme der Bilder als auch Methoden der Aufbereitung und Analyse.

Bilddaten werden in der Geoinformation zu den unterschiedlichsten Zwecken herangezogen. Auf der Hand liegt die Veranschaulichung von Daten. Hier werden Bilddaten als Hintergrundkarten oder als Textur für 3D-Gebäudemodelle genutzt. Immer häufiger werden die Farbwerte von Pixeln und ihre Verteilung in den Bilddaten aber auch für (teil-)automatisierte räumliche Analysen eingesetzt.

8.2.1   Klassifizierung nach Aufnahmeort

In der Geodäsie wird die Photogrammetrie klassischer Weise in zwei Teilbereiche unter-gliedert, die sich durch die Position der Aufnahmegeräte unterscheiden: *terrestrische Photogrammetrie* und *Aerophotogrammetrie.*

Der Begriff terrestrisch geht auf den lateinischen Begriff „Terra" zurück, was Erde oder Land bedeutet. Entsprechend befasst sich die terrestrische Photogrammetrie mit Aufnahmen, die vom Erdboden aus erhoben wurden.

Die Aerophotogrammetrie (gr. „aero", Luft) hingegen befasst sich mit der Aus-wertung von Luftbildern. Als Trägersysteme können Flugzeuge, Wetterballons oder auch UAV dienen.

UAV ist die Abkürzung für *Unmanned Aerial Vehicle* und bezeichnet alle unbemannten Flugobjekte. Er ist ein Sammelbegriff für Drohnen und Multicopter aller Art. Im Rahmen der sogenannten EU-Drohnenverordnung (EU-Durchführungsver-ordnung 2019/947) und ihrer 2021 erfolgten Umsetzung durch den Bundestag wurde speziell auf Drohnen bezogen der Begriff UAS *(Unmanned Aerial Systems)* geprägt.

8.2.2   Elektromagnetische Strahlung als Grundlage der Photogrammetrie

Nach der Entwicklung digitaler Aufnahmegeräte haben diese mit der Zeit analogen Kameras auch in der Vermessung vollständig abgelöst. Bilder einer Digitalkamera ent-stehen dadurch, dass *Sensoren* die Intensität elektromagnetischer Strahlung messen und speichern. Der für das menschliche Auge wahrnehmbare Bereich ist das sichtbare Licht (mehr zur Wahrnehmung von Farben in Kap. 6). Für verschiedene Wellenlängenbereiche elektromagnetischer Strahlung werden unterschiedliche Sensoren verwendet, um deren Intensität zu erfassen. Jede Kamera besitzt in der Regel mindestens drei dieser Sensoren. Diese drei „Standardsensoren" nehmen die *roten, grünen* und *blauen* Farbkanäle auf. Ein *Farbkanal* oder auch *Band* gibt an, welcher Wellenlängenbereich von dem jeweiligen Sensor erfasst wird. Aus den Intensitätswerten der roten, grünen und blauen Farbkanäle lassen sich letztlich Farbbilder generieren. Deckt ein Sensor das gesamte Spektrum des sichtbaren Lichts ab, so erhält man ein Schwarz-Weiß-Bild, daher spricht man auch von einem *panchromatischen* (farbübergreifenden) Sensor. Tab. 8.1 stellt diesem Sensor die menschliche Farbwahrnehmung gegenüber. Neben den RGB-Sensoren (**R**ot-**G**rün-**B**lau) können je nach Fragestellung auch für Menschen nicht sichtbare Bereiche für photogrammetrische Untersuchungen von Interesse sein. Diese sind mithilfe spezieller Sensoren visualisierbar. Beispielsweise lassen sich Pflanzen und deren Vitalitätsgrad sehr gut über ihr Reflexionsverhalten im Bereich des *nahe Infrarot* (NIR) identifizieren. Radiowellen und auch die Thermalstrahlung, wie sie in Wärmebildkameras zum Einsatz kommt, gehören ebenfalls zum Spektrum elektromagnetischer Strahlung.

Tab. 8.1 Übersicht von Farbsensoren

Name	Farben	Kanäle/Bänder	Wellenlängen
Panchromatisch	Schwarz-weiß	1 Intensitätskanal (Graustufen)	Ca. 400–780 nm
Echtfarben	Alle Farben des sichtbaren Spektrum	3 Farbkanäle (RGB)	Rot (ca. 635–770 nm) Grün (ca. 520–565 nm) Blau (ca. 450–500 nm)

8.2.3 Aktive und passive Systeme

Neben der Klassifizierung nach dem Aufnahmeort lassen sich Aufnahmesysteme auch nach der Strahlungsquelle differenzieren.

Passive Systeme (s. Abb. 8.2, links) nutzen die ausgesendeten Wellen externer Strahlungsquellen. In der Regel dient dabei die Sonne als eben solche. Ihre Strahlung durchdringt die Atmosphäre der Erde und wird von der Geländeoberfläche oder darauf befindlichen Objekten reflektiert. Die Sensoren der Kamera erfassen die Intensität der reflektierten Strahlung und speichern diese auf einem Datenträger. Kameras sind das wohl bekannteste Beispiel passiver Systeme, zumal sie je nach Sensor auch in der Lage sind, die Thermalstrahlung der Erde bildlich festzuhalten.

Aktive Systeme (s. Abb. 8.2, rechts) sind in der Lage, selbst eine Strahlung auszusenden, deren Reflexion sie anschließend messen und speichern können. Bekannte aktive Systeme, die in der Vermessungstechnik Anwendung finden, sind Radarmessgeräte,

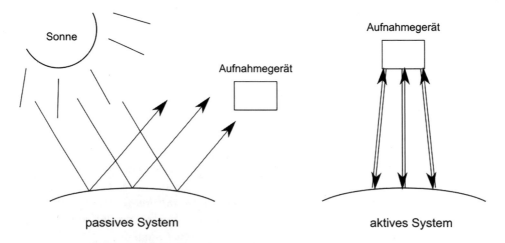

Abb. 8.2 Aktive und passive Aufnahmesysteme

sowie Laserscanner und Tachymeter (Kraus 2004, S. 465–466). Mehr zu Funktionsweise und Einsatzmöglichkeiten des Tachymeters findest du in Kap. 3.

8.2.4 Spektrale Signaturen

Wird ein Objekt von einer Strahlungsquelle beleuchtet, so absorbiert es einen Teil dieser und reflektiert die restliche Strahlung. Wie viel Strahlung in welchem Wellenlängen-bereich reflektiert wird, ist dabei für jedes Objekt unterschiedlich. Erzeugt man ein Liniendiagramm, in dem die Wellenlänge gegen die Intensität aufgetragen wird, so erhält man ein sogenanntes Spektralprofil. Dieses Spektralprofil ist wie ein Fingerabdruck oder eine Unterschrift für das jeweilige Objekt. Man spricht deshalb auch von einer spektralen Signatur. Objekte gleicher Art weisen ein ähnliches Spektralprofil auf. Abb. 8.3 zeigt exemplarisch zwei Spektralprofile für Wasser und Vegetation. Diese Charakteristika werden später bei der Auswertung und Bildanalyse genutzt, um Objekte eindeutig zuordnen zu können.

Obwohl der Mensch Vegetation zumeist als grün wahrnimmt, ist der Ausschlag im grünen Farbspektrum tatsächlich nur „zweitrangig". Der Anstieg im Spektralprofil hin zum Bereich des nahen Infrarots dagegen ist so charakteristisch, dass er sogar einen eigenen Namen bekommen hat: *Red Edge*. Diese spektrale Signatur ermöglicht es bei Analysen nahezu fehlerfrei, bewachsenes und bebautes Gebiet zu trennen.

8.2.5 Zentralprojektion und Lochkamera

Fotos bieten weitaus mehr Möglichkeiten als die Analyse und Interpretation von Farb-informationen. Sind bestimmte Parameter zu den Aufnahmen bekannt, können aus Fotos auch Information über Größe, Lage und Distanzen von Objekten abgeleitet werden. Möglich wird dies aufgrund des charakteristischen Aufbaus von Kameras (s. Abb. 8.4). Der skizzierte Aufbau wird als *Lochkamera* bezeichnet und zeigt das idealtypische Konstrukt einer Kamera.

Abb. 8.3 Spektralprofile

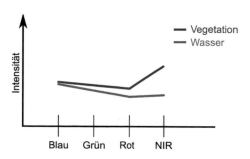

Abb. 8.4 Idealtyp:
Lochkamera

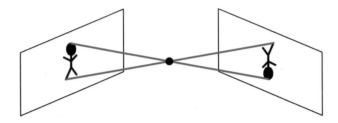

Die Hauptmerkmale einer Lochkamera sind:

- Alle einfallende Strahlung erfolgt durch einen einzelnen Punkt,
- Im Kamerainnern wird eine absolut ebene Fläche beleuchtet.

(Luhmann 2018, S. 30)

Da die Abbildung der Umwelt über einen zentralen Punkt erfolgt, wird diese Abbildungsform *Zentralprojektion* genannt.

8.2.5.1 Innere und äußere Orientierung und Bildmaßstab

Das Prinzip von Lochkamera und Zentralprojektion ermöglicht, Aussagen über Objekte zu treffen, die sich in einer gemeinsamen Ebene befinden, die parallel zur Projektionsebene in der Kamera steht. Ist dies der Fall, so lassen sich viele Rechenoperationen auf *kongruente* (ähnliche) *Dreiecke* zurückführen. So lassen sich aus dem Bild Aussagen über Größe und Ausdehnung von Objekten in der Wirklichkeit treffen.

Eine wichtige Formel ist die Berechnung des Bildmaßstabs. Das Verhältnis der Größe eines Objektes Y zu seiner Abbildung in der *Bildebene* y' entspricht dem Verhältnis der *Aufnahmedistanz* h zur *Kamerakonstanten* c und entspricht gleichzeitig auch dem Bildmaßstab (s. Abb. 8.5). Die Kamerakonstante beschreibt dabei den Abstand in der Kamera zwischen dem Objektiv und dem Bildsensor.

$$m = \frac{Y}{y'} = \frac{h}{c}$$

Während Daten zur Größe eines Objekts in der Wirklichkeit und zum Abstand zum Aufnahmegerät von der/m Fotograf:in selbst erhoben werden können, werden für die Kamerakonstante und die Abbildungsgröße in der Bildebene die jeweiligen Angaben vom Hersteller benötigt. Die Kamerakonstante c wird in der Produktbeschreibung direkt angegeben. Außerdem liefert der Hersteller Angaben zu der Anzahl der Pixel im Sensor der Bildebene sowie der Größe eines Pixels. Da keine Kamera exakt dem Modell einer Lochkamera entspricht, gibt es für die Abweichungen vom Idealfall weitere Parameter. Diese sogenannten Verzeichnungsparameter bilden zusammen mit der Kamera-

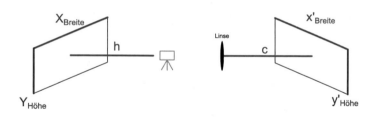

Abb. 8.5 Aufnahmebeispiele

konstanten c sowie den Informationen zum Bildsensor die Parameter der *inneren Orientierung* (Luhmann 2018, S. 29–30).

Die äußere Orientierung einer Kamera wird durch sechs Parameter angegeben (Luhmann 2018, S. 271–272):

- die x-/y-/z-Koordinate für die Lage des Projektionszentrums im Raum (je 1 Parameter),
- die Drehungswinkel um die drei Koordinatenachsen (je 1 Parameter).

Das nachfolgende Beispiel zur praktischen Anwendung soll exemplarisch die Maßstabsberechnung verdeutlichen.

Beispiel

Eine Hauswand wird aus einer Entfernung von 10 m fotografiert. Die Kamerakonstante c ist vom Hersteller mit 16 mm angegeben. Im Bildsensor beträgt das Maß der Hauswand 100×200 Pixel (Breite mal Höhe). Die Pixelgröße im Bildsensor beträgt $5\,\mu m \times 5\,\mu m$ (Breite mal Höhe). Wie groß ist die Fläche der erfassten Fassade? Zur Veranschaulichung s. Abb. 8.5

Gegeben:
Aufnahmedistanz h: 10 m = 10.000 mm.
Kamerakonstante c: 16 mm.
Pixelbreite: $5\,\mu m$.
Pixelhöhe: $5\,\mu m$.
Objektbreite im Sensor: 2000 Pixel.
Objekthöhe im Sensor: 1000 Pixel.

Gesucht:
Fläche der Hauswand $A = Y_{Breite} \times Y_{Höhe}.$

Rechnung:

$$y'_{Breite} = 2000 Pixel \times 5\,\mu m = 20.000\,\mu m = 20\,mm$$

$$y'_{Höhe} = 1000 Pixel \times 5\,\mu m = 10.000\,\mu m = 10\,mm$$

$$Y = y' \times \frac{h}{c}$$

$$Y_{Breite} = 20\,mm \times \frac{10.000\,mm}{16\,mm} = 12.5000\,mm = 12{,}5\,m$$

$$Y_{Höhe} = 10\,mm \times \frac{10.000\,mm}{16\,mm} = 12.5000\,mm = 6{,}25\,m$$

$$A = 12{,}50\,m \times 6{,}25\,m = 78.125\,m^2$$

Ergebnis:
Die Fassade hat eine Fläche von 78.125 m². ◄

▶ **Wichtig**
Ein Mikrometer (μm) entspricht einem Tausendstel eines Millimeters

$$1\,\mu m = 0{,}001\,mm$$

8.2.5.2 Genauigkeit und Ground Sample Distance (GSD)

Die Beispielrechnung aus dem vorigen Abschnitt zeigt, wie Strecken und Flächen in einem Bild errechnet werden können. In diesem Zusammenhang stellt sich die Frage nach der Genauigkeit dieser Berechnung. Genauigkeit wird in der Photogrammetrie als *Ground Sample Distance* (GSD) bezeichnet und beschreibt die (Boden-)Auflösung, mit der ein Objekt aufgenommen wurde.

Eine GSD von 8 cm beschreibt beispielsweise, dass ein Pixel in der Kamera eine Fläche von 8 cm × 8 cm auflöst. Da Pixel in der Regel quadratisch sind, genügt es meist, eine Seitenlänge anzugeben. Setzt man in der Formel für die Maßstabsberechnung für y' die Breite eines Pixels ein und stellt die Formel entsprechend um, so ergibt sich für die GSD:

$$y' \times \frac{h}{c} = GSD$$

Anhand der GSD lässt sich erkennen, ab welcher Größe Objekte eindeutig identifizierbar sind. Ab einer Objektgröße, die dem dreifachen der GSD entspricht, sind Objekte interpretierbar. Ab einer Objektgröße, die der achtfachen GSD entspricht, sind Objekte erkennbar.

Beispiel

Es wird wieder die Hauswand aus dem vorherigen Beispiel fotografiert. Die Angaben zur Kamera bleiben unverändert. Nun wollen wir herausfinden, aus welcher Entfernung wir diese aufnehmen müssen, damit die Ground Sample Distance mit einer Genauigkeit von genau 1 cm angegeben werden kann (s. Abb. 8.5)

Gegeben:

Kamerakonstante c: 16 mm.
Pixelbreite: 5 µm.
Pixelhöhe: 5 µm.
gewünschte GSD: 1 cm.

Gesucht:
Aufnahmedistanz h.
Rechnung:

$$y' \times \frac{h}{c} = GSD$$

$$5 \ \mu m \times \frac{h}{16 \ mm} = 1 \ cm$$

$$0{,}005 \ mm \times \frac{h}{16 \ mm} = 10 \ mm$$

$$h = \frac{10 \ mm \times 16 \ mm}{0{,}005 \ mm}$$

$$h = 32.000 \ mm = 32 \ m$$

Ergebnis:
Um die Fassade mit einer Genauigkeit von 1 cm pro Pixel auflösen zu können muss der Abstand 32 m betragen. ◄

8.2.6 Mehrbildphotogrammetrie

In den vorangegangenen Beispielen reicht es aus, ein einzelnes Bild von einem Objekt aufzunehmen. In der vermessungstechnischen Praxis sind Objekte oder Gebiete jedoch häufig zu groß, um mit einem einzigen Bild in der gewünschten Auflösung erfasst zu werden. In solchen Fällen bedarf es mehrerer photogrammetrischer Aufnahmen, die dann anschließend miteinander verknüpft werden. Doch wie verknüpft man Bilder miteinander, und wie macht man sie für Anwender:nnen nutzbar?

8.2.6.1 Passpunkte und Georeferenzierung

Ein wichtiger Arbeitsschritt, um aus mehreren Aufnahmen einen nutzbaren Bildverbund zu erzeugen, besteht darin, dass alle Bilder in ein gemeinsames Zielbezugssystem überführt werden. In der Regel wird dafür ein amtliches Koordinatensystem wie z. B. UTM (s. Kap. 2) eingesetzt. So werden aus Pixelkoordinaten metrische Werte und die Bilder lassen sich nicht nur interpretieren, sondern auch analysieren.

In der Photogrammetrie hat sich dafür die Verwendung sogenannter *Passpunkte* etabliert. Passpunkte sind Punkte mit bekannter Position im Zielbezugssystem, die sich auch im Bild eindeutig wiedererkennen lassen. Um solche Punkte besonders kenntlich zu machen, werden diese vor der Aufnahme in der Örtlichkeit besonders markiert. Die Art der Markierung orientiert sich dabei immer am Abstand des Aufnahmegeräts und dessen Aufnahmeauflösung. Sie reicht von kleinen Fadenkreuzaufklebern bis hin zu Farbmarkierungen mit einem Durchmesser von mehreren Dezimetern. Um einem Bild eine *absolute Orientierung,* d. h. eine eindeutige Lage in einem Bezugssystem, zuzuweisen, werden mindestens drei Passpunkte benötigt. Der Vorgang, bei dem jedem Pixel eines Bildes rechnerisch eine Position in dem Zielbezugssystem zugeordnet wird, nennt sich *Georeferenzierung*. Die Berechnung der Georeferenzierung erfolgt in der Regel auf Basis einer Affintransformation. Weitere Informationen zu Georeferenzierung und Affintransformation können in Kap. 4 nachgelesen werden.

Um Lücken zwischen den einzelnen Bildern zu vermeiden, werden diese mit einer Überlappung aufgenommen. Die Überlappung besitzt darüber hinaus aber noch einen weiteren Nutzen. Befinden sich Passpunkte im doppelt erfassten Gebiet zweier Bilder, dann ist es nicht nur möglich, jedes Bild einzeln zu entzerren, sondern auch eine Orientierung der Bilder untereinander zu bestimmen. Aus vielen Einzelbildern entsteht auf diese Weise ein großer Verbund und man erhält zusätzliche Informationen, die die Qualität der Georeferenzierung erhöhen.

Heutzutage werden wesentlich weniger Passpunkte benötigt als früher. Softwareprogramme erkennen mithilfe von Algorithmen bei ausreichender Überlappung der Aufnahmen eigenständig Kantenstrukturen, markante Formen und identische Muster und erzeugen sich so eigene künstliche Passpunkte innerhalb der Bilder. Sie errechnen automatisch einen Bildverbund. Dieser kann anschließend beinahe, wie ein großes Bild behandelt werden und benötigt nur wenige Passpunkte (mindestens drei) für seine Georeferenzierung (Luhmann 2018, S. 327).

8.2.6.2 Qualitätsmerkmale von Passpunkten

Die Qualität der Mehrbildphotogrammetrie steht und fällt nicht zuletzt mit der Qualität Passpunkte. Doch was für Kriterien gibt es für die Auswahl „guter" Passpunkte? Der wohl einfachste Aspekt ist Sichtbarkeit. Ein Passpunkt muss vom Aufnahmepunkt aus klar zu erkennen sein. Was in der terrestrischen Photogrammetrie noch relativ einfach erscheint, kann sich bei großräumigen Aufnahmeverfahren aus dem Flugzeug schon schwieriger gestalten. Sichtbarkeit beinhaltet zudem auch die Farbgebung und Gestaltung. Der Passpunkt muss sich später im Bild gut erkennen lassen. Auf einem betongrauen Untergrund ist eine weiße Markierung sicherlich besser zu erkennen als eine dunkelblaue. Außerdem darf die Markierung weder zu filigran noch zu grob sein. Wenn ein Luftbild mit einer GSD von acht Zentimetern aufgenommen wird, dann lässt sich ein Kreuz mit einer Strichstärke von zwei Zentimetern nicht erkennen. Aber auch zu dicke Markierungen können dazu führen, dass sich das Zentrum anschließend nicht mehr so gut abschätzen lässt. Das nächste Qualitätskriterium ist die Lagegenauigkeit. Ein Passpunkt ist nur so gut, wie er vermessen wurde. Die Lagegenauigkeit muss immer den Anforderungen an das Endprodukt entsprechen. Schlussendlich spielt auch die Verteilung der Passpunkte eine wichtige Rolle. Eine gute Verteilung bedeutet, dass die Punkte nicht zu eng beieinanderliegen und möglichst weitläufig über die Bilder verteilt sind.

8.2.6.3 Stereoskopisches Sehen

Die wohl einfachste Kombination in der Mehrbildphotogrammetrie ist die Verknüpfung von zwei Luftbildern miteinander. Das gilt insbesondere dann, wenn diese nicht tatsächlich durch eine Bildoperation miteinander verknüpft werden müssen, sondern lediglich die Aufnahme so geschickt gewählt werden muss, dass Auge und Gehirn diese Arbeit erledigen und dabei sogar noch einen räumlichen Eindruck erzeugen.

Ganz so einfach ist es in der Praxis nicht, aber prinzipiell passiert genau das beim *stereoskopischen Sehen*. Eine Situation wird aus zwei nur horizontal leicht versetzten Perspektiven aufgenommen. Das soll die Parallaxe des Auges simulieren, also die Tatsache, dass wir mit zwei Augen aus leicht unterschiedlichen Winkeln auf unsere Umgebung schauen. Anschließend werden beide Bilder so bearbeitet, dass es zwischen gleichen Punkten auf den beiden Bildern keinen vertikalen Unterschied mehr gibt (Luhmann 2018, S. 310). Abschließend betrachtet man die beiden Bilder durch ein Stereoskop. Dabei handelt es sich um eine Apparatur, bei der die Sicht beider Augen so gelenkt wird, dass jedes Auge nur eines der beiden Bilder sehen kann (s. Abb. 8.6). Abschließend muss die/der Betrachter:in die Bilder derart zueinander orientieren, dass ein räumlicher Eindruck entsteht. Dieser kann dafür genutzt werden, um aus 2D-Bildern eine Aussage über relative Höhen von Objekten zueinander treffen zu können. Das stereoskopische Sehen kommt heutzutage vor allem in einfachen VR-Brillen zum Einsatz.

Abb. 8.6 Stereoskopisches Sehen

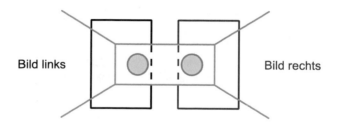

Bild links   Bild rechts

8.2.6.4 Digitale Bildbearbeitung

Jede/r kennt es von der Fotografie: Man hat ein Foto geschossen und wenn man es danach ansieht, passt irgendetwas nicht. Mal ist das Bild zu hell, mal zu dunkel, und manchmal zu unscharf.

Nicht anders verhält es sich bei photogrammetrischen Aufnahmen. Auch hier ist nicht jede Aufnahme perfekt. Die meisten Bilddaten, mit denen Geomatiker:innen arbeiten, sind in der Regel bereits aufbereitet und für die Nutzung optimiert. Bereitgestellte Orthophotos oder Satellitenbilder beispielsweise sind für Anwender:innen direkt nutzbar. Nichtdestotrotz kann es vorkommen, dass Bilddaten, z. B. bei einer Befliegung mit einer Drohne, selbst erhoben werden. Bei der digitalen Bildbearbeitung in der Photogrammetrie geht es nicht um ästhetische Aspekte, sondern darum, vergleichbare Analysen zu ermöglichen und vor allem bei Mehrbildaufnahmen Bilder mit unterschiedlicher Belichtung aneinander anzupassen. Die konkreten Aufbereitungsmethoden unterscheiden sich in ihren Einzelschritten meistens je nach Hersteller und Anwendung. Digitale Bildbearbeitung für die Entwicklung von Geoprodukten wird in der Berufsschule und im Betrieb mithilfe praktischer Übungen vermittelt und bleibt an dieser Stelle nur erwähnt.

8.3   Fernerkundung

Konecny und Lehmann definieren Fernerkundung als „Ermittlung von Informationen über entfernte Objekte […], ohne mit ihnen in direkten Kontakt zu kommen" (Konecny und Lehmann 1984, S. 17). Während in der Photogrammetrie der Fokus auf den Bilddaten liegt, kommen in der Fernerkundung auch andere Aufnahmesysteme zum Einsatz. Analysegegenstand der Fernerkundung sind „die Erde, und die auf der Erdoberfläche ablaufenden Prozesse" (Heipke 2017, S. 5). Zusammengefasst ist die Fernerkundung also die kontaktlose Ermittlung von Informationen über die Erde und ihrer oberflächlich ablaufenden Prozesse. Im Folgenden sollen die in der Fernerkundung eingesetzten Aufnahmesysteme und ihre Anwendungsbereiche, sowie ihre Vor- und Nachteile genauer beschrieben werden.

8.3.1   Radar

Eines der ältesten Fernerkundungsverfahren mit einem aktiven Sensorsystem stellt das Radar dar. Radar ist eine englischsprachige Abkürzung und steht für *Radio Detection and Ranging,* was übersetzt so viel bedeutet wie „Erkennung und Entfernung per Funk". Die Übersetzung beschreibt die Ursprünge der Radarsysteme gut, die in der Anfangszeit vorwiegend zur Flugraumüberwachung genutzt wurden. Heute noch wird diese Art von Radartechnologie in der (Binnen-)Schifffahrt genutzt, um entgegenkommende Wasserfahrzeuge im Dunkeln zu erkennen.

In der Fernerkundung hingegen wird eine andere Art von Radar genutzt. Es handelt sich dabei um sogenannte *bildgebende* Radarsysteme. Solche Radarsysteme bestehen aus einem Sender und einer Antenne, die beide auf einem bewegten Objekt (Flugzeug, Satellit) angebracht sind. Der Sender strahlt seitlich zur Flugrichtung Mikrowellen mit einer bestimmten Energie und Wellenlänge aus. Dieses Aufnahmeverfahren wird daher auch als *Side Looking Airborne Radar* (SLAR) bezeichnet. Mikrowellen sind, wie sichtbares Licht, elektromagnetische Strahlung.

In Abschn. 8.2.2 wird erläutert, dass elektromagnetische Strahlung entsprechend ihrer Wellenlänge in *Bänder* eingeteilt wird. Radarsender strahlen für gewöhnlich Strahlung mit Wellenlängen im X- (ca. 3 cm), C- (ca. 6 cm) oder L-Band (ca. 24 cm) aus. Diese ausgestrahlten Mikrowellen werden von der Erdoberfläche reflektiert und von der Antenne empfangen. Anhand der Stärke des zurückgeworfenen Signals und der Dauer zwischen Aussenden und Empfang der Strahlung lassen sich Rückschlüsse über die bestrahlte Oberfläche ziehen (Heipke 2017, S. 87). Dabei wird parallel zur Flugrichtung, dem Azimut, ein Streifen oder Schwad (eng. „swath") durch das Radarsystem abgescannt. Da die Aufbereitung von Radardaten sehr komplex ist und nur von wenigen Institutionen durchgeführt wird, soll an dieser Stelle auf eine genauere Erklärung verzichtet werden.

Für einen tieferen Einblick in die Funktion und den mathematischen Hintergrund von Radarsystemen empfiehlt sich ein Blick in Teil 3 des Buches Photogrammetrie und Fernerkundung: „Aktive Fernerkundungssensorik – Technologische Grundlagen und Abbildungsgeometrie".

Zur Veranschaulichung des gängigsten Radarverfahrens, dem Synthetic Aperture Radar, empfiehlt sich folgende Webseite: https://www.radartutorial.eu/20.airborne/ab07.de.html.

8.3.1.1 Einsatzgebiete von Radarsystemen

Radarsysteme im Sinne der geodätischen Fernerkundung werden in erster Linie für die Modellierung der Erdoberfläche genutzt. Hierfür werden aus Radaraufnahmen Höhenmodelle abgeleitet, anhand derer sich Veränderungen des Geländes gut über einen Vergleich in Form von Zeitreihen nachverfolgen lassen. Beispielsweise können so auch Bodensenkungen und Plattenverschiebungen durch den Einsatz von Radarsystemen dokumentiert werden.

Aufgrund dieser Eigenschaften werden bildgebende Radarverfahren im Bereich des Katastrophenschutzes eingesetzt. Die höchste Relevanz besitzen sie dort in Bezug auf die Erdbeben- und Vulkanismusforschung. Ein weiteres Einsatzgebiet ist der Energiesektor. In diesem werden Radarsysteme im Hinblick auf die Untersuchung geothermischen Potentials eingesetzt (Bundesverband Geothermie 2022, o. S.). In der Praxis erhalten Anwender:innen zumeist aufbereitete Bilddaten, die sich photogrammetrisch auswerten lassen.

8.3.1.2 Vor- und Nachteile

Die Mikrowellen der Radarsysteme bleiben durch diverse Wetterlagen weitestgehend unbeeinflusst. Egal ob klare Sicht, Wolken, oder Regen, das Radar liefert trotz allem verlässliche Daten. Da es sich um ein aktives System handelt, das die benötigte Strahlung selbst emittiert, ist es zudem tageszeitenunabhängig. Aufgrund dieser Konstanz eignet es sich gut für den Einsatz für Beobachtungen aus dem Weltraum.

Die größten Nachteile heutiger Radarsystemen im Bereich der Fernerkundung liegen in den hohen Kosten und zum andern in der einseitigen Aussagekraft. Neben der Erfassung der Topographie lassen sich anhand der Laufzeiten und Intensitätswerte kaum andere Untersuchungsgegenstände erforschen.

8.3.2 Lidar

Bei Lidar handelt es sich um ein vergleichsweise neues Messverfahren. Lidar ist ebenfalls eine englischsprachige Abkürzung und steht für *Light Detection and Ranging,* was ins Deutsche übersetzt so viel bedeutet wie „Erkennung und Entfernung durch Licht". Bei dem eingesetzten Licht handelt es sich in diesem Fall um Laserstrahlung. Diese wird von einer Strahlungsquelle emittiert. Im Gegensatz zum Radar, bei dem Wellen ausgesendet werden, die in pixelähnlichen Bildinformationen resultieren, führt die Aussendung eines Strahls mit einem winzigen Durchmesser dazu, dass Lidarsysteme Punktinformationen liefern. In der Fernerkundung kommen vorwiegend gepulste Laser zum Einsatz (Heipke 2017, S. 51).

Gepulst bedeutet, dass der Laser nicht dauerhaft Strahlung aussendet. Stattdessen wird die Strahlung in konstanten Intervallen mit kurzen Unterbrechungen emittiert. Für geodätische Analysen ergeben sich durch den Pulscharakter der Strahlung zusätzliche Möglichkeiten. Jedes Intervall des Lasers, jeder „pulse" liefert zwei Informationen: *first pulse* und *last pulse.*

First pulse beschreibt den Punkt, an dem der Strahl, das erste Mal von einem Objekt reflektiert wird (Landesamt für Digitalisierung, Breitband und Vermessung 2021, o. S.). Last pulse beschreibt den Punkt, an dem der Strahl zuletzt reflektiert wird. Im Normalfall sind first pulse und last pulse nahezu identisch. Der Laserstrahl trifft auf ein Objekt oder eine Fläche und wird von diesem zurückgeworfen. Nun kann es aber sein, dass, trotz seines kleinen Durchmessers, der Strahl ein Objekt nur streift, oder sich das Objekt innerhalb eine Intervalls bewegt. Anhand der Ausrichtung des Lasers und seiner Lauflänge, also dem Zeitintervall zwischen Aussenden und Empfangen der Strahlung, lässt sich abschließend die Entfernung der Reflexionsquelle ermitteln (s. Abb. 8.7).

Da für die Ausrichtung des Laserstrahls eine Richtung bestimmt werden kann und für die reflektierenden Objekte eine Strecke ermittelt wird, ist es möglich, Lidarsysteme für polare Aufnahmen zu nutzen.

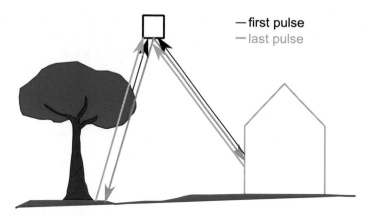

Abb. 8.7 First und last pulse bei Laseraufnahmen

8.3.2.1 Laserscanning mit Lidar

Beim Laserscanning werden Daten mithilfe von Laserstrahlen erhoben (Heipke 2017, S. 432). Jeder dieser Tastvorgänge stellt für sich einen Lidarmessvorgang dar. Dabei gibt kommen die unterschiedlichsten Kombinationen aus Sensoren und Aufnahmeplattformen zum Einsatz. Es ist eine der am häufigsten benutzten Aufnahmetechniken und für viele Geomatiker:innen als fester Bestandteil im Berufsalltags verankert. Daher wird dieses Aufnahmeverfahren intensiver beschrieben und erklärt. Bei den Aufnahmeplattformen des Laserscannings wird grundsätzlich zwischen dem terrestrischen – also dem erdgebundenen – und dem airborne Laserscanning – also der Erhebung aus der Luft – unterschieden.

Das *terrestrische Laserscanning* (TLS) wird für gewöhnlich mit einer speziellen Version eines Tachymeters durchgeführt. Im Gegensatz zum klassischen Tachymeter, das in der Lage ist, über ein Zielfernrohr gezielt Punkte anzusteuern und aufzunehmen, erfasst ein terrestrischer Laserscanner seine Umgebung, indem er diese vollautomatisiert in einem nahezu regelmäßigen Raster abtastet. Innerhalb kürzester Zeit ist es so möglich, mehrere Hunderttausend Punkte zu erfassen. Die Gesamtheit aller Punkte wird auch *3D-Punktwolke* genannt (Heipke 2017, S. 432). Es gibt zahlreiche Einsatzmöglichkeiten für terrestrisches Laserscanning. Eine Möglichkeit ist z. B. die dreidimensionale Aufnahme von Bauwerken. Darüber hinaus kann es zur Aufnahme von Innenräumen genutzt werden. Außerdem gibt es immer mehr mobile Varianten. Mittlerweile hat beispielsweise fast jede/r ein „Google"-Car mit einem entsprechenden Aufbau zur 3D-Erfassung durch die Straßen fahren sehen. Da das Wort „terrestrisch" eher einen stationären Charakter besitzt, geht die Tendenz dahin, diese Messmethoden als „Mobiles Laserscanning" theoretisch und begrifflich abzugrenzen.

Das *airborne Laserscanning* (ALS) wird hauptsächlich für großräumige Aufnahmen genutzt. Das wohl bekannteste Einsatzgebiet ist die Landesvermessung im Auftrag der Vermessungsbehörden. Im Zuge von Befliegungen werden 3D-Messdaten erhoben, die als Grundlage für viele Produkte der Vermessungsverwaltungen genutzt werden. Das *digitale Geländemodell*, das *digitale Oberflächenmodell* und das *3D-Gebäudedemodell* nutzen als Datenbasis allesamt die durch Befliegung gewonnenen 3D-Messdaten. Mehr Informationen zu diesen Geoprodukten findest du in Kap. 11.

Um mit ALS verlässliche Daten erfassen zu können, bedarf es drei Komponenten, die an einer Trägerplattform (z. B. Hubschrauber oder Flugzeug) angebracht sein müssen:

- GNSS-Empfänger
- IMU
- Laserscanner

Zudem müssen die Bauteile hinsichtlich ihrer Lage und Zeit aufeinander abgestimmt sein, damit die Informationen korrekt verarbeitet werden können.

Der *GNSS-Empfänger* sorgt dafür, dass die Position während des gesamten Fluges bekannt ist (Kraus 2004, S. 162). Dadurch erfolgt gleichzeitig die Einbindung in das amtliche Lage- und Höhenbezugssystem. So kann jede Messung eindeutig einem Ausgangspunkt in der Luft zugeordnet werden. Mittels Richtung und Strecke des Laserimpulses lassen sich von diesem „Standpunkt" ausgehend die 3D-Koordinaten der Messpunkte berechnen.

Bei einer *IMU* handelt es sich um eine *inetrial measurement unit* oder zu Deutsch: ein inertiales Messsystem. Dabei handelt es sich um mehrere Sensoren, die eventuelle Richtungsänderungen, Dreh- und Kippbewegungen der Aufnahmeplattform erfassen (Kraus 2004, S. 163–164). Ein solches Messsystem ist in nahezu jedem Flugzeug oder Hubschrauber verbaut. Das Besondere in diesem Fall ist, dass es in der Lage sein muss, seine Informationen mit dem GNSS-Empfänger und dem Scanner abzugleichen. Diese Daten sind wichtig, weil fliegende Aufnahmeplattformen einem ständigen Einfluss des Windes ausgesetzt sind und deshalb dauerhaft minimale Ausgleichsbewegungen nötig durchführen müssen, um den gewünschten Kurs zu halten. Mithilfe der Daten, die durch die IMU erfasst werden, ist es möglich zu beschreiben, wie der Laserscanner „in der Luft liegt". Ohne die Daten der IMU wäre eine präzise Vermessung aus der Luft wohl schwer möglich.

Nicht zuletzt ist auch der *Laserscanner* ein notwendiger Bestandteil beim ALS. Für gewöhnlich ist die Apparatur fest im Flugzeug verbaut. So besitzt sie jederzeit einen festen Standpunkt und die Lageverhältnisse in Bezug auf GNSS-Empfänger und IMU müssen nicht bei jeder Vermessung neu aufeinander abgestimmt werden.

Es gibt verschiedene Vorrichtungen, die es dem Laserstrahl ermöglichen den Boden abzutasten. Eine der gängigsten Varianten ist ein oszillierender Spiegel. „Oszillierend" bedeutet in dem Fall schwingend. Nach dem simplen optischen Prinzip „Einfallswinkel gleich Ausfallswinkel" schwingt der Spiegel hin und her und sorgt so für eine gleichmäßige Verteilung der Messpunkte. Würden die Punkte auf eine ebene Fläche auftreffen, so ergäbe sich ein wellenartiger Kurvenverlauf.

Eine Graphik zum Funktionsprinzip findet sich unter dem Link: http://www.geo-information.net/lernmodule/lm06/Laserscanning/kap6_s19.htm.

Der Vollständigkeit halber soll das *Satellite Laserscanning* (SLS) erwähnt werden. Dieses besitzt jedoch eine eher untergeordnete Bedeutung im Berufsalltag der meisten Geomatiker:innen und wird deshalb nicht weiter ausgeführt.

Für ein paar veranschaulichende Graphiken und zusammenfassende sowie weiterführende Erklärungen zum Thema kann das Onlinedokument „Laserscanning und Photogrammetrie im Dienste der Geoinformation" von Karl Kraus herangezogen werden, das auf der Seite der AGIT unter folgendem Link abrufbar ist: https://gi-salzburg.org/s_c/papers/2005/5311.pdf.

8.3.2.2 Einsatzgebiete von Lidarsystemen

Lidartechnologie wird in immer mehr Bereichen eingesetzt. Einige davon wurden bereits im Zusammenhang mit der Aufnahmeplattformen näher beschrieben. Insgesamt lässt sich sagen, dass Lidar dann zum Einsatz kommt, wenn große Mengen an 3D-Informationen benötigt werden, sei es bei der realitätsnahen 3D-Modellierung eines Gebäudes, der Erfassung von Höheninformationen bei der Befliegung eines Gebietes oder aber beim autonomen Fahren. Bei Letzterem ist es elementar wichtig, Objekte schnell zu erfassen und die Richtung und Entfernung innerhalb kürzester Zeit bestimmen zu können.

8.3.2.3 Vor- und Nachteile

Die größten Vorteile von Lidartechnologie sind die Flexibilität und die Einfachheit. Der Messvorgang an sich ist fast schon trivial und lässt sich in unterschiedlichster Art und Weise genau an die Bedürfnisse vieler Aufgaben anpassen. Aufgrund dessen erfreut er sich großer Beliebtheit.

Nachteilig bei Lidarsystemen ist die geringe Genauigkeit im Kantenbereich. Die schematische Verteilung der Messpunkte erlaubt prinzipiell keine Aussage darüber, ob es sich in der Aufnahme um eine Bruchkante oder lediglich um eine (starke) Steigung handelt. Hierfür müssen Strukturlinien separat erfasst werden.

8.3.3 Multispektralkameras

Im Gegensatz zu Lidar und Radar handelt es sich bei *Multispektralkameras* in dem Sinne nicht um eine eigene Technologie. Allerdings sind in allen Multispektralkameras passive optische Sensoren verbaut. Der Unterschied zwischen Multispektralkameras und normalen Kameras besteht darin, dass sie ein größeres Spektrum abdecken können. Multispektralkameras erfassen nämlich nicht nur die drei Farbkanäle Rot, Grün und Blau, sondern sind in der Lage, noch zusätzliche Bereiche im infraroten oder – je nach Abstand zum Erdboden auch – ultravioletten Bereich abzubilden.

Die Multispektralkamera des Satelliten „Sentinel-2" ist z. B. in der Lage, zwölf unterschiedliche Farbbänder zu erfassen (ESA o. D., o. S.). Da nur die Bänder des sichtbaren Lichts für den Menschen wahrnehmbar sind, behilft man sich für die Auswertungen zumeist damit, die Intensitätswerte der einzelnen Sensoren in einer Schwarz-Weiß-Darstellung zu veranschaulichen.

Es gibt jedoch Dreierkombinationen, für die es sinnvoll ist, eine völlig andere Farbdarstellung zu wählen, um eine neue Aussagekraft zu erzielen. Ein Beispiel dafür sind *Color-Infrarot-Bilder* (CIR). Dort werden statt den Farben Rot, Grün und Blau die Kanäle Rot und Grün zusammen mit einem Kanal des nahen Infrarots dargestellt. Für die Darstellung eines Farbkanals, den das menschliche Auge eigentlich nicht wahrnehmen kann, werden die Farben des sichtbaren Lichts genutzt. Das nahe Infrarot wird in Rot dargestellt, der rote Kanal wird in Grün dargestellt und der grüne Farbkanal wird in Blau dargestellt (Luhmann 2018, S. 433). Das Ergebnis ist ein sogenanntes *Falschfarbenkomposit*. In diesem Fall erscheint die Vegetation rot statt grün. Wasser erscheint schwarz, da das blaue Licht der Wirklichkeit in diesem Falschfarbenkomposit nicht dargestellt wird.

8.3.4 Satelliten

Bei *Satelliten* handelt es sich um eine sehr zentrale Trägerplattform für die berührungslose Informationserfassung. An Satelliten werden die unterschiedlichsten Sensoren und Aufnahmesysteme installiert. Im Kontext der Geoinformation gibt es drei wichtige Gruppen von Satelliten:

- bildgebende Satelliten mit Multispektralkameras (LANDSAT, Sentinel …)
- Satelliten zur Positionsbestimmung (GPS, GNSS, GLONASS …)
- Radarsatelliten (Tandem-X …)

Im Zusammenhang mit Satelliten tauchen immer wieder einige Begriffe auf, die Geomatiker:innen (vor allem mit Blick auf die Datenbeschaffung) kennen sollten:

Geostationäre Satelliten umkreisen die Erde so, dass sie sich mit der Erde drehen und immer annähernd über dem gleichen Punkt stehen. Ein Beispiel dafür sind die Satelliten des „Quasi-Zenit-Satelliten-Systems", dem nationalen Positionierungsdienst Japans. Auch Wettersatelliten sind meist geostationär.

Neben Satelliten, die über einem Punkt der Erde verharren gibt es Satelliten, die sich bewegen. Diese kreisen in einem konstanten Abstand auf einer festen Strecke um die Erde. Diese feste Strecke wird auch Umlaufbahn oder Orbit genannt. Die meisten Satelliten in der Fernerkundung besitzen eine *polare Umlaufbahn*. Das heißt, sie umkreisen die Erde so, dass ihre Bewegungsrichtung nahezu parallel zu den Meridianstreifen und somit auch fast genau senkrecht zum Äquator verläuft. Diese Umlaufbahn bietet einen entscheidenden Vorteil: Auf diese Weise ist es möglich, dass die Satelliten fast ausschließlich im Hellen fliegen. Der Begriff dafür nennt sich *sonnensynchron* (ESA 2010, o. S.).

Insbesondere passive Aufnahmesysteme, wie z. B. Multispektralkameras sind auf das Sonnenlicht für ihre Aufnahmen angewiesen. Die Anzahl der möglichen Aufnahmen lässt sich durch eine sonnensynchrone polare Umlaufbahn erhöhen. Außerdem lässt sich über polare Umlaufbahnen die ganze Erde in einzelnen Streifen erfassen.

Die Breite eines solchen Streifens *(Schwadbreite)* und die Anzahl der Erdumrundungen pro Tag beeinflussen die Wiederholungsrate (also die Zeit, die vergeht, bis ein Gebiet erneut aufgenommen wird). Der Satellit „Landsat-8" besitzt beispielsweise eine Wieder-holungsrate von 16 Tagen (NASA 2021, o. S.). Geostationäre und polar umlaufende Satelliten unterscheiden sich in der Regel deutlich in ihrer Flughöhe. Während bild-gebende Satelliten mit Multispektralkameras, wie „Landsat-8" oder „Sentinel-2" eine möglichst hohe Bodenauflösung liefern wollen, ist es Ziel der meisten geostationären Satelliten, von ihrer Position aus so viel wie möglich zu erfassen. So befindet sich „Landsat-8" in einer Umlaufbahn circa 700 km über der Erde, während Wettersatelliten eine Flughöhe um die 36.000 km besitzen (NASA 2021, o. S.; ESA 2010, o. S.).

Ein weiteres wichtiges Kriterium für die Datenbeschaffung bei Satellitendaten ist der *Bewölkungsgrad.* Während dieser bei Radaraufnahmen keine Rolle spielt, weil die Mikrowellenstrahlung nahezu unbeeinflusst durch die meisten Wolkenfelder hindurch-dringt, ist der Bewölkungsgrad bei Satellitenbildern essentiell. Ein Bild, dass zum großen Teil von Wolken bedeckt ist, ermöglicht nur sehr eingeschränkte Analysen. Um zu sehen, ob das Untersuchungsgebiet wolkenfrei ist, gibt es für gewöhnlich eine Voransicht.

Der letzte wichtige Begriff ist die *Auflösung,* die quasi der GSD (s. Abschn. 8.1.1.1) entspricht. Dabei ist anzumerken, dass die Schwarz-Weiß-Sensoren fast immer eine höhere Auflösung bieten als Farbsensoren. In der Regel entspricht die GSD der Farb-bilder dem doppelten der Schwarz-Weiß-Aufnahmen. Mithilfe einer Technik, die sich *Pansharpening* nennt, lassen sich auch Farbbilder unter Zuhilfenahme der pan-chromatischen Aufnahme hochrechnen (Luhmann 2018, S. 433).

Einen Satelliten ins All zu schicken, erfordert viel Vorbereitung und verursacht hohe Kosten. Dementsprechend können von Satelliten erfasste Daten mit einer hohen Auflösung in der Anschaffung schnell sehr teuer werden. Für Satellitenbilder gibt es mittlerweile mehrere nationale und internationale Programme, die diese auch kostenfrei zur Verfügung stellen. Ein Beispiel dafür ist das europäische Copernicus-Programm mit seinem Open Access Hub, dass die Bilddaten von „Sentinel-2" kostenfrei zur Verfügung stellt. Auch das „U. S. Geological Survey" macht die Bilddaten von „Landsat-8" kostenfrei zugänglich.

8.4 Bildflugplanung

Mittels *Bildflugplanung* werden photogrammetrische Grundlagen in der praktischen Fernerkundung umgesetzt. Bei der Bildflugplanung ging es früher vor allem darum, die Flugrouten für die großräumigen Luftbildaufnahmen der Vermessungsverwaltungen zu planen. Darüber hinaus kamen Luftbildbefliegungen auch bei größeren lokalen bis regionalen Projekten zum Einsatz. Mit dem Aufkommen von Drohnen wurden Befliegungen kleiner Gebiete immer erschwinglicher, sodass heutzutage immer mehr kleinräumige Luftbildaufnahmen durchgeführt werden. Damit das Endergebnis qualitativ den Anforderungen genügt, gilt es im Vorhinein die Luftbildaufnahmen gut zu planen.

8.4.1 Rechtliche Planung

Vor jeder Befliegung müssen die rechtlichen Rahmenbedingungen geklärt sein. Dabei geht es vor allem um Flugverbotszonen und Aufstiegsgenehmigungen. Dies gilt insbesondere beim Einsatz von Drohnen. Aber auch bei Befliegungen mit dem Flugzeug müssen beispielsweise Lufträume in der Nähe von Flughäfen und militärischem Gelände im Vorhinein genau geprüft werden. Für Drohnenpiloten existieren mittlerweile mehrere Kartendienste, die Hinweis geben, wo prinzipiell mit einer Drohne geflogen werden darf. Einen dieser Kartendienste stellt das Bundesministerium für Digitales und Verkehr online auf der Seite „Digitale Plattform unbemannte Luftfahrt" zur Verfügung (hier ist der Link zur Website: https://www.dipul.de/homepage/de/).

Die weiteren Planungsaspekte werden im Folgenden exemplarisch mit einem Flugzeug als Trägerplattform durchgeführt, sind aber in weiten Teilen auch auf die Erhebung mit Drohnen und anderen unbemannten Systemen übertragbar.

8.4.2 Technische Planung

Um die technische Planung durchführen zu können, müssen die Anforderungen bekannt sein. Zu diesen Anforderungen zählen im Kern drei Punkte:

- die geforderte Auflösung,
- die genaue Gebietsabgrenzung,
- die Fragestellung.

Je nach Fragestellung kann es nützlich sein, Gebiete *zu unterschiedlichen Jahreszeiten* zu befliegen. Stehen Vegetation und Landnutzung im Fokus, dann eignen sich das späte Frühjahr oder der Sommer am besten für eine Aufnahme. Stehen hingegen Bodenbedeckung, Versiegelung oder Bodenzustand im Vordergrund, dann könnte eine Aufnahme kurz vor der Wachstumsperiode oder im Herbst sinnvoller sein.

Die genaue *Gebietsabgrenzung* ist deshalb wichtig, weil Befliegungen, ähnlich wie Satellitenaufnahmen, in Streifen erfolgen. Zwischen den einzelnen Streifen muss Flugzeug eine Kurve fliegen. In diesem Moment ist die Kamera nicht nach unten gerichtet und entsprechend verzerrt. Aus diesem Grund erstrecken sich die Streifen der Bildflüge für gewöhnlich in Richtung der größten Längsausdehnung, da so die wenigsten Kurven geflogen werden müssen.

Ist die Flugausrichtung bestimmt, dann kommen anschließend die geforderte *Auflösung* als entscheidender Parameter ins Spiel, an dem sich alles Weitere ausrichtet. Für gewöhnlich ist die Kamera im Flugzeug fest verbaut oder zumindest das Flugzeug und seine Instrumente auf eine Kamera abgestimmt. Die Kamera besitzt feste Sensoreinheiten und eine konstante Brennweite. Nutzt man die Formel der Maßstabsberechnung aus Abschn. 8.2.5.1, so lässt sich aus den gegebenen Parametern die benötigte Flughöhe errechnen (Kraus 2004, S. 146). Die Kamerakonstante c entspricht dabei im Rahmen der Bildflugplanung der Brennweite der Kamera. Diese wird in technischen Spezifikationen häufig mit dem Buchstaben f angegeben.

Beispiel

Gegeben:

Brennweite f:	120 mm.
Pixelbreite:	4 µm.
Pixelhöhe:	4 µm.
Geforderte Auflösung:	0,1 m.

Gesucht:
Flughöhe h.
Rechnung:

$$m = \frac{Y}{y'} = \frac{h}{f} \rightarrow h = \frac{Y * f}{y'}$$

$$h = \frac{0,1 \text{ m} * 0,120 \text{ m}}{0,000004 \text{ m}} = 3000 \text{ m}$$

Ergebnis:
Die Flughöhe darf maximal 3000 m betragen, um die Anforderungen an die Auflösung zu erfüllen. ◄

Aus der Größe des Sensors lässt sich über die Formel für den Maßstab auch die abgebildete reale Fläche pro Bild errechnen. Früher hatten die für den Bildflug eingesetzten Kameras sogenannte Reihenmesskammern; meist einen quadratischen Sensor mit einer Größe von 23×23 cm. Für aktuelle Modelle gilt das nicht mehr ausschließlich. Die Sensoren der „UltraCam" von Vexcel beispielsweise besitzen ein Seitenverhältnis von circa 16:10.

Da in der Bildflugplanung die international für die Fläche verwendete Variable „A" für „Area" bereits anderweitig verwendet wird, nutzt man hier die deutsche Variable „F" für „Fläche"

Beispiel

Gegeben:

Brennweite f: 120 mm.
Pixelbreite: 4 µm.
Pixelhöhe: 4 µm.
Geforderte Auflösung: 0,1 m.
Sensorauflösung: 8,820 × 5,668 Pixel.

Flughöhe h (aus dem vorherigen Beispiel): 3000 m.
Gesucht:
Erfasste Geländefläche pro Bild $F_{Gelände}$.
Rechnung:

$$m = \frac{Y}{y'} = \frac{h}{f} \rightarrow h = \frac{Y * f}{y'}$$

$$y'_{Breite} = 8820 Pixel \times 4\ \mu m = 35.280\ \mu m = 0{,}03528\ m$$

$$y'_{Höhe} = 5668 Pixel \times 4\ \mu m = 22.672\ \mu m = 0{,}022672\ m$$

Zwischenergebnis:
Die Größe des Sensors beträgt 3,528 * 2,2672 cm.
Rechnung:

$$Y = y' \times \frac{h}{f}$$

$$Y_{Breite} = 0{,}03528\ m \times \frac{3000\ m}{0{,}120\ m} = 882\ m$$

$$Y_{Höhe} = 0{,}022672\ m \times \frac{3000\ m}{0{,}12\ m} = 566{,}8\ m$$

$$F_{Gelände} = 882\ m \times 566{,}8\ m = 499.917{,}6\ m$$

Ergebnis:
Ein Bild deckt eine Fläche von ca. 500.000 m² ab. ◄

Für eines der Endprodukte der amtlichen Luftbildbefliegungen, das *True Orthophoto* (s. Abschn. 8.3.3.), ist es notwendig, dass sich die Einzelbilder zu 80 % in Längsrichtung und zu 60 % in Querrichtung überlappen. Die Variable für die Längsüberlappung ist ein kleines „p". Die Variable für die Querüberlappung ist ein kleines „q". Praktischerweise wurden im vorangegangenen Beispiel bei der Berechnung der pro Bild erfassten Fläche

Abb. 8.8 Schema einer
Bildflugplanung

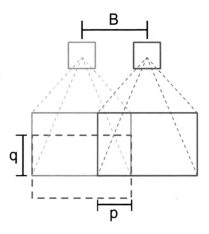

bereits die Länge der Seiten in der Wirklichkeit (Y_{Breite} und $Y_{Höhe}$) bestimmt. Anhand der nun gegebenen Größen kann ausgerechnet werden, alle wie viel Meter ein Bild aufgenommen werden muss und wie weit der Abstand zwischen den Streifen sein muss, um die notwendige Überlappung zu erreichen. Der Abstand der Aufnahmepunkte in Längsrichtung im Gelände wird auch Aufnahmebasis genannt und erhält die Variable „B" (s. Abb. 8.8). Der Streifenabstand wird mit der Variablen „A" angegeben (Kraus 2004, S. 145).

Die Formeln lauten wie folgt:

$$B = Y_{Höhe} * (1 - p)$$

$$A = Y_{Breite} * (1 - p)$$

Beispiel

Gegeben:

Längsseite des Geländes in der Wirklichkeit $Y_{Höhe}$:   566,8 m.
Querseite des Geländes in der Wirklichkeit Y_{Breite}:   882 m.
Längsüberlappung p: 80 % (80 % = $\frac{80}{100}$ = 0,8).
Querüberlappung q: 60 % (60 % = $\frac{60}{100}$ = 0,6).

Gesucht:
Aufnahmebasis B.
Streifenabstand A.
Rechnung:

$$B = Y_{Höhe} * (1 - p) = 566,8 \text{ m} * (1 - 0,8) = 566,8 \text{ m} * 0,2 = 113,36 \text{ m}$$

$$A = Y_{Breite} * (1 - q) = 882 \text{ m} * (1 - 0,6) = 882 \text{ m} * 0,4 = 352,8 \text{ m}$$

Ergebnis:

Der Abstand zwischen den Fotos in Flugrichtung darf 113,36 m nicht überschreiten, um 80 % Längsüberlappung zu gewährleisten. Die Streifen dürfen nicht weiter als 352,8 m auseinanderliegen, um eine Querüberlappung von 60 % zu garantieren. ◀

Anhand einiger weniger Berechnung ist es möglich, aus der geforderten Auflösung (GSD), Längs- und Querüberlappung („p" und „q"), sowie den bekannten Kameraparametern (Pixelgröße im Sensor, Brennweite „f" und Pixelanzahl des Sensors) alle weiteren Kerndaten für eine Befliegung zu errechnen.

8.4.3   Produkte von Bildflügen

Aus den erfassten Luftbildern lassen sich Bildverbünde erstellen. Die Vermessungsverwaltungen der Länder erzeugen im Wesentlichen zwei Produkte aus diesen Bildverbünden. In einem ersten Arbeitsschritt werden Digitale Orthophotos erstellt. Aus diesen wiederum lassen sich True Orthophotos ableiten.

8.4.3.1 Digitale Orthophotos

„Digitale Orthophotos (DOP) sind verzerrungsfreie und georeferenzierte Luftbilder. Sie sind maßstabstreu und können so direkt mit Karten oder Fachdaten kombiniert werden" (BKG 2021, o. S.). Diese Charakteristika sorgen dafür, dass digitale Orthophotos ein Bestandteil fast jedes GIS sind. Aus ihnen lassen sich aufgrund der Maßstabstreue direkt Entfernungen abmessen. Außerdem dient der Blick aus der Vogelperspektive als schnelle Orientierungshilfe im Gelände. Darüber hinaus lassen sich verschiedene Klassifizierungen vornehmen. Entweder manuell oder auf Basis von Algorithmen können so ganze Regionen hinsichtlich ihrer Bebauung, Landnutzung, Vegetation oder ähnlichem analysiert werden.

8.4.3.2 True Orthophotos

Bei einem *True Orthophoto* handelt es sich um ein digitales Orthophoto, das mit einem Oberflächenmodell verschnitten wurde (AdV 2019, o. S.). Bei klassischen Orthophotos kann immer nur die Bildmitte aufgrund des Charakters der Zentralprojektion als exakte Draufsicht dargestellt werden. Je weiter sich ein hohes Objekt, wie z. B. Häuser oder Bäume, am Rand eines Bildes befindet, desto mehr Geländeoberfläche liegt in seinem Schatten und wird nicht dargestellt. Bei einem True Orthophoto hingegen wird das gesamte Bild als Draufsicht gerechnet und somit die Menge der verschatteten Gebiete minimiert.

Ein anschaulicher Vergleich zwischen Orthophotos und True Orthophotos findet sich auf den Seiten der Landesvermessung und Geobasisinformation Brandenburg: https:// geobasis-bb.de/daten/dop/#.

8.4.4   Interpretation von Luftbildern

Bei Luftbildern gibt es in der Regel Kriterien oder eine bestimmte Fragestellung, auf die diese untersucht werden sollen. Dabei ist insbesondere die Klassifizierung der einzelnen Pixel(-gruppen) eine sehr vielfältige und komplexe Aufgabe. Die Klassifikation eines Gebietes als Wald mag noch einigermaßen trivial erscheinen. In den allermeisten Fällen lassen sich aber sogar weit darüberhinausgehende Aussagen treffen, z. B., ob es sich um einen Laub-, Nadel- oder Mischwald handelt. In vielen Fällen lässt sich von erfahrenen Bearbeiter:innen sogar die Baumart eindeutig bestimmen. Um solche Details ohne jahrzehntelange Erfahrung aus einem Luftbild erkennen zu können, gibt es Interpretationsschlüssel. Interpretationsschlüssel werden erstellt, indem Objekte, Nutzungsformen oder Ähnliches im Gelände bestimmt und im Luftbild analysiert und auf charakteristische Merkmale untersucht werden. Die typischen Charakteristika sind vor allem:

- Helligkeit,
- Farbe,
- Form und Größe,
- Struktur und Textur.

Darüber hinaus können Schattenwürfe oder die Jahreszeit entscheidenden Einfluss haben.

8.5   Lernaufwand und -angebot

Egal, ob Geomatiker:innen selbst Daten mithilfe photogrammetrischer Verfahren und Fernerkundung erheben oder diese Daten weiter bearbeiten: Das Wissen aus diesem Kapitel stellt eine Grundlage zum Erlangen dieser Fähigkeiten her.

Das Lernfeld ist in der Berufsschule im zweiten Lehrjahr mit 80 Schulstunden vorgesehen. Neben den theoretischen Grundlagen und mathematischen Beispielaufgaben gehört dazu (auch im Betrieb) ein höher Praxisteil mit eigenen Aufnahmen.

Die folgenden Fragen ermöglichen dir, dein Wissen in den Themen Fernerkundung und Photogrammetrie zu überprüfen:

Fragen

Was ist der Unterschied zwischen aktiven und passiven Aufnahmesystemen?
Was ist die Ground Sample Distance?
Wie funktioniert stereoskopisches Sehen und wofür wird es genutzt?
Was ist der Unterschied zwischen geostationären Satelliten und Satelliten mit polarer Umlaufbahn?

Erkläre das Messverfahren mit Globalen Navigationssatellitensystemen. Fertige dazu eine Skizze an.

Wie viele Satelliten werden für eine genaue Positionsbestimmung benötigt?

Welche Faktoren können die Messgenauigkeit von GNSS beeinflussen?

Welche Funktion haben Passpunkte?

Welche Produkte werden mit Bildflügen erstellt und was unterscheidet sie?

Literatur

AdV (Hrsg) (2019) Leitfaden zur Qualitätssicherung von True Orthophotos (TrueDOP). https://www.adv-online.de/AdV-Produkte/Standards-und-Produktblaetter/Standards-der-Geotopographie/binarywriterservlet?imgUid=1e220307-0b71-ee71-7657-80b6a757628a&uBasVariant=11111111-1111-1111-1111-111111111111. Zugegriffen: 26. Aug. 2022

Bundesverband Geothermie (Hrsg) (2022) RADAR (Remote Sensing). https://www.geothermie.de/bibliothek/lexikon-der-geothermie/r/radar-remote-sensing.html. Zugegriffen: 26. Aug. 2022

BKG (Hrsg) (2021) Digitale Orthophotos und Satellitenbilddaten. https://gdz.bkg.bund.de/index.php/default/webdienste/digitale-orthophotos.html. Zugegriffen: 26. Aug. 2022

ESA (Hrsg) (o. D.) Spatial Resolution. https://sentinels.copernicus.eu/web/sentinel/user-guides/sentinel-2-msi/resolutions/spatial. Zugegriffen: 26. Aug. 2022

ESA (Hrsg) (2010) Satelliten-Umlaufbahnen. https://www.esa.int/SPECIALS/Eduspace_DE/SEM69FF280G_0.html. Zugegriffen: 26. Aug. 2022

Heipke C (Hrsg) (2017) Photogrammetrie und Fernerkundung. Handbuch der Geodäsie. Springer Verlag, Berlin

Konecny G, Lehmann G (1984) Photogrammetrie. De Gruyter, Berlin

Kraus K (2004) Photogrammetrie – Band 1 Geometrische Informationen aus Photographien und Laserscanneraufnahmen. De Gruyter, Berlin

Landesamt für Digitalisierung, Breitband und Vermessung (Hrsg) (2021) Laserpunkte. Erfassung der Geländeoberfläche vom Flugzeug aus. https://www.ldbv.bayern.de/produkte/3dprodukte/laser.html. Zugegriffen: 26. Aug. 2022

Luhmann T (2018) Nahbereichsphotogrammetrie. Grundlagen – Methoden – Beispiele. Wichmann Verlag, Berlin

Richard Kupser schloss 2018 die Ausbildung zum Geomatiker beim Ingenieurbüro Dhom ab. Während des Studiums der Geoinformatik an der Jade Hochschule sammelte er weitere Berufserfahrung im Bereich Netz- und Bestandsdokumentation als Werkstudent bei der hansewasser GmbH. Seit Abschluss des Studiums ist er dort als System- und Anwendungsbetreuer in der GIS-Administration tätig.

Geodaten in multimedialen Produkten realisieren

9

Josefine Klaus

9.1 Lernziele und -inhalte

Lernfeld 9 behandelt die digitale Bearbeitung von Geodaten und die Bereitstellung der daraus entstandenen digitalen Geoprodukte. Der Bereich Geodateninfrastruktur wird, statt in Kap. 6, in diesem Kapitel behandelt. Dadurch kann der vollständige Prozess des Bezugs, der Aufbereitung und der Präsentation von Geodaten nachvollzogen werden. Kap. 6 stellt ergänzend Werkzeuge und Vorgehensweisen zur Gestaltung von Geoprodukten vor.

Die in diesem Kapitel vermittelten Grundlagen über die Geoverarbeitungswerkzeuge von GIS liefern eine theoretische Einführung in die Bearbeitung von Geodaten. Daran anschließend wird die Präsentation von Geoprodukten mithilfe von Webdiensten vorgestellt. Ergänzt werden diese Informationen um allgemeine Kernthemen des Webdesign (HTML, CSS und Barrierefreiheit im Internet) (Abb. 9.1).

Die Themen Fotografie und Bild- und Audiobearbeitung sind im Rahmenlehrplan vorgesehen und die praxisorientierte Beschäftigung damit ist für die Erstellung multimedialer (Geo-)Produkte in der Berufsschule unbedingt sinnvoll. Die Themen Kundenauftrag und Produktionsprozesse werden in den Kap. 10 und 12 behandelt. Kenntnisse von kartographischen Darstellungsregeln (Kap. 7) und Inhalt und Aufbau von Kartenwerken (Kap. 2) werden vorausgesetzt.

J. Klaus (✉)
Frankfurt am Main, Deutschland
E-Mail: josefine.klaus@posteo.de

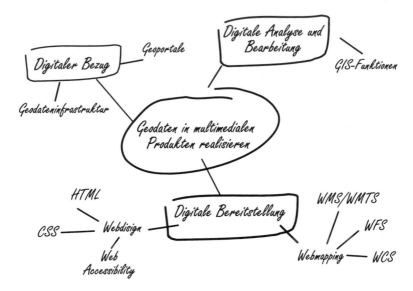

Abb. 9.1 Lernziele und -inhalte von Lernfeld 9

9.2 Digitaler Bezug von Geodaten

Die in den 1980er-Jahren beginnende Nutzung von GIS zur Verarbeitung und Bereitstellung von Geodaten hat die analoge Datenführung weitestgehend abgelöst. Zum Austausch der Daten wurden physische Datenträger verwendet. Um einen dezentralen Zugriff auf interoperable Daten zu gewährleisten und Redundanzen und veraltete und inkompatible Datensätze zu vermeiden, fand schnell ein Wechsel zur Einführung webbasierter Geodatendienste statt. Auf diese Weise können fachübergreifende Einrichtungen und Privatpersonen Daten beziehen und weiterverarbeiten. Diese Daten beinhalten sowohl räumliche Informationen als auch die dazugehörigen Metadaten. Wie in Kap. 1 beschrieben, werden dafür *Normen und Standards* eingesetzt, um räumliche Informationen niedrigschwellig und nutzungsfreundlich zugänglich zu machen. Dieser Zugriff erfolgt in Deutschland mithilfe einer *Geodateninfrastruktur* auf Kommunal-, Landes- und Bundesebene. Ziel der *Geodateninfrastruktur Deutschland* (GDI-DE) ist es, eine „nachhaltige und effektive Infrastruktur" (Kst. GDI-DE 2019, S. 6–7) für Geodaten auf- und auszubauen. Am 15. Mai 2007 wurde die Europäische Richtlinie 2007/2/EG *INfrastructure for SPatial InfoRmation in Europe* (INSPIRE) umgesetzt, die die Entwicklung einer europaweiten Geodateninfrastruktur anstrebt. DIE GDI-DE setzt die europäischen Vorgaben auf nationaler Ebene um.

Übersicht

In der Broschüre der Koordinierungsstelle Geodateninfrastruktur Deutschland (GDI-DE) „Geodatendienste im Internet – ein Leitfaden" werden Inhalte, Ziele und Aufbau von INSPIRE beschrieben:

„Inhaltlich umfasst die INSPIRE-Richtlinie [...] insgesamt 34 Themen, u. a. Geographische Bezeichnungen, Adressen, Verkehrsnetze und Schutzgebiete. Alle Stellen in Deutschland, die im öffentlichen Auftrag handeln, sind verpflichtet, ihre Geodaten, die den INSPIRE-Themen zugeordnet werden können, mit Metadaten zu beschreiben und über Geodatendienste zugänglich zu machen. Über die Geoportale der Länder und des Bundes können die Geodaten recherchiert und visualisiert werden. Die Einbindung der Dienste in Fachverfahren erlaubt deren direkte Verwendung. Damit soll die Nutzung von Geodaten für Bürger, Wirtschaft und Verwaltung stark vereinfacht werden und z. B. für mehr Transparenz in der Umweltpolitik oder Planungssicherheit sorgen. Weitere Informationen zu INSPIRE finden sich u. a. auf www.gdi-de.org (Kst. GDI-DE 2019, S. 7–8)."

9.2.1   Aufbau und Bestandteile einer Geodateninfrastruktur

Wesentliche Bestandteile einer GDI sind Geodaten und dazugehörige Metadaten, Geodatendiensten und Netzwerke (Kst. GDI-DE 2019, S. 13). Abb. 9.2 zeigt den Aufbau einer GDI und die verschiedenen Akteure, die auf die GDI einwirken.

▶ „*Geodateninfrastruktur* ist eine Infrastruktur bestehend aus Geodaten, Metadaten und Geodatendiensten, Netzdiensten und -technologien, Vereinbarungen über gemeinsame Nutzung, über Zugang und Verwendung sowie Koordinierungs- und Überwachungs-

Abb. 9.2 Komponenten und Rahmenbedingungen einer Geodateninfrastruktur. (Arbeitskreis Architektur der GDI-DE, Kontakt: Koordinierungsstelle GDI-DE, Bundesamt für Kartographie und Geodäsie, Richard-Strauss-Allee 11, 60.598 Frankfurt am Main, https://www.gdi-de.org/)

mechanismen, -prozesse und -verfahren mit dem Ziel, Geodaten verschiedener Herkunft interoperabel verfügbar zu machen (Arbeitskreis Architektur 2019, S. 6)."

Die Daten werden vorrangig in Datenbanken gespeichert (s. Kap. 5) in GIS modelliert (s. Kap. 4) und in Form von Vektor- oder Rasterdaten über sogenannte Geodatendienste im Internet bereitgestellt. Abrufbar sind sie in der Regel über Geoportale.

Im Rahmen des *Electronic Government* (E-Government) werden diese Strukturen genutzt, um einfach und schnell Daten zu speichern bzw. zu erstellen und zu teilen. Das *Open Government* zielt darauf ab, eine möglichst hohe Transparenz der Arbeitsprozesse der Regierung zu erreichen und sieht dafür ebenfalls die Bereitstellung von Geodaten und den dazugehörigen Metadaten in Webdiensten vor (GovData, das Datenportal für Deutschland: https://www.govdata.de/) (Kst. GDI-DE 2019, S. 10–11).

Kommunen, Länder und Bund erarbeiten gemeinsam und in Zusammenarbeit mit Standardisierungs- und Normierungsgremien, wie z. B. dem *Open Geospatial Consortium* (OGC), Spezifikationen und Normen für die jeweilige GDI (Kst. GDI-DE 2019, S. 17). Die jeweils aktuellen Versionen finden sich auf der Website der GDI-DE (Geodateninfrastruktur Deutschland, https://www.gdi-de.org/).

9.2.2 Geoportale

Über Geoportale werden Geo- und Metadaten für Nutzer:innen digital zugänglich gemacht. Ihr Aufbau und ihre Funktionsweisen können sich stark unterscheiden, von reinen Suchmasken für einfache Abfragen bis zu komplexen Visualisierungs- und Analyseplattformen. Das Geoportal der GDI-DE (Geoportal Deutschland, https://www.geoportal.de/) stellt hochaktuelle themen- und regionsorientierte Daten bereit. Auf der Website der GDI-DE werden weitere nationale und internationale Viewer und Portale aufgeführt (Viewer und Portale, https://www.gdi-de.org/Service/Links/Viewer und Portale).

Wesentliche Kernfunktionen solcher Portale und Viewer sind:

Aufgaben von Recherche-Anwendungen […]:

- Bereitstellung von Eingabemasken für Suchangaben (z. B. Schlagworte)
- Entgegennahme von Suchparametern
- Umwandlung standardkonformer Anfragen (CSW-Request) für angebundene Suchdienste
- Entgegennahme der Ergebnisse der Suchdienste
- Umwandlung in eine Ergebnisseite (HTML)
- Versand der Ergebnisse an den Browser des Benutzers

[…].

Aufgaben zur Visualisierung und Analyse:

- Bereitstellung einer Web-Oberfläche mit Funktionen, wie z. B. Sachdatenabfrage, Zoom, Pan, Flächen- und Distanzmessung, Wechsel des Koordinatenreferenzsystems, Ein- und Ausblenden sowie Hinzuladen und Entfernen von Kartenebenen
- Entgegennahme der durch den Benutzer ausgelösten Anfrage und Ausführung der Funktion
- Umwandlung einer standardkonformen Anfrage (Request) an die angebundenen Geodatendienste
- Entgegennahme der Ergebnisse der Dienste
- Umwandlung der Ergebnisse in eine Ergebnisseite (HTML)
- Versand an den Browser des Benutzers"

(Kst. GDI-DE 2019, S. 69–71).

Darüber hinaus spielt die Performanz eine zentrale Rolle. Es existieren hohe Anforderungen an die Leistungsfähigkeit der Portale.

Neben der kostenfreien Nutzung gibt es auch gebührenpflichtige Geodaten. In der Regel handelt es sich hierbei um spezielle Anwendungen oder sensible Daten. Angestrebt werden aber möglichst freie Nutzungsbedingungen und Transparenz in Form von *Open Data*. Die Achtung von Bestimmungen des Urheberrechts und Vorgaben für die Datennutzung sind natürlich dennoch maßgeblich (s. Kap. 4).

9.3 Digitale Analyse und Bearbeitung von Geodaten

Die digitale Geodatenverarbeitung geht klassischerweise einher mit der Nutzung von GIS. Die bekanntesten GIS-Anwendungen sind *ArcGIS Pro* und *ArcMap* (kommerziell) und *QGIS* und *GRASS GIS* (Open Source). Die in diesem Kapitel aufgeführten Beispiele orientieren sich an den Funktionalitäten von QGIS und ArcGIS.

▶ **Definition**
„Ein Geoinformationssystem ist ein rechnergestütztes System, das aus Hardware, Software, Daten und den Anwendungen besteht. Mit ihm können raumbezogene Daten digital erfasst, gespeichert, verwaltet, aktualisiert, analysiert und modelliert sowie alphanumerisch und graphisch präsentiert werden."
(de Lange 2013, S. 375)

Die Fragen, was ein GIS ist und wie es funktioniert, werden in Kap. 4 ausführlich beantwortet. Generell soll an dieser Stelle der Hinweis gegeben werden, dass die Bearbeitung von Geodaten zum größten Teil in Form praktischer Übungen in Berufsschule oder Betrieb vermittelt wird und vorrangig auf die Abschlussprüfung im Bereich der Geodatenpräsentation vorbereitet.

In der QGIS-Dokumentation werden die möglichen Funktionalitäten von GIS vorgestellt (das PDF findet sich hier: Dokumentation für QGIS 3.22, https://docs.qgis.org/3.22/de/docs/user_manual/index.html): Zur Bearbeitung von Geodaten und Erstellung von Geoprodukten können Vektor- und Rasterdaten in GIS

- visualisiert
- abgefragt
- erstellt
- bearbeitet
- verwaltet
- exportiert
- analysiert
- im Internet veröffentlicht

werden. Darüber hinaus besteht die Möglichkeit, über Plugins diese Funktionalitäten zu erweitern (QGIS project 2022, S. 7–10).

Die vorrangig genutzten Desktop-GIS-Clients werden mehr und mehr abgelöst von browserbasierten Anwendungen, sogenannten WebGIS (Kst. GDI-DE 2019, S. 78). Mithilfe von GIS können Geo- und Sachdaten aufbereitet und plattformunabhängig interoperabel genutzt werden. Nachteilig können eventuelle Lizenzkosten, intensive Wartungsarbeiten und die Notwendigkeit eines relativ anspruchsvollen technischen und kartographischen Knowhows sein.

In der deutschen Vermessungsverwaltung werden nach wie vor primär GIS genutzt. Daher werden im folgenden Abschnitt häufig genutzte Werkzeuge und Funktionalitäten von GIS vorgestellt, um einen Einblick in die digitale Analyse von Geodaten zu erhalten. Um eine Einordnung in den Prozess der Erstellung digitaler Geoprodukte nachvollziehen zu können, werden die weiteren Arbeitsschritte kurz vorgestellt. Die hier gewählte Reihenfolge entspricht nur da, wo es angemerkt ist, einer klaren Reihenfolge. Viele Teilaufgaben überschneiden sich und werden mit unterschiedlicher Regelmäßigkeit durchgeführt. Hauptaugenmerk liegt auf der Geodatenanalyse und -bearbeitung.

9.3.1 Geodatenerfassung

Die *Erfassung bzw. der Bezug von Geo- und Sachdaten* erfolgt in der Regel durch eigene Vermessungen und digitale Dateneinspeisungen oder die Übernahme von externen Daten aus Geoportale oder Datenbanken. Ein GIS dient als Schnittstelle, um diese Daten zu übernehmen und weiterzuführen bzw. thematisch aufzubereiten. Genutzt werden können analoge Daten, die digitalisiert wurden, oder digital erstellte Informationen *(digital born data)*.

9.3.2 Geodatenverwaltung

Ein weiterer wesentlicher Bestandteil des EVAP-Modells (s. Kap. 4) ist die *Geodatenverwaltung*. Sie gibt die „Art und Weise, wie Dateien in einer logischen Struktur vom Benutzer verwaltet werden können" (Uni Rostock 2002b, o. S.) vor. Dazu gehört die Wahl der Projektion, die Anbindung von Sachdaten, Wahl von Datenformaten und eventuelle Konvertierungen. Das GIS dient als Erweiterung des Datenbankmanagementsystems.

9.3.3 Geodatenmodellierung und -visualisierung

Nach der Erfassung und Georeferenzierung erfolgt die *Geodatenmodellierung*. Das beinhaltet die automatisierte Visualisierung der Daten und die Gestaltung der entsprechenden Geometrien. Dazu gehören die Kategorisierung und Klassifizierung anhand der Metadaten. Die so visualisierten Grunddaten können nachträglich manuell bearbeitet und verändert werden. Beispielsweise können Symbole und Beschriftungen angepasst und Geometrien verändert werden. Konkrete Bearbeitungsfunktionen werden im folgenden Abschnitt erläutert.

9.3.4 Geodatenanalyse und -bearbeitung

Die *Geodatenanalyse* ist, neben der Erfassung, Verwaltung und Präsentation, ein der Kernfunktionen von GIS (EVAP-Prinzip). Laut dem Geoinformatiklexikon der Universität Rostock können mithilfe der Analysefunktionen in GIS „neue Informationen erzeugt und Zusammenhänge zwischen räumlichen Phänomenen hergestellt werden" (Universität Rostock 2002a, o. S.).
Grundlegende Analyse- und Abfragewerkzeuge sind:

- ein SQL-Abfrageeditor, der auf die Geo- und Sachdaten in der angebundenen Datenbank zugreifen und diese fragestellungsorientiert ausgeben kann,
- der Feldrechner, um anhand von Attributwerten neue Werte zu berechnen (z. B. Flächen und Längen berechnen),
- Statistikwerkzeuge zur statistischen Analyse von angebundenen Sachdaten oder Geodaten,
- topologische Analysefunktionen zur Abfrage von Eigenschaften wie „enthält", „berührt", „überlappt", „außerhalb", „innerhalb".

Darüber hinaus können in GIS sowohl die geometrisch-topologischen Daten als auch die zugehörigen Attributwerte bearbeitet werden. Je nachdem, ob die Daten im Vektor- oder Rastermodell gespeichert sind, weichen die konkreten Bearbeitungsschritte voneinander ab. Viele Funktionen der Geodatenverarbeitung lassen sich aber für beide Datenarten anwenden.

Im GIS werden die Vektordaten in Form von Punkten, Linien und Polygonen modelliert und visualisiert. Diese Geometrien können

- gelöscht,
- ergänzt,
- geglättet (Linien und Flächen),
- aufgetrennt (Linien und Flächen),
- verlängert/verbreitert/vergrößert,
- verkürzt/ausgedünnt/verkleinert,
- in ihrer Geometrie verändert,
- verschoben und kopiert

werden. Neben den Geometrien können auch die Sachdaten verändert werden. Das dem GIS zugehörige Datenbankenmanagementsystem ermöglicht die Bearbeitung der Attributwerte (de Lange 2013, S. 358). Obige Auflistung nennt Möglichkeiten der Bearbeitung der Geometrie des Objektes. Daneben gibt es noch die Geometrie der Topologie, die die Lage von Geoobjekten zueinander beschreibt. Auch diese kann in GIS bearbeitet werden. Einige der wichtigsten Werkzeuge zur Bearbeitung und Analyse von Geodaten in GIS werden im folgenden Abschnitt vorgestellt (s. Abb. 9.3).

Mit *Clip* können Teile eines Layer ausgeschnitten und als neuer Layer definiert werden. Es ist eine der meistverwendeten Funktionen in GIS. Mithilfe von Punkten, Linien oder Polygonen wird eine Fläche ausgewählt, die ausgeschnitten werden soll.

Das *Merge*-Werkzeug verbindet Datensätze des gleichen Datentyps (Punkt, Linie, Polygon). So können beispielsweise Nutzungsarten von Baugebieten angepasst werden. Wenn ein an ein Neubaugebiet angrenzendes Brachland zum Baugebiet ausgesprochen wird, können beide Datensätze in einen Datensatz kombiniert werden.

Ähnlich wie Clip schneidet *Intersect* einen bestimmten Bereich aus einem vorhandenen Layer aus. Allerdings werden dabei alle Features und Attribute der sich überschneidenden Layer beibehalten.

Mit *Union* werden Datensätze zusammengeführt und alle vorherigen Features beibehalten. Dadurch wird der gesamte Datensatz größer und kann gegebenenfalls die Rechenleistung beeinträchtigen.

Mithilfe von *Dissolve* werden Daten mit gleichen Attributwerten zusammengeführt. Beispielsweise wird diese Funktion zur Zusammenfassung von Ländergrenzen zur reinen Darstellung von Grenzen des entsprechenden Kontinents verwendet. Die Länder haben Attribute für das jeweilige Land und den Kontinent.

Die *Buffer*-Funktion ermöglicht es, einen Umkreis bzw. ein Polygon in einem bestimmten Abstand um einen Punkt zu erstellen. Bei einem Unfall in einer Chemiefabrik kann so beispielsweise der genaue oder vermutete Radius einer Gaswolke in Karten dargestellt werden.

Abb. 9.3 Überblick wichtiger GIS-Funktionen. (A: Clip, B: Merge, C: Intersect, D: Union, E: Dissolve, F: Buffer, G: Erase)

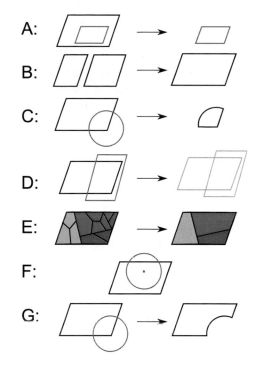

Erase löscht Layer und alle überschneidenden Features aus bestehenden Datensätzen. Dadurch können Datensätze „verschlankt" werden (GISGeography 2022, o. S.).

Hintergrundinformation
Feature (dt. Merkmal) in GIS ist die „Darstellung eines realen Objekts auf einer Karte" (ESRI Inc. o. D., o. S.).
„*Feature-Classes* sind homogene Sammlungen häufig verwendeter Features mit derselben räumlichen Repräsentation, wie Punkte, Linien oder Polygone, und einem gemeinsamen Satz von Attributspalten (ESRI Inc. 2021, o. S.)."

Für die Bearbeitung und Analyse von Geodaten im Rastermodell werden die Daten beispielsweise mithilfe von Fotokameras, Scannern oder Aufnahmegeräten der Fernerkundung erfasst. Häufig handelt es sich um analoge Karten, die als Hintergrundkarte dienen sollen. Gegebenenfalls ist eine Entzerrung der Basisdaten notwendig. Werden verschiedene Datensätze zusammengefügt, muss ein einheitliches Bezugssystem ausgewählt und die Karten müssen dementsprechend transformiert werden. Räumliche Analysefunktionen für Rasterdaten lassen sich weitestgehend mit denen für Vektordaten vergleichen. Davon zu unterscheiden sind Analysen, die sich auf die spezielle Matrixform von Rastermodellen beziehen. Dabei handelt es sich weitestgehend um Arbeitsschritte aus der Foto- und Bildbearbeitung, die in diesem Kapitel nicht behandelt werden können (de Lange 2013, S. 368).

9.3.5 Geodatenpräsentation

Die *Geodatenpräsentation* umfasst neben der Umsetzung geoinformatischer und ggf. amtlicher Gestaltungsvorgaben auch die Bearbeitung der Kartengestaltung. Dazu gehört die Umsetzung der inneren und äußeren Bestandteile von Kartenwerken (s. Kap. 2) und die Einhaltung von Gestaltungsmerkmalen thematischer Karten (s. Kap. 7). Darüber hinaus haben Produzent:innen eines digitalen Geoproduktes natürlich themen- oder branchenspezifische Vorstellungen zum Layout. Druckausgaben digitaler Geoprodukte unterliegen weiteren Bearbeitungsschritten, die in Kap. 10 erläutert werden. GIS-Produkte können in Form von Webdiensten digital veröffentlicht und bereitgestellt werden (s. Kap. 9).

9.3.6 Alternativen zu QGIS und ArcGIS

Interessante Alternativen zur Erstellung digitaler Geoprodukte neben den gängigen Desktop-GIS-Anwendungen sind CAD (s. Kap. 4) und erweiterte Geodatenviewer. Die Möglichkeiten der Geodatenbearbeitung von Anwendungen wie beispielsweise *Open Street Maps* (OSM) und Leaflet stellen zukunftsweisende Trends in der Geoinformatik dar. In OSM, einer Open-Source-Alternative zu Google Maps, kann sich die/der User:in einen Account anlegen und selbstständig vorhandene Karten bearbeiten oder neue Daten hinzufügen. Außerdem kann man eigene thematische Karten auf Grundlage der bereitgestellten Basisdaten erstellen und zum Beispiel in eigene Webseiten einbetten (OpenStreetMap, https://openstreetmap.de/). *Leaflet* ist eine auf der Skriptsprache Java basierende freie Bibliothek, mit der responsive, interaktive Karten erstellt werden können. Es ist eine WebGIS-Anwendung, mit der beispielsweise die Hauptkarte von OSM erstellt wurde bzw. wird. Leitprinzipien der Software sind Einfachheit, Performanz und Benutzerfreundlichkeit (Agafonkin 2022., o. S.). Auf der Website werden neben einer Einführung in das Programm Tutorials, Dokumentationen, Downloads, Plugins und ein Blog zur Verfügung gestellt (Leaflet, https://leafletjs.com/).

9.4 Webmapping und Geodatendienste

Mithilfe von *Geodatendiensten* können Daten und Funktionen im Internet standardisiert ausgetauscht werden. Es gibt kostenfreie und -pflichtige Dienste. Durch die verteilte Datenhaltung bei gleichzeitiger Einhaltung von Normen und Standards ist es für Institutionen, die Geodaten verarbeiten und private Nutzer:innen möglich aus verschiedenen Quellen Daten zu beziehen. Die Festlegung dieser Vorgaben erfolgt durch das *Open Geospatial Consortium* (OGC).

Abb. 9.4 Funktionsprinzip von Geodatendiensten

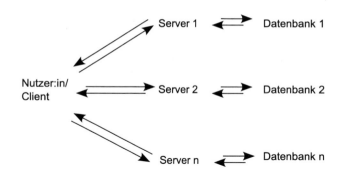

Über standardisierte Abfragen (Request) werden von einer/m Nutzer:in (Client) Daten angefordert (s. Abb. 9.4). Der Zugriff auf die verschiedenen Dienste erfolgt über eine eindeutig festgelegte URL. Der Austausch erfolgt mittels *Hypertext Transfer Protocol* (http). Dabei liefert der Server nicht den gesamten Datenbestand, sondern nur die speziell angefragten Einträge. So wird der Datentransfer möglichst gering gehalten und Anfragen nutzer:innenorientiert bearbeitet.

▶ „[…] *HyperText Transfer Protocol;* im Internet zur Übertragung von Dokumenten verwendetes Protokoll. Unter Verwendung dieses Protokolls dekodiert der Browser die in HTML-Dokumenten enthaltenen Auszeichnungsanweisungen (Tags) und stellt diese dann dar (Kollmann et al. 2018, o. S.).“

Nach der Anfrage des Nutzers/der Nutzerin greift der jeweilige Server auf die entsprechenden Datenbanken und die dort abgelegten Geo- und Sachdaten zu (s. Abb. 9.4). Verschiedene Geodatendienste bieten unter anderem Darstellungs- oder Downloadfunktionen von Geo- und Sachdaten an.

9.4.1   WMS und WMTS

Der Standard *Web Map Service* (WMS) stellt Geodaten in Bildformaten, d. h. als Rasterdaten, bereit (z. B. jpg, png, tiff), die dann in ein Geoportal oder GIS eingespeist werden können. Das OGC definiert eine Vielzahl möglicher Requests. In Tab. 9.1 werden die drei grundlegenden Abfragen und deren Ausgabedaten aufgeführt. Einige Abfragen und Parameter sind Pflichtangaben. Mithilfe der Parameter lassen sich die Ausgabedaten spezifizieren.

Die Syntax ist im Standard genau vorgegeben und sollte von allen OGC-Web Services unterstützt werden. Auf der Seite des Servers der Geodatendienste Hessen findet sich ein beispielhaftes XML-Dokument einer Anfrage: Beispiel-Request eines WMS, http://

Tab. 9.1 WMS-Operatoren

Anfrage	Antwort	
GetCapabilities	XML-Dokument mit allen Informationen zum Leistungsvermögen des WMS (z. B. Datenformat, Layer, Koordinatenreferenzsystem, Ausdehnung)	
	REQUEST	Art der Anfrage (GetCapabilities)
	SERVICE	Art des Dienstes (WMS, WFS …)
	VERSION	Version des Dienstes
GetMap	Kartenbild (georeferenziertes Rasterdaten)	
	REQUEST	Art der Anfrage (GetMap)
	LAYER	Liste der angefragten Layer
	SRS	Spatial Reference System (Koordinatensystem)
	BBOX	Größe des Kartenausschnitts (Koordinaten)
	WIDTH, LENGTH	Größe des Kartenbildes (Pixel)
	FORMAT	Dateiformat des Kartenbildes
GetFeatureInfo (optional)	Zusätzliche Objektinformationen (Featureattribute)	
GetLegendGraphic (optional)	Vordefinierte Kartenlegende	

Quelle: Kst. GDI-DE (2019, S. 27–29)

www.gds-srv.hessen.de/cgi-bin/lika-services/ogc-free-maps.ows?REQUEST=GetCapabilities&SERVICE=WMS&VERSION=1.3.0 (Kst. GDI-DE 2019, S. 28).

Innerhalb eines GIS oder in der XML-Datei lässt sich die Darstellung des Dienstes bearbeiten. Eine genaue Ausführung würde an dieser Stelle zu weit führen. In dem Leitfaden „Nutzung von Geodatendiensten" der GDI Bayern werden die Möglichkeiten der Bearbeitung von Geodatendiensten ausführlich behandelt (https://www.gdi.bayern.de/file/pdf/1116/2020_Leitfaden%20Geodatendienste.pdf).

Der *Web Map Tile Service* (WMTS) ist ebenfalls ein OGC-konformer Darstellungsdienst. Bis auf die Struktur der Ausgabeinformationen gleicht er weitestgehend dem WMS. Die angefragten Informationen werden nicht frei definiert, sondern in Form von vorprozessierten Rasterkacheln (tiles) ausgegeben. Die Anfrage GetMap wird durch GetTile ersetzt. Dadurch wird die Antwortzeit und die benötigte Rechenleistung verringert. Allerdings sind die Spezifikationen der Ausgabeparameter eingeschränkter (GDI-BY 2020, S. 21).

9.4.2   WFS

Neben den Darstellungsdiensten gibt es den Downloaddienst *Web Feature Service* (WFS). Dieser ermöglicht es über eine rein graphische Darstellung hinaus (WMS bzw. WMTS), die zugrunde liegenden Daten abzufragen und zu speichern, zu analysieren und visualisieren. Dabei werden ausschließlich Vektordaten verarbeitet (Kst. GDI-DE 2019, S. 32). Mögliche Datenquellen sind u. a. Geodatenbanken und Vektordateien (GDI-BY 2020, S. 24). Die Schreibanweisung und Pflichtangaben ähneln denen von WMS (s. Tab. 9.2).

▶ „Ein *Web Feature Service* (WFS) ist ein Geodatendienst, mit dem Vektordaten in Form von Geoobjekten (engl. ‚Features‘) mit Sachinformationen bereitgestellt werden. […] Um von einem WFS Daten zu erhalten, stellen Sie mit Hilfe eines Clients eine Anfrage (Request) an den Dienst. Dabei sind verschiedene (Pflicht-)Parameter anzu-geben (Feature-Type, Datenformat, Koordinatensystem usw.) (LDBV o. D., o. S.).“

Tab. 9.2 WFS-Operatoren

Anfrage	Antwort	
GetCapabilities	XML/GML-Dokument mit allen Informationen zum Leistungsver-mögen des WFS (z. B. Datenformat, Layer, Koordinatenreferenz-system, Ausdehnung)	
	REQUEST	Art der Anfrage (GetCapabilities)
	SERVICE	Art des Dienstes (WMS, WFS …)
	VERSION	Version des Dienstes
DescribeFeatureType	Struktur der Objekttypen	
	REQUEST	Auswahl der abzufragenden Operation
	SERVICE	Art des Dienstes
	VERSION	Version des Dienstes
	TYPENAME	Angefragter Objekttyp
	OUTPUTFORMAT	Ausgabeformat (optional)
GetFeature	Konkrete Features/Objekte	
	Pflichtparameter identisch mit DescribeFeatureType	
ListStoredQueries	Liste vordefinierter Anfragen	
	Pflichtparameter identisch mit GetCapabilities	
DescribeStoredQueries	Informationen zu vordefinierten Anfragen	
	Pflichtparameter identisch mit GetCapabilities	
	STOREDQUERY_ID	Einschränkung auf bestimmte Anfragen (optional)

Quelle: GDI-BY (2020, S. 25–31)

9.4.3 WCS

Der *Web Coverage Service* (WCS) ist ebenfalls ein Downloaddienst von OGC und enthält Geodaten zu Bereichen, die einer räumlichen und/oder zeitlichen Veränderung unterliegen. Solche Dienste werden beispielsweise bei der Dokumentation und Präsentation von Wetterveränderungen oder Hochwassergebieten genutzt. Die Datenausgabe kann ich Vektor- und Rasterdaten erfolgen (Kst. GDI-DE 2019, S. 34). Die Abfragesyntax ähnelt ebenfalls der von WMS und WFS (Tab. 9.3).

Geodatendienste können fragestellungsorientiert weiterbearbeitet und/oder zusammengeführt und als neue Webdienste veröffentlicht werden. Wesentliche Arbeitsschritte und Fragestellungen bei der Bereitstellung von Geodatendiensten (z. B. im Kundenauftrag) werden in dem Leitfaden „Geodatendienste im Internet" der GDI-DE ausführlich erläutert (Geodatendienste im Internet – ein Leitfaden, Kap. 3 „Bereitstellung von Geodaten" https://www.gdi-de.org/download/2020-03/Leitfaden-Geodienste-im%20Internet.pdf, S. 42–67).

Für eine vertiefte Auseinandersetzung mit den speziellen Funktionen und Anwendungen von Geodatendiensten im Internet werden an dieser Stelle die jeweiligen OGC-Standards (OGC Standards, https://www.ogc.org/standards/) empfohlen und die Link- bzw. Dokumentensammlung zu „Anleitungen zum Arbeiten mit Geodatendiensten" der GDI-Bayern (Anleitungen zum Arbeiten mit Geodatendiensten, https://www.gdi.bayern.de/Dokumente/Arbeitshilfen.html).

Die vorangegangenen Kapitel haben einen Überblick über die digitale Recherche, Bearbeitung und Bereitstellung von Geodaten und -produkten gegeben. In Abb. 9.5 wird deutlich, wie sich die verschiedenen Bereiche gegenseitig überschneiden und ineinandergreifen. Damit dieser Ablauf möglichst reibungslos und nutzer:innenfreundlich funktioniert, wird die Geodateninfrastruktur auf nationaler und internationaler Ebene stetig weiterentwickelt und ausgebaut. Ziel ist ein offener, zeitgemäßer und interoperabel nutzbarer Zugang zu Geodaten weltweit.

9.5 Webdesign

In den vorangegangenen Kapiteln wurden Anwendungen zur Bereitstellung und Nutzung von Geodaten im Internet vorgestellt. Aber auch die Erstellung und Gestaltung der Programme selbst, auf denen die Geodaten präsentiert werden, sind zentral für eine

Tab. 9.3 WCS-Operatoren

Anfrage	Antwort
GetCapabilities	Metadaten zu dem Leistungsvermögen des WCS
DescribeCoverage	Detaillierte Metadaten von konkreten Coverages
GetCoverage	Konkrete Coverages/Teilbereiche

Quelle: Kst. GDI-DE (2019, S. 34)

Abb. 9.5 Geodatenrecherche, -bearbeitung und -bereitstellung

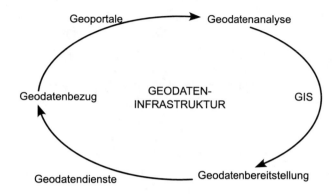

gelungene Umsetzung der Prinzipien der GDI. Dieses Kapitel führt daher in das Thema *Webdesign* ein. Die Einbindung von Geoprodukten in Webapplikationen ist grundlegender Bestandteil der Ausbildung und Berufswelt von Geomatiker:innen.

▶ „Unter *Webdesign* verstehen wir die Konzeption und Gestaltung von Webapplikationen (Bühler et al. 2017b, S. 2)."

Grundlagen zur Gestaltung von Webseiten werden in praktischen Übungen in Betrieb und Berufsschule vermittelt. In Kap. 6 werden die Themen Typographie und Farbwahrnehmung ausführlich behandelt. Neben generellen Gestaltungsregeln und -konzepten ist ein wesentlicher Aspekt für die gelungene Gestaltung von Webprodukten deren *Responsivität*. Das bedeutet, dass ein Produkt auf verschiedenen Endgeräten angezeigt werden kann, ohne dabei an Ästhetik und Funktionalität einzubüßen. Laptops, Tablets, Smartphones haben alle unterschiedliche Displaygrößen, Auflösungen, Handhabungen usw. Bei der Erstellung einer Webapplikation ist darauf zu achten, dass das Produkt *responsiv* (engl. „response", dt. „antworten, reagieren") ist und sich den verschiedenen Vorgaben der Endgeräte anpassen kann (Bühler et al. 2017b, S. 3).

Übersicht
Vorteile von Webseiten gegenüber Printmedien:

- „Webseiten sind verlinkt – sie lassen sich in beliebiger Weise (nichtlinear) mit anderen Webinhalten verknüpfen.
- Webseiten sind multimedial – sie können Ton, Videos und Animationen enthalten.
- Webseiten sind interaktiv – sie ermöglichen den Nutzern, z. B. über Formulare, mit dem Anbieter in Dialog zu treten." (Bühler et al. 2017b, S. 2)

Mittlerweile gibt es zahlreiche Möglichkeiten über „Websitebaukästen" Webseiten zu erstellen, ohne einmal einen Blick auf den dahinterstehenden Code werfen zu müssen. Nach dem *Drag-and-Drop-Prinzip* können Websiteelemente nach Belieben eingefügt, verschoben und mit Inhalten befüllt werden. Der Vorteil solcher Anwendungen ist die hohe Nutzer:innenfreundlichkeit und der leichte Zugang. Nachteilig ist, dass eine individuelle Gestaltung nur eingeschränkt möglich ist, da die Styles vordefiniert und die Auswahl dementsprechend begrenzt ist. Sogenannten *Content Management Systemen* (CMS) erweitern die Möglichkeiten der Baukästentools. Ein ausgewähltes oder selbst erstelltes Template (dt. Vorlage) bietet die Rahmenstruktur der Seite. Die Inhalte werden von einer angebundenen Datenbank automatisiert eingespeist, wodurch die Seite generiert wird (Bühler et al. 2017a, S. 4).

Um Webseiten und Apps individuell, funktionell und ansprechend designen zu können, ist es sinnvoll, ein grundlegendes Verständnis von der Programmierung solcher Webapplikationen zu haben. Manche Prozesse kann man dadurch selbst übernehmen und an anderer Stelle kann man den Programmierer:innen spezifische Aussagen geben, was gewünscht wird. Außerdem hat man eine genauere Vorstellung davon, was sich technisch überhaupt realisieren lässt. Im Internet werden mithilfe der Skriptsprachen *HTML5* und *CSS3* Webprodukte in Form von Webseiten und Apps geschrieben und veröffentlicht. Über das *World Wide Web* (www) sind diese über eine genaue URL aufrufbar.

9.5.1   HTML

HTML (Hypertext Markup Language) ist die Standard Markup Language, mit der Webseiteninhalte erstellt werden. Mittlerweile existieren viele verschiedene Versionen von HTML. Die aktuelle Version ist HTML5. Damit ist u. a. die Einbindung von Audio- und Videodateien in Webseiten möglich.

Bei einer HTML-Datei handelt es sich um eine Textdatei. Dadurch hat sie eine sehr geringe Speichergröße. Sie können in jedem Textprogramm erstellt und bearbeitet werden. Es gibt aber auch HTML-Editoren, die u. a. mit automatisierten (farblichen) Markierungen die Gliederung übersichtlicher machen und dadurch die Fehlersuche erleichtern (Bühler et al. 2017a, S. 3–4). Damit HTML-Dokumente von Webbrowsern dargestellt werden können, müssen sie im Dateiformat.htm oder.html gespeichert werden.

Die Grundstruktur von HTML, um Webseiten zu beschreiben, besteht aus sogenannten *Tags*. Das sind Befehle in Schriftform, die einen bestimmten Inhalt definieren. Sie werden in spitzen Klammern geschrieben. Der gleiche Befehl steht als Start- und End-Tag vor dem darzustellenden Inhalt. Der End-Tag beinhaltet zusätzlich einen Schrägstrich. Es gibt einige Ausnahmen, die keinen End-Tag benötigen.

Beispiel

<start-tag> Inhalt des Tags </end-tag> ◀

In der Regel sind Tags in Englisch formuliert oder Buchstabenabkürzungen, die auf englische Begriffe verweisen.

Beispiel

<h1> Meine Website </h1>   → heading/Überschrift.
<p> Zur Erstellung meiner Website nutze ich HTML5 </p>   → paragraph/Absatz. ◀

Tags werden ineinander verschachtelt, um komplexe Inhalte zu beschreiben. Dabei ist es wichtig zu beachten, dass alle Tags, die geöffnet wurden (sprich die durch einen Start-Tag initiiert wurden), in der umgekehrten Reihenfolge wieder geschlossen werden (mit einem End-Tag).

Der Grundaufbau jedes HTML5-Dokuments sieht so aus:

Beispiel

```
<!DOCTYPE html>                          → HTML-Version.
<html>                                   → Beginn des HTML-Codes.
    <head>                               → Dateikopf.
      <title> Titel der Webseite</title> → Titel der Webseite.
      …
    </head>                              › Ende des Dateikopfs.
    <body>                               → Dateikörper.
      <p> Inhalte der Webseite </p>      → Inhalt der Webseite.
      …
    </body>                              → Ende des Dateikörpers.
</html>                                  → Ende des HTML-Codes.
```
(Bühler et al. 2017a, S. 6) ◀

Die Schreibweise in getrennten Zeilen ist kein Muss, empfiehlt sich aber aufgrund der Übersichtlichkeit. Außerdem gibt es die Möglichkeit, Kommentare in den Code einzufügen, die auf der Webseite nicht auftauchen.

Beispiel

<!– Kommentar –> ◀

Die Angabe eines Zeichensatzes legt die verfügbaren Zeichen fest, die dargestellt werden können. Das ist beispielsweise für die Darstellung von Umlauten wichtig. In Deutschland bzw. Westeuropa ist das UTF-8. Der Zeichensatz wird im Dateikopf unter dem tag <meta> angegeben.

Attribute von Tags werden in die eckigen Klammern des Start-Tags integriert. So können dem Befehl bestimmte Eigenschaften zugeordnet werden. Die Schreibweise ist Leerzeichen, Attribut, Gleichheitszeichen, Attributwert in Anführungszeichen. Mehrere Attribute werden durch Leerzeichen getrennt (Bühler et al. 2017a, S. 7).

Beispiel

<start-tag attribut = "wert" attribut1 = "wert1" attribut2 = "wert2"> Inhalt des Tags </ end-tag> ◀

Die Webseite W3Schools bietet online Einführungen und Tutorials zu HTML: W3Schools HTML Tutorial, https://www.w3schools.com/html/default.asp. Dort können in kleinschrittigen, praktischen Übungen Aufbau und Funktionsweise einer HTML-Datei erlernt werden. Auf diese Weise ist es möglich, Inhalte in Textform zur Darstellung auf einer Webseite aufzubereiten.

9.5.2 CSS

CSS (Cascading Style Sheets) ist die Formatierungssprache mit der HTML-Dokumente gestaltet werden. Mithilfe von CSS wird also beschrieben, wie HTML-Elemente dargestellt werden. Alles, was mit Farbgebung, Schriftwahl, Einbindung von multimedialen Inhalten, Hintergrundgestaltung usw. zu tun hat, wird so definiert. Die aktuelle Version ist CSS3, damit ist erstmalig auch die Erstellung von Animationen in CSS möglich (Bühler et al. 2017a, S. 45).

▶ **Wichtig**
HTML dient der Beschreibung von Struktur und Inhalt von Webseiten.
Mit CSS werden Webseiten gestaltet.

CSS arbeiten mit Regeln, die von der/dem Ersteller:in festgelegt werden und die Gestaltung von Inhalten vorgeben. Die sogenannten Selektoren entsprechen dabei in der Regel HTML-Tags. Allerdings werden sie nicht in spitzen Klammern geschrieben. Nach dem Selektor folgen dessen Eigenschaften in geschweiften Klammern. Eigenschaften werden mit einem Doppelpunkt getrennt und Werte mit einem Semikolon. Wie bei HTML werden Zeilenumbrüche und Einrückungen genutzt, um den Code übersichtlicher zu machen (Bühler et al. 2017a, S. 47). CSS-Dateien werden ebenfalls als Texte gespeichert und haben die Dateiendung.css. Sie werden entweder als externe CSS-Datei in dem HTML-Dokument verlinkt oder über das *style*-Attribut direkt lokal im HTML angegeben.

In „HTML5 und CSS3" von Bühler werden folgende Beispiele für die Grundstruktur von CSS aufgeführt:

Allgemeine Definition

Selektor   {

          Eigenschaft1: Wert1;

          Eigenschaft2: Wert2.

          …

          }

Beispiele

body   {background-color: → Hintergrundfarbe: Schwarz.

          margin: 20px;   → Außenabstand in Pixeln.

          }

p   {

          font-family: Arial;   → Schrift Arial.

          font-size: 10px;   → Schriftgröße 10px.

          font-weight: bold;   → Schriftschnitt fett.

    }

(Bühler et al. 2017a, S. 47) ◄

Es gibt eine Vielzahl von Selektoren, die es ermöglichen, alle Inhalte einer Webseite nach eigenem Belieben zu gestalten. W3Schools stellt neben HTML-Einführungen auch Übungen zu CSS bereit (W3Schools CSS Tutorials, https://www.w3schools.com/css/default.asp). Die Webseite CSS Zen Garden zeigt verschiedene CSS-Designs für dieselbe HTML-Datei und verdeutlicht so die Möglichkeiten, die mit der Gestaltung mittels CSS eröffnet werden (CSS Zen Garden, http://www.csszengarden.com/214/).

9.5.3 Barrierefreiheit im Internet

Neben der Erstellung der Inhalte und deren Gestaltung ist ein zentraler Aspekt des Webdesigns die digitale Barrierefreiheit.

▶ *„Barrierefreies Webdesign* – auch Web Accessibility genannt – ist die Kunst, Webseiten so zu gestalten, dass jeder sie nutzen und lesen kann (Hellbusch 2022, o. S.)."

Dadurch wird Menschen mit Einschränkungen ein ungehinderter und selbstständiger Zugang zum Internet ermöglicht. Die Umsetzung von barrierefreiem Webdesign beginnt bereits bei der Konzeption einer Webapplikation. Es ist kein zusätzlicher Regelkatalog, sondern sollte selbstverständlicher Bestandteil eines nutzer:innenfreundlichen und zeitgemäßen Webdesign sein. Als rechtliche Grundlage dient die *Verordnung zur Schaffung barrierefreier Informationstechnik nach dem Behindertengleichstellungsgesetz* (Barrierefreie-Informationstechnik Verordnung, BITV 2.0). Der gesamte Gesetzestext ist online zu finden: BITV 2.0, https://www.gesetze-im-internet.de/bitv_2_0/ BJNR184300011.html. Auf internationaler Ebene werden die Standards für barrierefreies Webdesign vom World Wide Web Consortium (W3G) in den *Web Content Accessibility Guidlines 2.1* (WCAG 2.1) festgehalten (Web Content Accessibility Guidlines 2.1, https://www.w3.org/TR/WCAG21/).

Gesetzestext

BITV 2.0

§ 1 Ziele

1. Die Barrierefreie-Informationstechnik-Verordnung dient dem Ziel, eine umfassend und grundsätzlich uneingeschränkt barrierefreie Gestaltung moderner Informations- und Kommunikationstechnik zu ermöglichen und zu gewährleisten.
2. Informationen und Dienstleistungen öffentlicher Stellen, die elektronisch zur Verfügung gestellt werden, sowie elektronisch unterstützte Verwaltungsabläufe mit und innerhalb der Verwaltung, einschließlich der Verfahren zur elektronischen Aktenführung und zur elektronischen Vorgangsbearbeitung, sind für Menschen mit Behinderungen zugänglich und nutzbar zu gestalten.

Als Ersteller:in eines Webauftritts kann man einen BITV-Test beantragen, der die Konformität einer Webseite im Hinblick auf die Vorgaben der BITV prüft. Bei Erfüllung der Konformität erhält man das Prüfzeichen „BIK BITV-konform (geprüfte Seite)" (DIAS GmbH 2022, o. S.).

Aber was genau beinhaltet Barrierefreiheit im Internet? Es gibt verschiedene Formen von Barrierefreiheit im Netz. Dazu gehören vor allem:

- Inhalte in einfacher Sprache
- Gliederung der Seitenstruktur für Screenreader
- Alt-Texte (Alternativ-Texte) für Graphiken
- Werkzeuge zur Vergrößerung von Inhalten
- Farbfreie bzw. kontrastarme Inhalte
- Möglichkeiten alternative Eingabeverarbeitung (z. B. Sprach- oder Tastatursteuerung)

Es existieren viele Web-Hilfen zur (Selbst-)Prüfung oder Erstellung barrierefreier Webauftritte.

Auf *barrierefreies-webdesign.de* finden sich allgemeine Informationen zu Web Accessibility und ein umfassendes Beratungsangebot:

Barrierefreies Webdesign. Ein zugängliches und nutzbares Internet gestalten, https://www.barrierefreies-webdesign.de/

Über *BIK für Alle* findet sich eine vereinfachte Form des Barrierefreiheitstest nach BITV zur Selbstbewertung:

- https://bik-fuer-alle.de/easy-checks.html

Die Seite *leserlich* bietet u. a. einen Kontrastrechner, der Zeichen- und Hintergrundfarben prüft, und einen Schriftgrößenrechner für verschiedene Endgeräte:

- Leserlich Kontrastrechner, https://www.leserlich.info/werkzeuge/kontrastrechner/index.php
- Leserlich Schriftgrößenrechner, https://www.leserlich.info/werkzeuge/schriftgroessenrechner/index.php

Das *Netzwerk Leichte Sprache* veröffentlicht auf ihrer Webseite Informationen und Anleitungen zur Erstellung von Texten in Leichter Sprache:

- Das ist Leichte Sprache, https://www.leichte-sprache.org/leichte-sprache/das-ist-leichte-sprache/

Der Screenreader *NonVisual Desktop Access* (NVDA) steht kostenfrei zum Download zur Verfügung:

- NVDA Download, https://www.nvaccess.org/download/

Pro-Retina simuliert online verschiedene Netzhauterkrankungen, um die Wahrnehmung von Betroffenen zugänglicher zu machen:

- PRO RETINA Simulation, https://www.pro-retina.de/leben/simulation

Microsoft Office bietet eine integrierte Barrierefreiheitsprüfung der erstellten Dateien:

- Verbessern der Barrierefreiheit mit der Barrierefreiheitsprüfung, https://support.microsoft.com/de-de/office/verbessern-der-barrierefreiheit-mit-der-barrierefreiheitspr%c3%bcfung-a16f6de0-2f39-4a2b-8bd8-5ad801426c7f?ui=de-de&rs=de-de&ad=de

Mit *PAC 2021* können kostenlos PDF auf Barrierefreiheit überprüft werden:

- PDF Accessibility Checker 2021, https://pdfua.foundation/de/pdf-accessibility-checker-pac

9.6   Lernaufwand und -angebot

Lernfeld 9 ist im dritten Lehrjahr mit circa 80 Unterrichtsstunden angesetzt. Das in diesem Lernfeld erlangte Wissen ermöglicht es angehenden Geomatiker:innen, Geo- und Sachdaten im Internet zu beziehen, diese digital zu bearbeiten und die erstellten Geoprodukte wieder online zugänglich zu machen. Dabei werden branchenspezifische und allgemeine rechtliche Grundlagen beachtet. Diese Kompetenz ist im Kundenauftrag und in der Erstellung eigener Geoprodukte fester Bestandteil des Arbeitsalltags von Geomatiker:innen.

Versuche folgende Fragen und Aufgaben zu lösen, um zu prüfen, ob du die Inhalte des Kapitels verinnerlicht hast:

Fragen

Welche Bestandteile hat eine Geodateninfrastruktur? Wofür steht INSPIRE und was sind die Ziele davon?

Nenne 3 GIS-Analyse-Werkzeuge und beschreibe kurz, was sie tun.

Nenne fünf GIS-Operatoren zur Bearbeitung von Geodaten und beschreibe kurz, was sie tun.

Was sind Geodatendienste?

Wofür stehen die folgenden Abkürzungen:

- WMS
- WMTS
- WFS
- WCS

Welche Dateiformate können mithilfe eines WMS dargestellt werden?

Ein WMTS liefert Informationen auf unterschiedliche Anfragen. Welche Informationen erhält man auf folgende Anfragen?

- GetCapabilities
- GetTile
- GetFeatureInfo

HTML und CSS sind Skriptsprachen zur Erstellung von Webseiten. Wofür wird HTML genutzt? Wofür CSS?

Was sind Tags und Selektoren?

Wie ist ein HTML-Dokument aufgebaut?

Was ist der englische Fachbegriff für einen uneingeschränkten Zugang zu Webauftritten?

Nenne fünf Möglichkeiten, Webapplikationen barrierefrei zu gestalten.

Literatur

Agafonkin V (2022) Leaflet. Overview. https://leafletjs.com/. Zugegriffen: 11. Juli 2022

Arbeitskreis Architektur (2019) Architektur der GDI-DE – Ziele und Grundlagen. https://www.gdi-de.org/download/2020-03/Architektur_Ziele_und_Grundlagen_v3_1_2.pdf. Zugegriffen: 11. Juli 2022

Bühler P, Schlaich P, Sinner D (2017a) HTML5 und CSS3. Semantik, Design, Responsive Layouts. Springer Vieweg, Berlin

Bühler P, Schlaich P, Sinner D (2017b) Webdesign. Interfacedesign, Screendesign, Mobiles Webdesign. Springer Vieweg, Berlin

de Lange N (2013) Geoinformatik in Theorie und Praxis. Springer Spektrum, Berlin

DIAS GmbH (2022) Der BIK BITV-Test. https://www.bitvtest.de/bitv_test.html. Zugegriffen: 15. Juli 2022

Esri (o. D.) GIS-Dictionary. Feature. https://support.esri.com/de/other-resources/gis-dictionary/term/dcc335be-78ae-4bd2-b254-b44c37343f75. Zugegriffen: 13. Juli 2022

Esri (2021) Grundlagen zu Feature-Classes. https://desktop.arcgis.com/de/arcmap/latest/manage-data/geodatabases/feature-class-basics.htm. Zugegriffen: 13. Juli 2022

GDI-BY (2020) Nutzung von Geodatendiensten. Leitfaden. https://www.gdi.bayern.de/file/pdf/1116/2020_Leitfaden%20Geodatendienste.pdf. Zugegriffen: 18. Juli 2022

GISGeography (2022) 7 Geoprocessing Tools Every GIS Analyst Should Know. https://gisgeography.com/geoprocessing-tools/. Zugegriffen: 18. Juli 2022

Hellbusch J (2001–2022) Barrierefreies Webdesign. Ein zugängliches und nutzbares Internet gestalten. https://www.barrierefreies-webdesign.de/barrierefrei/. Zugegriffen: 15. Juli 2022

Kollmann T, Lackes R, Siepermann M (2018) Gabler Wirtschaftslexikon. http. https://wirtschaftslexikon.gabler.de/definition/http-34924/version-258415. Zugegriffen: 18. Juli 2022

Kst. GDI-DE (Hrsg) (2019) Geodatendienste im Internet – ein Leitfaden. https://www.gdi-de.org/download/2020-03/Leitfaden-Geodienste-im%20Internet.pdf. Zugegriffen: 11. Juli 2022

LDBV (o. D.) Was sind Geodatendienste?. https://geodatenonline.bayern.de/geodatenonline/seiten/wms_webdienste. Zugegriffen: 13. Juli 2022

QGIS project (2022) QGIS Benutzerhandbuch. https://docs.qgis.org/3.22/de/docs/user_manual/index.html. Zugegriffen: 18. Juli 2022

Universität Rostock (2002a). Geoinformatik Service. Analyse. http://www.geoinformatik.uni-rostock.de/einzel.asp?ID=82. Zugegriffen: 18. Juli 2022

Universität Rostock (2002b) Geoinformatik Service. Dateiverwaltung. http://www.geoinformatik.uni-rostock.de/einzel.asp?ID=-2014335783. Zugegriffen: 18. Juli 2022

Josefine Klaus hat 2018 ihre Ausbildung als Geomatikerin am Landesamt für Vermessung und Geobasisinformation RLP in Koblenz abgeschlossen. Sie studierte Kulturwissenschaften in Leipzig und war 2022 bei der Erstellung der kartenbasierten Geschichtsapp „Frankfurt History" beteiligt. Ihr Schwerpunkt ist niedrigschwellige und zeitgemäße Wissensvermittlung.

Geodaten in Printprodukten aufbereiten 10

Josefine Klaus

10.1 Lernziele und -inhalte

In Lernfeld 10 lernen die Auszubildenden die Herstellung kartographischer Drucksachen von dem Bezug der entsprechenden (Geo-)Daten bis zur Fertigstellung des Produktes im Druck. Der Projektprozess wird anhand eines Beispielauftrags in der Berufsschule oder im Betrieb geübt. Dafür werden in diesem Kapitel die Grundlagen der Drucktechnik vermittelt und verschiedene Drucksachen und ihre Gestaltungselemente vorgestellt. Der Ablauf eines Kundenauftrags wird schematisch nachvollzogen (Abb. 10.1).

Das Lernfeld stellt eine Ergänzung zu den Kap. 6 und 9 dar. In diesem Kapitel steht die Produktion analoger Kartenprodukte im Vordergrund.

10.2 Kartendruck

Lange Zeit wurden Karten händisch gezeichnet oder mithilfe von Schablonen erstellt und vervielfältigt. Seit Einführung der Drucktechnik im 15. Jahrhundert wurden immer neue Druckverfahren entwickelt, die sich als Standard im Bereich des Kartendrucks etabliert haben. Druck ist ein „Verfahren zur Vervielfältigung einer Vorlage mittels einer Druckmaschine und das Ergebnis des Verfahrens" (Spektrum 2001a, o. S.). Seit den 1990er-Jahren nimmt die Bedeutung des Digitaldrucks auch im Bereich des Kartendrucks ständig zu. Vorangegangene analoge Druckverfahren unterscheiden sich zwar in der Drucktechnik, basieren aber alle auf der Verwendung einer statischen Druckform,

J. Klaus (✉)
Frankfurt am Main, Deutschland
E-Mail: josefine.klaus@posteo.de

J. Klaus (Hrsg.), *Geomatik,* https://doi.org/10.1007/978-3-662-66274-8_10

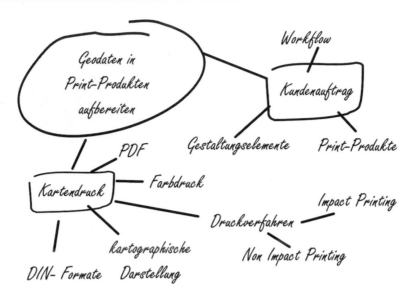

Abb. 10.1 Lernziele und -inhalte von Lernfeld 10

mittels der das Druckbild auf die Fläche übertragen wird. Beim Digitaldruck wird das Druckbild ausschließlich digital erzeugt und berührungsfrei auf dem Bedruckstoff abgebildet (Spektrum 2001b, o. S.).

10.2.1 Kartographische Darstellungsregeln in Druckprodukten

Die Kartengestaltung ist ein wesentlicher Bestandteil der Kartographie. Es werden kartographische Gestaltungsmittel genutzt, um geographische Sachverhalte in karto-graphische Produkte übertragen und nachvollziehbar darstellen zu können. Damit diese Nachahmung der Realität in Kartenprodukten funktioniert, bedarf es eines Zeichen-systems und dem damit zusammenhängenden eindeutigen Bezug von Objekten und ihrer Ergänzung als Zeichen (Spektrum 2001c, o. S.). Darstellungsmethoden der Karten-gestaltung und kartographische Generalisierung werden in Kap. 7 ausführlich behandelt.

▶ **Definition** „Der Begriff *Generalisieren* steht in der Kartographie für einen Prozess, welcher die Verallgemeinerung des Karteninhaltes, bedingt durch Maßstab, Zweck bzw. Thema, unter Beachtung grafischer und geometrischer Grundsätze und geographischer Gegebenheiten, zum Ziel hat. […].

Das Ziel des Generalisierens ist, den Inhalt der Karte:

- Richtig und maßstabsbezogen vollständig darzustellen
- Grafisch ansprechend und gut lesbar zu gestalten

Der Umfang des Generalisierens wird vom Maßstab, vom Thema und vom Zweck der Karte bestimmt (AK DGfK 2004, 5.9 S. 1056)."

Beim Kartendruck ist das Endprodukt, im Gegensatz zu digitalen Kartenwerken (s. Kap. 9), statisch. Die Platzierung von Zeichen und Beschriftungen ist final und ein Ein- und Rauszoomen mit unterschiedlichen Detailansichten nicht möglich. Daher muss bei analogen Geoprodukten mehr auf die Selektion der abgebildeten Objekte geachtet werden. Nur was wirklich relevant für die Aussagekraft des Produkts ist, wird abgebildet. Elemente und Beschriftungen müssen so platziert werden, dass deren Bezug zu den Objekten, die sie darstellen bzw. beschreiben sollen, eindeutig ist. Gleichzeitig sollte das Layout des Endprodukts gewissen ästhetischen Ansprüchen genügen, um das Interesse der Nutzer:innen visuell zu erlangen.

10.2.2 Farbdruck

Der Farbraum kartographischer Druckprodukte wird durch die Farbmischung im Vierfarbendruck vorgegeben. Dabei werden aus den Grundfarben Cyan, Magenta, Gelb und zusätzlich Schwarz (Key) (CMYK) alle weiteren Farbwerte gemischt. Das heißt, bei der digitalen Erstellung eines Kartenwerks muss beachtet werden, dass die Farbwiedergabe am Bildschirm eine andere ist (RGB-Farbraum) als beim gedruckten Ergebnis.

Im Druck wird eine Kombination aus additiver und subtraktiver Farbmischung (s. Kap. 6) angewendet, die sogenannte *autotypische Farbmischung*. Durch eine Kombination aus einer bestimmten Rasterung und den entsprechenden gedruckten Farbelementen (Rasterpunkten) entsteht ein Gesamtbild. Die verwendeten Druckfarben sind lasierend und decken sich nicht gegenseitig ab, sodass durch die Überlagerung verschiedener Farbflächen die einzelnen Farbwerte entstehen. „Das remittierte Licht der nebeneinander liegenden Farbflächen mischt sich dann additiv im Auge (physiologisch), die übereinander gedruckten Flächenelemente mischen sich subtraktiv auf dem Bedruckstoff (physikalisch) (Böhringer et al. 2008, S. 208)."

▶   Rasterung im Druck: „Der Druck von Tonwerten, d. h. von Helligkeitsstufen, ist nur durch die Rasterung möglich. Die Bildinformation wird dabei einzelnen Flächenelementen, den Rasterpunkten, zugeordnet. Form und Größe dieser Elemente sind verfahrensabhängig verschieden. Grundsätzlich liegt die Rasterteilung immer unterhalb des Auflösungsvermögens des menschlichen Auges. Sie können dadurch die einzelnen Rasterelemente nicht sehen, sondern das von der bedruckten Fläche zurückgestrahlte Licht. Dieses mischt sich im Auge zu sogenannten unechten Halbtönen (Böhringer et al. 2008, S. 339)."

10.2.3 Druckverfahren

In der DIN-Norm 16.500 wird Drucken als „Vervielfältigen, bei dem zur Wiedergabe von Informationen [...] Druckfarbe auf einen Bedruckstoff unter Verwendung eines Druckbildspeichers (z. B. Druckform) aufgebracht wird" definiert. Dabei wird unterschieden, ob der Druckvorgang mithilfe einer physischen Druckform (Impact Printing, IP-Verfahren) oder berührungslos (Non Impact Printing, NIP-Verfahren) erfolgt. Letzteres ist beim Digitaldruck der Fall. Das Druckbild wird mithilfe elektronischer Informationsausgaben übertragen. Druckverfahren mit fester Druckform sind Hochdruck, Flachdruck, Siebdruck und Tiefdruck (Bühler et al. 2018a, S. 2). Tab. 10.1 zeigt die verschiedenen Druckverfahren in einer Übersicht.

Tab. 10.1 Übersicht der Druckverfahren

Druckverfahren	Druckvorgang	Anwendung/Produkte	Bedruckstoffe
Impact Printing			
Offsetdruck (Flachdruck)	Farbauftrag durch physikalische Eigenschaften von Wasser und Öl	Prospekte Bücher Flyer Zeitschriften	Papiere
Hochdruck (Buchdruck)	Farbauftrag über erhabene Elemente	Stanzen Prägen Perforieren	Papiere
Tiefdruck	Farbauftrag über vertiefte Elemente	Illustrierte Zeitschriften Kataloge Werbebeilagen	Papiere Leichte Kartons Folien Metallisierte Papiere Pergamin
Siebdruck	Farbauftrag über ein Sieb mit Schablone	Gläser Schilder Aufkleber Tachometerskalen CDs/DVDs Tastaturen	Besonderheit: nicht-ebene Materialien bedruckbar
Non Impact Printing (NIP-Verfahren)			
Tintenstrahldruck (Inkjet-Druck)	Farbauftrag durch elektrische Aufladung des Tintenstrahls	Fotodrucke Proofs Großformatige Drucke (Banner) (eher kleine Auflagen, Privat- und Bürobedarf)	Papiere Fotopapier
Laserdruck (elektrofotographisches Verfahren)	Farbauftrag über (von einem Laserstrahl erstelltes) Ladungsbild, das elektrisch aufgeladen übertragen wird	s/w-Kopien (Privat- und Bürobedarf)	Papiere

10.2.3.1 Impact Printing

Der *Hochdruck* ist das älteste Druckverfahren. Dabei wird das Druckbild mithilfe der erhabenen Elemente der Druckform auf den Bedruckstoff übertragen (Bühler et al. 2018a, S. 4) (siehe   Abb. 10.2). Heutzutage wird diese Drucktechnik nur noch zum Stanzen, Prägen und Perforieren eingesetzt (Böhringer et al. 2008, S. 462).

Gegensätzlich zum Hochdruck sind beim *Tiefdruck* (s. Abb. 10.3) die vertieften Bereiche die druckenden Elemente. Durch Druck wird die Farbe auf den Bedruckstoff übertragen. Die Herstellung einer Druckform ist sehr aufwendig, deshalb wird diese Technik meist nur bei auflagenstarken Produkten verwendet (Bühler et al. 2018a, S. 4).

Der *Flachdruck* bzw. *Offsetdruck* ist heutzutage das gängigste Verfahren für kartographische Drucksachen. Im Unterschied zum Hoch- und Tiefdruck erfolgt der Farbauf-

Abb. 10.2 Hochdruck (A: Druckform, B: Bedruckstoff, C: Druckfarbe, D: Rakel). (Bühler P, Schlaich P, Sinner D: Druck. Druckverfahren – Werkstoffe – Druckverarbeitung, 2018a)

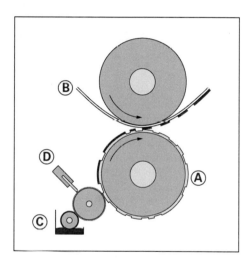

Abb. 10.3 Tiefdruck (A: Druckform, B: Bedruckstoff, C: Druckfarbe, D: Rakel). (Bühler P, Schlaich P, Sinner D: Druck. Druckverfahren – Werkstoffe – Druckverarbeitung, 2018a)

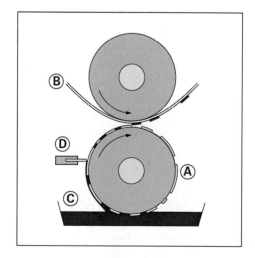

Abb. 10.4 Flachdruck/
Offsetdruck (A: Druckform,
B: Bedruckstoff, C:
Druckfarbe, E: Feuchtwerk,
F: Gummituch). (Bühler P,
Schlaich P, Sinner D: Druck.
Druckverfahren – Werkstoffe –
Druckverarbeitung, 2018a)

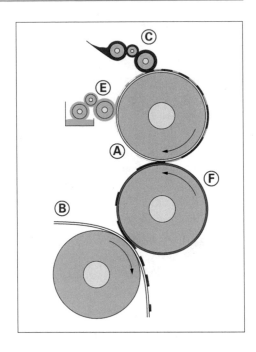

Abb. 10.5 Siebdruck (A:
Sieb, B: Bedruckstoff, C:
Druckfarbe, D: Rakel). (Bühler
P, Schlaich P, Sinner D: Druck.
Druckverfahren – Werkstoffe –
Druckverarbeitung, 2018a)

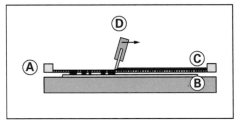

trag nicht mithilfe unterschiedlicher Erhebungen bzw. Vertiefungen. Die Drucktechnik basiert auf den unterschiedlichen physikalischen Eigenschaften von Wasser und Öl. Die druckenden Flächen nehmen ölhaltige Farben auf (lipohil) und können diese so auf das Druckbild übertragen. Nicht druckende Flächen sind hydrophil und weisen die Farbe ab. Das fertige Druckbild wird gespannt und auf den Bedruckstoff übertragen (Bühler et al. 2018a, S. 4–5). Das Druckverfahren ist in Abb. 10.4 vereinfacht dargestellt.

Die Druckform beim *Siebdruck* (Abb. 10.5) ist ein Sieb, bei dem die nicht druckenden Elemente mit einer Schablone bzw. einer farbundurchlässigen Schicht in Form des Druckbildes abgedeckt werden. Da das Sieb als Druckform flexibel ist, können auch nichtebene Stoffe bedruckt werden.

10.2.3.2 Non Impact Printing

Beim *Inkjet-* bzw. *Tintenstrahldruck* werden Tintentröpfchen berührungslos durch Farbdüsen auf den Bedruckstoff übertragen (s. Abb. 10.6). Die Tinte wird statisch aufgeladen und mithilfe von Ablenkelektroden an die richtige Fläche geleitet. Bei unbedruckten Flächen wird der Tintenstrahl vom Bedruckstoff abgelenkt (Böhringer et al. 2008, S. 542).

Der *Laserdruck* erfolgt nach dem elektrofotographischen Verfahren. Die Druckinformationen werden als Ladungsbild von einem Laser auf eine Fotohalbleitertrommel übertragen. Mithilfe von Druck und Hitze werden die positiv aufgeladenen Farbflächen auf den Bedruckstoff gedruckt, wie in Abb. 10.7 abgebildet (Bühler et al. 2018a, S. 6).

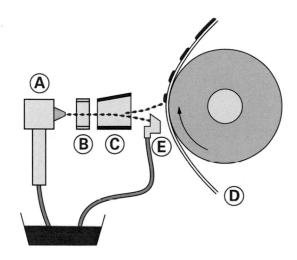

Abb. 10.6 Inkjetdruck (A: Druckkopf, B: statische Aufladung, C: Ablenkelektroden, D: Bedruckstoff, E: Auffangbehälter). (Bühler P, Schlaich P, Sinner D: Druck. Druckverfahren – Werkstoffe – Druckverarbeitung, 2018a)

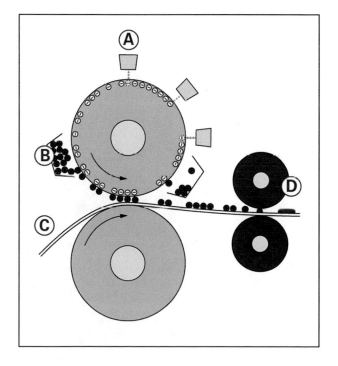

Abb. 10.7 Laserdruck (A: Laserstrahl, B: Toner, C: Bedruckstoff, D: Druck und Hitze). (Bühler P, Schlaich P, Sinner D: Druck. Druckverfahren – Werkstoffe – Druckverarbeitung, 2018a)

10.2.4 PDF/X-Dokumente

Um digital erstellte Dateien soft- und hardwareunabhängig zwischen verschiedenen End-
und Druckgeräten hin und her senden zu können, wurde Anfang der 1990er-Jahre von
Adobe ein neues Dateiformat entwickelt – *Portable Document Format* (PDF). Damit
können Dokumente änderungsfrei und plattformunabhängig ausgetauscht werden. Heutzutage können auch Ton- und Filmaufnahmen in PDF integriert werden (Böhringer et al.
2008, S. 360).

Übersicht
„Merkmale einer PDF-Datei
    PDF-Dateien …

- sind plattform- und systemunabhängig
- können eingebundene Schriften enthalten. Die eingebundenen Schriften sind
  systemunabhängig nutzbar
- sind editierbar
- haben einzelne Seiten, die auswählbar sind. Die Seiten verschiedener PDF-
  Dateien können zu einem neuen PDF-Dokument zusammengeführt werden
- haben eine geringe Datengröße
- sind für das jeweilige Ausgabemedium optimierbar
- können für multimediale Anwendungen neben der Interaktivität verschiedene
  andere Medien, z. B. Video, enthalten
- sind standardisierbar"

(Böhringer 2008, S. 362)

Abhängig von der Funktion der jeweiligen Datei, existieren verschiedene Standards von
PDF.

Übersicht
PDF-Standards

- „PDF/A (ISO 19005, Basis PDF 1.4): Das A bei PDF/A steht für Archivierung.
  Die PDF/A-Norm unterscheidet verschiedenen Konformitätsebenen. Darin sind
  Eigenschaften wie die Volltextsuche, der barrierefreie Zugang und die Möglich-
  keit eingebetteter Dateien geregelt.
- PDF/E (ISO 24517, Basis PDF 1.6): Das E bei PDF/E steht für Engineering.
  Die Norm beschreibt die spezifischen Anforderungen in den Bereichen

> Konstruktion und Planung z. B. im Ingenieurwesen, in der Architektur und in Geo-Informationssystemen.
>
> - PDF/H (noch keine ISO-Norm): Das H bei PDF/H steht für Healthcare (Gesundheitswesen). Im PDF/H-Format werden Ergebnisse der bildgebenden Diagnostik, Befunde und Berichte sowie Patientendaten gespeichert.
> - PDF/X (ISO 15929 und ISO 15930, Basis PDF 1.3, 1.4 und 1.6): Das X bei PDF/X steht für eXchange (Austausch). PDF/X ist das Dateiformat im PDF-Workflow der Printmedienproduktion. Dabei werden, je nach Ausprägung des Workflows, unterschiedliche PDF/X-Standards verwendet. Wir werden sie in diesem Kapitel noch näher betrachten.
> - PDF/UA (ISO 14289, Basis PDF 1.7): Die Buchstaben UA stehen für Universal Accessibility. PDF/UA ist der PDF-Standard für barrierefreie PDF-Dokumente.
> - PDF/VT (ISO 16612, Basis PDF 1.6): Die Buchstaben VT stehen für Variable Transactional. PDF/VT ist der PDF-Standard für den Druck von variablen oder transaktionalen Dokumenteninhalten."
>
> (Bühler et al. 2018c, S. 2)

Für den Druck kartographischer Produkte ist der PDF/X-Standard relevant. Nicht druckbare Elemente, wie Video und Audio sind darin nicht zulässig. ISO 15930 regelt die Anforderungen an die drei PDF/X-Versionen (PDF/X-1a, PDF/X-3 und PDF/X-4), die in der Praxis Anwendung finden. Im Rahmen der Reihe „Bibliothek der Mediengestaltung" vom Springer-Verlag ist 2018 ein eigener Band zu PDF erschienen, der Aufbau und Vorgaben der verschiedenen PDF-Standards ausführlich beschreibt.

10.2.5 DIN-Formate

Um die Erstellung von Medienprodukten zu erleichtern, gibt es DIN-Formate, die den Formaten der Druckbögen entsprechen. Damit sind sie als Produktformat leicht erstellbar und ressourcen- und kostensparend. Natürlich können Produkte auch freie Formatverhältnisse haben und sich dadurch hervorheben. Produktionsaufwand und Preis werden dabei aber so gut wie immer angehoben (Bühler et al. 2018d, S. 16). Die standardisierten Druckformate der Rohbögen sind etwas größer als das entsprechende DIN-Format, um den Beschnitt nach dem Druck auszugleichen (Bühler et al. 2018d, S. 19).

Das bekannteste DIN-Format ist das 1922 definierte DIN-A4-Hochformat (DIN-Norm 476). Die Maße orientieren sich an dem Grundmaß DIN A0 (841×1189 mm bzw. $1 m^2$). Die jeweiligen Formate der *DIN-A-Reihe* entstehen durch die Halbierung der langen Seite (s. Abb. 10.8). Tab. 10.2 listet die häufigsten DIN-A-Formate und ihre jeweiligen Einsatzgebiete auf.

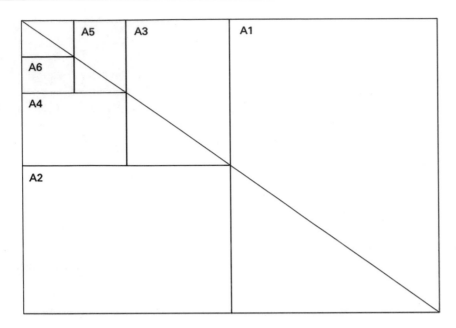

Abb. 10.8 DIN-A-Formatreihe. (Bühler P, Schlaich P, Sinner D: Printdesign. Entwurf – Layout – Printmedien, 2018d)

Tab. 10.2 Auswahl der gängigsten DIN-A-Formate

DIN-Format	Maße in mm	Anwendungsbeispiele
DIN A0	841 × 1189	Landkarten, technische Zeitungen, Aushänge
DIN A1	594 × 841	Kalender, Plakate
DIN A2	420 × 594	Plakate, Aushänge, Zeitungen
DIN A3	297 × 420	Zeitungen, Plakate, Kalender, Zeichenblöcke
DIN A4	210 × 297	Brief- und Druckpapier, Hefte, Schreibblöcke, Magazine
DIN A5	148 × 210	Schreibblöcke, Hefte, Karteikarten, Flyer, Bücher
DIN A6	105 × 148	Postkarten, Karteikarten

Die Formate der *DIN-B-Reihe* werden hauptsächlich für Ordner und Mappen verwendet. *DIN-C-Formate* findet man bei allen Briefumschlägen und Versandtaschen für Geschäftssachen. Drucksachen der DIN-A-Reihe passen genau in die entsprechenden Produkte der DIN-B- bzw. DIN-C-Reihen (Bühler et al. 2018d, S. 18).

10.3   Vom Auftrag zum Produkt

Eine vollständige Durchführung eines Projekteprozesses in praktischer Umsetzung erfolgt anhand von Anwendungsbeispielen in Berufsschule oder Betrieb. Die Vermittlung von Grundlagen in branchenübliche Software, wie Adobe InDesign und Illustrator wird am sinnvollsten in Kombination mit praktischen Übungen erlangt. Je nach Unternehmen oder Auftrag werden unterschiedliche Soft- und Hardware verwendet, sodass dieses Kapitel lediglich versucht, einen allgemeinen Einblick in die Erarbeitung eines kartographischen Printproduktes zu verschaffen.

▶ „Kundenauftrag: durch einen Kunden ausgelöste Aufforderung, eine spezifische Leistung bzw. ein spezifisches Gut (Produkt oder Produktbündel) zu erstellen, was nur durch bestimmte Aktionen (Arbeiten, Operationen, Tätigkeiten) von Aktionsträgern (Potenzialelementen) möglich ist." (Voigt 2010, o. S.)

Die verschiedenen Aufgaben eines Auftrags werden je nach Größe des Unternehmens in unterschiedlichen Abteilungen ausgeführt. Dabei lassen sich verschiedene Phasen des Produktionsprozesses einteilen, die sich überschneiden können. Abb. 10.9 zeigt schematisch den Ablauf eines Kundenauftrags.

Die erste Phase beinhaltet die Vorarbeit, bevor das eigentliche Produkt angefertigt wird. Dazu gehört die Abwicklung der Anfrage und des Angebots mit der/dem Auftraggeber:in, die Analyse und Kalkulation des Auftrags und die interne Verteilung der Aufgaben. Diese Phase kann man als *Planungsphase* bezeichnen. In der zweiten Phase, der *Produktphase*, wird der Auftrag gefertigt, von ersten Entwürfen, internen und externen Rückbesprechungen mit dem Kunden/der Kundin und eventuellen Anpassungen bis hin zur Fertigung des Produktes. In der abschließenden *Präsentationsphase* wird das Produkt der/m Kund:in geliefert und in Rechnung gestellt. Der Auftrag endet mit der Nachbesprechung und Nachkalkulation des Projektes (Bühler et al. 2018b, S. 24).

10.3.1 Printprodukte für Geodaten

Die Gestaltung aller Printprodukte wird bestimmt durch die jeweilige Nachricht, die an die Konsumierenden vermittelt werden soll. Was will ein Unternehmen oder ein Produkt den Leuten anbieten?

Gleichzeitig wird versucht, ein gewisses Alleinstellungsmerkmal herzustellen, um eine möglichst hohen Wiedererkennungswert zu gewährleisten.

Einige Gestaltungsregeln sind für alle Drucksachen anwendbar

- Gestaltung passend zur Nachricht (seriös, verspielt, provokativ usw.)
- Klare Verbindung von Text und Bildern, Karten bzw. graphischen Elementen

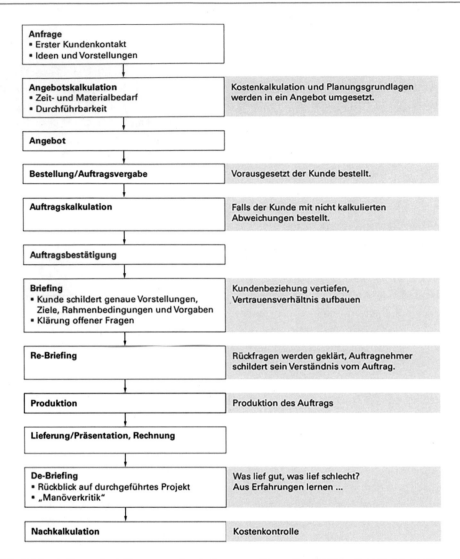

Abb. 10.9 Auftragsabwicklung von der Anfrage zur Kontrolle. (Bühler P, Schlaich P, Sinner D: Medienworkflow. Kalkulation – Projektmanagement – Medienworkflow, 2018b)

- Kombination aus Information, Provokation und Ästhetik (Verhältnis abhängig von Unternehmen bzw. Produkt)
- Je nach Umfang der Drucksache schnelle Erfassbarkeit

Der Prozess der Kartenherstellung wird ausführlich in Kap. 2 beschrieben. Gleiches gilt für die Nutzung von Karten(werken) in Drucksachen. Die Daten müssen in ausreichender Qualität und Aktualität in einem druckbaren Dateiformat (wie PDF) vorliegen und die Nutzungsrechte geklärt sein.

Karten(werke) können zu unterschiedlichen Zwecken in unterschiedlichen Drucksachen genutzt werden. Dabei kann der kartographische Inhalt zentral oder ergänzend sein. Wichtig ist es, einen eindeutigen Bezug zwischen den Geodaten und den weiteren Informationen herzustellen.

▶ *Printing on demand* bedeutet, dass nur konkret bestellte Produkte ausgedruckt werden, um Überproduktion zu vermeiden und auf Einzelfälle eingehen zu können. Dadurch behält man die Wirtschaftlichkeit und Effizienz im Blick (Bollman und Koch 2002, S. 237).

Es gibt eine Vielzahl gedruckter Produkte, die kartographische Inhalte beinhalten können:

Flyer sind kleinformatige Handzettel ohne Bindung oder Heftung. Sie haben geringe Produktionskosten und können leicht verteilt und ausgelegt werden. Allerdings sind sie nicht besonders haltbar. Häufige Anwendungsbereiche sind Informationen über Events, Werbung für Unternehmen und Produkte, Datenblätter, Beipackzettel, Listen (z. B. Produktlisten) (Bühler 2018d, S. 78).

Broschüren sind mehrseitig und dementsprechend ausführlicher als Flyer. Sie haben keinen festen Einband und können sich je nach verwendetem Material in Hochwertigkeit und Stabilität unterscheiden. Sie werden meist verwendet für die Vermittlung von Informationen zu Events, Werbung für Produkte und Unternehmen oder Gebrauchsanweisungen (Bühler 2018d Printdesign, S. 82).

Bücher dienen der ausführlichen Vermittlung von Themen. Sie sind als Hard- oder Softcover gebunden und haben eine hohe Seitenzahl (mehr als 50 Seiten).

Plakate und *Anzeigen* dienen der Außenwerbung und vermitteln schnell wenige wichtige Informationen. Die Vermittlung erfolgt vorrangig über visuelle Eindrücke (Bühler 2018d, S. 70–71).

Geschäftsdrucksachen enthalten selbst keine Darstellung kartographischer Informationen. Sie sind aber für Unternehmen oder Selbstständige, die diese vertreiben, als Werbemittel wichtig. Ein einprägsames Erscheinungsbild mit hohem Wiedererkennungswert kann wesentlich zur Etablierung und Stabilisierung eines Unternehmens beitragen.

Geschäftsdrucksachen beinhalten Briefumschläge und Visitenkarten. Es werden DIN-Formate genutzt, um eine Einheitlichkeit zu erreichen. Die Angaben auf Geschäftsbriegen folgen ebenfalls klaren Vorgaben. Pflichtangaben sind unter anderem Name des Unternehmens, Geschäftsform und Kontaktdaten) (Bühler 2018d, S. 56–59).

10.3.2 Gestaltungselemente: Farbe, Schrift und Bilder

Wesentlich für ein gelungenes Printprodukt ist, wie bei digitalen Angeboten, die Erstellung eines eindeutigen Konzepts und die Beachtung einiger Regeln für die Anwendung möglich Gestaltungselemente. Das Endprodukt soll zur zu vermittelnden Nachricht passen und gleichzeitig die Zielgruppe(n) ansprechen.

10.3.2.1 Farbauswahl

Ein gelungenes *Farbkonzept* ist eines der grundlegendsten Gestaltungselemente. Farben sind stark assoziativ und lösen so gezielt Stimmungen aus. Gleichzeitig muss beachtet werden, dass Farben subjektiv wahrgenommen werden und in verschiedenen Umgebungen unterschiedlich wirken können.

Verschiedene Vorgehensweisen führen zur Auswahl von Farbkombinationen mit unterschiedlichen Wirkungsweisen, je nach Funktion und Nachricht. Optimal ist eine Kombination aus drei oder vier Farben. Mehr kann die/der Betrachter:in nur schwer erfassen, weniger wirkt zu unauffällig und läuft Gefahr im Gesamteindruck unterzugehen. Mit Farbe können gezielt Bereiche in den Vorder- oder Hintergrund gerückt werden. Leuchtende Farben erregen dabei Aufmerksamkeit, schlichte, gedeckte Farben sind sinnvoll für weniger wichtige Informationen (Bühler 2018d, S. 20).

10.3.2.2 Schriftauswahl

Neben der Farbauswahl ist die *Typographie* maßgeblich für die Gestaltung einer Drucksache. Ausführlich wird das Thema in Kap. 6 behandelt, an dieser Stelle soll die Bedeutung der Schriftauswahl also nur angerissen werden. Die erfolgreiche Vermittlung der Informationen eines Produktes hängt eng mit den verwendeten Schriftarten, -aufbau und -bild zusammen. Wie ein/e Leser:in ein Produkt wahrnimmt und sich dementsprechend eine Meinung dazu bildet, wird davon direkt beeinflusst. Heutzutage existieren zahlreiche (mehr oder weniger gut funktionierende) Vorlagen für verschiedene Informationen und Stimmungen. Dennoch ist es als angehende/r Geomatiker:in immer wieder wichtig, sich die Möglichkeiten, aber auch Grenzen der Typographie vor Augen zu führen.

Schrift und Inhalt sollten zusammenpassen und die Nachricht, die vermittelt werden soll, visuell unterstützen. Grundsätzlich gilt es, unabhängig von gewünschtem Stil und Zielgruppe, die Regeln der Lesbarkeit zu beachten. Lesbarkeit beschreibt, wie gut und dementsprechend schnell ein Satz oder Text erfasst werden kann. Besondere Aufmerksamkeit sollten dabei die Zeichen- bzw. Worterkennung und der Zeilensprung erhalten. Sowohl bei der Zeichen- als auch bei der Worterkennung gilt, dass einförmige Schriftarten und undifferenzierte Schreibweisen (wie alles kleingeschrieben oder alles großgeschrieben) schwieriger zu lesen sind. Gleichzeitig sollten Schriftarten und Schreibstilen nicht allzu wild kombiniert werden, da sonst eine Überladung und Überlastung für das Auge eintreten kann. Der Zeilensprung wird umso wichtiger, je länger der Text ist. Einzelne Zeilen sollte nicht zu lang werden (bis ca. 60 Zeichen bei 10pt

Schriftgröße) und neue Zeilen müssen sich sinnvoll anschließen (Bühler 2017, S. 40). Mit dem richtigen Einsatz typographischer Methoden können einzigarte Printprodukte geschaffen werden.

10.3.2.3 Karten-/Bilderauswahl

Der Einsatz von *Bild- oder Kartenmaterial* in Drucksachen ermöglicht eine schnelle Vermittlung von Informationen und erregt mehr Aufmerksamkeit und Interesse als ein reiner Text. Die Gestaltung des Bildes oder der Karte unterliegt dabei primär der Aufgabe, die Bildaussage zu visualisieren (Bühler 2018d, S. 30). Kartenwerke folgen dabei (mehr oder weniger) den Vorgaben der Kartengestaltung, je nachdem, ob sie eher ästhetisch/dekorativ oder dokumentarisch/kartographisch funktionieren sollen. Wesentlichen Einfluss auf die Wirkung einer Abbildung haben die Wahl des Bildformats und des Bildausschnitts. Außerdem gilt es, die Bild-Text- bzw. Karte-Text-Komposition zu beachten. Das bedeutet, dass die Abbildungen immer in einem Zusammenhang zum Text stehen und dieser inhaltlich und visuell klar wird. Abbildungen können alleinstehend funktionieren oder den Text lediglich ergänzen. Gleichzeitig benötigen manche Bilder oder Karten eine Erklärung.

Auch *graphische Elemente* und *Diagramme* können einen Text auflockern und durch die Visualisierung von Sachverhalten einen niedrigschwelligen Zugang ermöglichen. Hier gilt wie immer:

- Layout passend zur Information
- Komposition von Abbildung und Text
- ggf. Quellenangaben und Erklärungen

10.4   Lernaufwand und -angebot

Das Lernfeld ist für das dritte Lehrjahr mit 60 Unterrichtsstunden vorgesehen. Es ist in der Vorbereitung auf die Abschlussprüfung besonders im Hinblick auf den betrieblichen Auftrag (Prüfungsbereich 1 *Geodatenprozesse*) und PB 2 *Geodatenpräsentation* relevant.

Die Bearbeitung der folgenden Fragen und Aufgaben kann helfen, die verschiedenen Prozesse nachzuvollziehen und die Inhalte zu verinnerlichen:

Fragen

Wie funktioniert die autotypische Farbmischung?

Für was steht RGB? Für was CMYK?

Welche Druckverfahren gibt es? Was ist der Unterschied zwischen Impact und Non Impact Printing?

Welche kartographischen Gestaltungsregeln gibt es für Drucksachen?

Für was steht die Abkürzung PDF und wofür werden PDF/X-Dateien genutzt?

Welche Maße hat die DIN-A-Reihe und wie errechnen sie sich?

Welche Drucksachen, in denen Geodaten eingesetzt werden können, kennst du?

Aus welchen Projektphasen besteht ein schematischer Kundenauftrag und welche Teilschritte beinhalten die Phasen?

Welche Bedeutung haben Farb- und Schriftauswahl bei der Erstellung von kartographischen Drucksachen?

Literatur

Böhringer J, Bühler P, Schlaich P (2008) Kompendium der Mediengestaltung. Produktion und Technik für Digital- und Printmedien, 4. Aufl. Springer, Berlin

Bühler P, Schlaich P, Sinner D (2017) Typografie. Schrifttechnologie – Typografische Gestaltung – Lesbarkeit. Springer Vieweg, Berlin

Bühler P, Schlaich P, Sinner D (2018a) Druck. Druckverfahren – Werkstoffe – Druckverarbeitung. Springer Vieweg, Berlin

Bühler P, Schlaich P, Sinner D (2018b) Medienworkflow. Kalkulation – Projektmanagement – Workflow. Springer Vieweg, Berlin

Bühler P, Schlaich P, Sinner D (2018c) PDF. Grundlagen – Print-PDF – Interaktives PDF. Springer Vieweg, Berlin

Bühler P, Schlaich P, Sinner D (2018d) Printdesign, Entwurf – Layout – Printmedien. Springer Vieweg, Berlin

Kommission Aus- und Weiterbildung DGfK (Hrsg.) (2004) Focus. Kartographie. Grundlagen der Geodatenvisualisierung. Ausbildungsleitfaden Kartograph/in, CD-ROM im PDF-Format

Spektrum (Hrsg.) (2001a) Lexikon der Kartographie und Geomatik. https://www.spektrum.de/lexikon/kartographie-geomatik/druck/1060. Zugegriffen: 24. Aug. 2022

Spektrum (Hrsg.) (2001b) Lexikon der Kartographie und Geomatik. https://www.spektrum.de/lexikon/kartographie-geomatik/digitaldruck/960. Zugegriffen: 24. Aug. 2022

Spektrum (Hrsg.) (2001c) Lexikon der Kartographie und Geomatik. https://www.spektrum.de/lexikon/kartographie-geomatik/kartengestaltung/2599. Zugegriffen: 24. Aug. 2022

Voigt K-I (2010) Gabler Wirtschaftslexikon. https://wirtschaftslexikon.gabler.de/definition/kundenauftrag-40372/version-140742. Zugegriffen: 24. Aug. 2022

Josefine Klaus hat 2018 ihre Ausbildung als Geomatikerin am Landesamt für Vermessung und Geobasisinformation RLP in Koblenz abgeschlossen. Sie studierte Kulturwissenschaften in Leipzig und war 2022 bei der Erstellung der kartenbasierten Geschichtsapp „Frankfurt History" beteiligt. Ihr Schwerpunkt ist niedrigschwellige und zeitgemäße Wissensvermittlung.

Mehrdimensionale Geoprodukte entwickeln

11

Richard Kupser

11.1 Lernziele und -inhalte

Lernfeld 11 liefert theoretische Grundlagen zu Begriffen und Funktionen der Höhe in der Kartographie. Dazu gehört eine detaillierte Beschreibung von Relief und Gelände(formen) mit Nennung und Erklärung wesentlicher Begriffe. Verschiedene Arten der Höhendarstellung werden vorgestellt und daran anknüpfend die verschiedenen Dimensionen von Höhendarstellungen. Abschließend wird die geometrische Modellierung konkreter mehrdimensionaler Geoprodukte mit Hinweisen zur jeweiligen Erstellung und zur Nutzung erläutert (Abb. 11.1).

Ziel des Kapitels ist es, den Leser:innen ein Grundverständnis der Anwendungsmöglichkeiten von Höhen(modellen) in der Kartographie zu vermitteln und sie in die Entwicklung mehrdimensionaler Geoprodukte einzuführen.

R. Kupser (✉)
hanseWasser Bremen GmbH, Deutschland
E-Mail: richard.kupser@outlook.de

J. Klaus (Hrsg.), *Geomatik,* https://doi.org/10.1007/978-3-662-66274-8_11

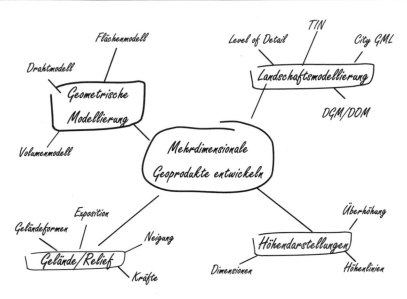

Abb. 11.1 Lernziele und -inhalte von Lernfeld 11

11.2 Kartographische Darstellungen von Höhen

Informationen über die Höhe können in vielerlei Hinsicht interessant sein. Als *Objekt-merkmal* gibt die Höhe Aufschluss über die Größe eines konkreten Objektes und ermöglicht Vergleiche zwischen Objekten. Der Berliner Fernsehturm beispielsweise ist 368 m hoch und damit 211 m höher als der Kölner Dom, der eine Höhe von 157 m besitzt. In diesem Fall wird die Eigenschaft „Höhe über dem Boden" genutzt, um die Größe der beiden Gebäude zu vergleichen.

Als Höhe kann auch der *z-Wert* bzw. die *z-Koordinate* in einem dreidimensionalen kartesischen Koordinatensystem angesehen werden. Kartesische Koordinaten wurden bereits im Kap. 2 vorgestellt. Zur Erinnerung: Die x- und die y-Achse spannen eine zweidimensionale Ebene auf. Die z-Achse steht senkrecht auf beiden Achsen. Der z-Wert einer Punktkoordinate enthält nun die Information über den senkrechten Abstand eines Punktes von der Ebene, die durch x- und y-Achse aufgespannt wird. Ein Punkt in einem kartesischen Koordinatensystem mit der (x/y/z)-Koordinate (5/7/10) besitzt also eine „Höhe im System" von 10 bezogen auf die x-y-Ebene.

Beispiel

Besitzt ein Turm in einem dreidimensionalen kartesischen Koordinatensystem den Fußpunkt (6/8/2) und die Spitze (6/8/17), dann beträgt das Objektmerkmal Höhe: 17–2 = 15. Die Spitze des Turms besitzt jedoch eine „Höhe im System" von 17 (s. Abb. 11.2). ◄

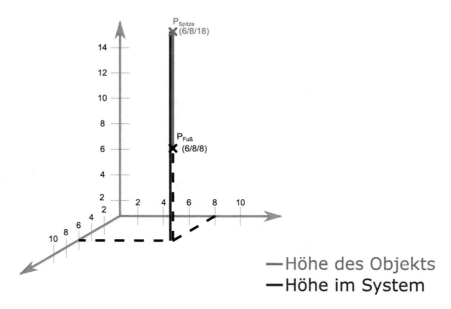

Abb. 11.2 Höhen

An diesem Beispiel wird deutlich, dass es bei der Höhe sehr wichtig ist anzugeben, worauf sie sich bezieht. In der Geodäsie spricht man daher von einem *Höhenbezugssystem*. Die aktuell gängigsten Höhenbezugssysteme der Geodäsie werden in Kap. 2 erläutert. Das aktuelle amtliche Höhenbezugssystem ist das *German Combined Quasigeoid 2016* (GCG2016). Das Quasigeoid ist ein rechnerisches Modell, das ausgehend vom Amsterdamer Pegel das Nullniveau „der amtlichen Bezugsfläche beschreibt" (BKG 2021a, o. S.). Als Niveaufläche oder auch *Äquipotentialfläche* wird eine Ebene bezeichnet, auf der alle Punkte der gleichen *Schwere* unterliegen. Der Begriff Schwere beschreibt, wie stark die Anziehungskraft der Erde an einem Punkt auf Objekte wirkt (IFAG 1993, o. S.).

Erfahrbar werden die Schwankungen der Schwere durch ein kleines Experiment: Stellt man sich an der Nordsee auf die Waage, so zeigt diese mehr Gewicht an, als würde man sich auf der Zugspitze wiegen. Da man sich an der Nordsee näher am Erdmittelpunkt und somit am Massezentrum befindet, ist man dort schwerer.

11.2.1 Relief und Gelände

Ein Aspekt, für den Informationen über die Höhe in Kartographie und Geodäsie besondere Bedeutung besitzt, ist das *Gelände* bzw. die Darstellung des Geländes in Geoprodukten. Im Hinblick auf die meisten Geoprodukte wird Gelände als „die Grenzfläche zwischen der Erdoberfläche und der Luft bzw. der Wasseroberfläche und der Luft" definiert (Landeshauptstadt Potsdam o. D., o. S.). Alles, was sich auf der Erdoberfläche befindet (Vegetation, Bauwerke usw.), gehört nicht zum Gelände.

Hintergrundinformation
In der Kartographie wird unterschieden zwischen Gelände und Oberfläche.
Gelände ist die Ebene der natürlichen Erdoberfläche ohne Bauwerke und Vegetation. *Oberfläche* beschreibt die Ebene der natürlichen Erdoberfläche inklusive Darstellung der Bauwerke und Vegetation.

In der Geomorphologie, der Lehre von der Gestalt der Erde, wird in diesem Zusammenhang vom *Relief* gesprochen. Im Unterschied zum Gelände zählt hier allerdings das Wasser nicht mit dazu. Stattdessen ist aus geomorphologischer Perspektive der Grund von Seen, Flüssen und Meeren Bestandteil des Reliefs (Spektrum Akademischer Verlag 2001a, o. S.).

11.2.2 Einflüsse auf das Relief

Um die Gestalt der Erde in Geoprodukten gut nachbilden zu können, ist es wichtig, ein rudimentäres Grundverständnis für die Erdoberfläche und ihre Formen zu haben. Das Relief ist nicht in Stein gemeißelt. Es ist das Produkt geomorphologischer Prozesse und unterliegt einer fortlaufenden Veränderung. Diese Veränderung wird im Wesentlichen durch zwei Arten von Kräften herbeigeführt.

Endogene Kräfte wirken aus dem Erdinnern heraus. Sie sind meistens für den Menschen nicht sichtbar. Tief im Erdinnern verlaufende Magmaströme verschieben Kontinente und Meere um wenige Millimeter im Jahr. Im Verlauf von Millionen von Jahren können so Gebirge und Meere entstehen, aber auch verschwinden. Für den Menschen erfahrbar werden endogene Kräfte durch Vulkanismus und Erdbeben, die große Veränderungen in kurzer Zeit bewirken können.

Exogene Kräfte beinhalten alles, was von außen Einfluss auf die Gestalt der Erde nimmt. Hierzu zählen Verwitterungsprozesse durch Wind und Regen ebenso wie die Abtragung von Ufern durch Fließgewässer und die Ablagerung in Form von Sedimenten (AK DGfK 2004, 2.7, S. 258–259).

Zusätzlich zu den zwei natürlichen Arten von Kräften nimmt auch der Mensch immer mehr Einfluss auf die Gestalt der Erde. In Steinbrüchen und Kiesgruben etwa werden Teile des Geländes abgetragen. Andernorts hingegen werden neue Erhebungen durch bewachsene ehemalige Deponien geschaffen. Dies sind nur zwei Beispiele für eine Vielzahl an Eingriffen des Menschen in die Gestalt der Erde. Die Gesamtheit dieser Eingriffe wird unter dem Begriff *anthropogener Einfluss* zusammengefasst.

11.2.3 Geländeformen

Das Ergebnis der geomorphologischen Prozesse zeigt sich in der Natur in diversen *Geländeformen*. Die unterschiedlichen Strukturen und Gebilde lassen sich im Wesentlichen in sechs Formen gliedern (s. Abb. 11.3).

Die folgenden Definitionen dieser Formen sind dem deutschen Fachwörterbuch – Photogrammetrie und Fernerkundung vom Institut für angewandte Geodäsie entnommen (s. Quellenangabe). Da das Wörterbuch keine Seitennummerierung hat, werden in Klammern die jeweiligen Stichwortnummern angegeben:

- „Ebene: Meist ausgedehnter Teil der Erdoberfläche/mit sehr geringem Höhenunterschied" (10.820)
- „Rücken: Oberer gewölbter Teil einer langgestreckten Geländeerhebung, deren Rückenlinie waagerecht oder auch geneigt verläuft" (36.680)
- „Mulde: Meist langgestreckte, mehr oder weniger flache Vertiefung im Gelände/mit gerundeten Hangformen" (28.800)
- „Kessel: Rundliche Abflusslose Vertiefung im Gelände" (22.950)
- „Kuppe: Geländeerhebung (Hügel) mit gerundeter Oberfläche" (24.790)
- „Sattel: Geländeform zwischen zwei Kuppen/die nach Art eines Reitsattels ausgebildet ist" (36.880)

Die Geländeformen lassen sich alle auf die Kombination von drei Elementen zurückführen: einer nach oben geöffneten Parabel, einer nach unten geöffneten Parabel und einer Geraden. Ein Rücken ist beispielsweise die Kombination aus einer nach unten geöffneten Parabel und einer Geraden. Ein Kessel hingegen lässt sich auf zwei nach oben geöffneten Parabeln zurückführen.

11.2.4 Neigung und Exposition

Für die Beschreibung des Geländes und seiner Form sind zwei Begriffe von großer Bedeutung. Zum einen die Neigung und zum anderen die Exposition.

Die *Neigung* beschreibt, wie steil ein Gelände ansteigt oder abfällt. Wie steil das Gelände genau ist, wird in der Einheit Grad [°] angegeben. Je steiler ein (Ab-)Hang

Abb. 11.3 Geländeformen

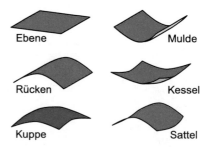

oder eine Böschung ist, desto größer ist die Neigung. Umgekehrt ist die Neigung umso kleiner, je flacher ein Gelände ist. Ein Hang mit einer Neigung von 15° ist also steiler als ein Hang mit einer Neigung von 8°. Wie die Neigung berechnet wird, wird in Kap. 3 erklärt.

Die Neigung unterscheidet sich noch einmal in Steigung und Gefälle. Bei der *Steigung* handelt es sich um einen Höhenzuwachs entlang einer Strecke. Die Höhenabnahme entlang einer Strecke nennt sich *Gefälle* (IFAG 1993, o. S.). Fährt man mit dem Rad einen Berg hinauf, dann muss also eine Steigung überwunden werden. Lässt man sich mit dem Rad vom Berg ins Tal rollen, dann hilft einem das Gefälle.

Der andere wichtige Begriff – die *Exposition* – bedeutet Ausrichtung. In der Regel wird auch diese in der Einheit Grad [°] angegeben. Dabei hilft es, sich einen Kompass vorzustellen, bei dem Norden der Nullpunkt (0°) ist. Ein Kreis hat insgesamt 360° und der Wert für die Exposition steigt im Uhrzeigersinn. Von Norden ausgehend haben also die weiteren Himmelsrichtungen folgende Werte:

Norden – 0°
Osten – 90°
Süden – 180°
Westen – 270°

Abb. 11.4 zeigt exemplarisch eine Exposition von 210°, also eine südwestliche Ausrichtung.

Neigung und Exposition besitzen über die Geländebeschreibung hinaus große Bedeutung, etwa bei Solaranlagen. Hier ist es besonders wichtig zu wissen, welche Neigung und Exposition ein Dach besitzt, um berechnen zu können, ob sich eine Solaranlage auf einem Dach lohnt.

11.2.5 Historische Höhendarstellungen in der Kartographie

Lange vor dem digitalen Zeitalter und der Möglichkeit zur Erstellung echter dreidimensionaler Geoprodukte wurden diverse Methoden entwickelt, um die Höhe in

Abb. 11.4 Exposition

Karten und kartenähnlichen Produkten zweidimensional darstellen zu können. An dieser Stelle sollen exemplarisch zwei Arten der historischen Höhendarstellung vorgestellt werden.

Bei der ersten handelt es sich um die hauptsächlich im 16. Jahrhundert genutzte *Aufrissdarstellung*. Als Aufriss wird die senkrechte Darstellung in der Projektionsebene definiert (IFAG 1993, o. S.). Das bedeutet nichts anderes, als das wichtige Objekte so skizziert werden, als würde man sie von vorne betrachten. Das gilt insbesondere für Berge und Gebirge. Dabei kann der Detailgrad der Skizzen je nach Bedeutung für die Region oder den Ersteller zum Teil auch stark variieren. Umgangssprachlich werden Aufrissdarstellungen als Kartierung in „Maulwurfshügelmanier" bezeichnet. Heutzutage findet man solche Zeichnungen fast ausschließlich als Beilage von historischen Romanen und Fantasyliteratur.

Eine weitere Art historischer Höhendarstellungen sind sogenannte *Böschungsschraffen*. Böschungsschraffen sind eine im 19. Jahrhundert genutzte Technik (Spektrum Akademischer Verlag 2001c, o. S.). Bei Schraffen im Allgemeinen handelt es sich um eine Aneinanderreihung von Strichen, die durch Länge und Richtung die Neigung und Exposition des Geländes veranschaulichen sollen. Böschungsschraffen zeichnen sich zusätzlich durch zwei Eigenschaften aus. Zum einen zeigen sie immer in Richtung des größten Gefälles. Zum anderen werden sie kürzer und dicker, je steiler das Gelände ist (IFAG 1997, o. S.). So können aus der Darstellung des Reliefs bereits genauere Aussagen über die Beschaffenheit des Geländes abgeleitet werden.

Abbildungsbeispiele für Aufrissdarstellungen und Böschungsschraffen finden sich im „Lexikon der Kartographie und Geomatik unter folgendem Link: https://www.spektrum. de/lexikon/kartographie-geomatik/reliefdarstellung/4239.

11.2.6 Höhenlinien

Aufgrund der Absicht, aus topographischen Karten möglichst genaue messbare Werte abgreifen zu können, wurden die Möglichkeiten der Reliefdarstellungen stetig weiterentwickelt. Es gibt je nach beabsichtigter Aussage einer Karte heutzutage mehrere Möglichkeiten der Höhendarstellung. Dazu zählen farbige Höhenschichten, Schummerungen und Höhenlinien.

Farbige Höhenschichten werden häufig in Übersichtskarten für ganze Länder oder Kontinente verwendet. Die farbliche Codierung der Höhe ermöglicht einen groben und schnellen Überblick. Im Gegensatz zu anderen Darstellungsformen sind sie allerdings nicht so exakt, da einzelne Schichten durchaus mehrere hundert Meter umfassen können.

Höhenlinien sind ihrer Darstellung Höhenlinien verbinden benachbarte Punkte gleicher Höhe und ermöglichen es so, den dreidimensionalen Höhenverlauf des Geländes in einer zweidimensionalen Karte modellhaft wiederzugeben. Diese Eigenschaft führt dazu, dass Höhenlinien ein fester Bestandteil topographischer Karten sind. Außerdem lassen sich Geländeformen gut erkennen. Die folgende Abb. 11.5 zeigt einige der in Abschn. 11.2.3 vorgestellten Geländeformen.

In der Abbildung werden einige *Eigenschaften von Höhenlinien* erkenntlich, die für amtliche Karten bindend sind.

- Darstellung: Haupthöhenlinien werden als durchgezogen Linien abgebildet
- Farbe: Standardmäßig werden Höhenlinien in der Farbe braun dargestellt (Ausnahme: Gletscherregionen)
- Ausrichtung: „Der Fuß der Zahl zeigt immer zum Tal"
- Platzierung: Um Missverständnisse zu vermeiden, werden Höhenlinie für gewöhnlich in die Linie eingebunden, zu der sie gehören. Ist dies in einer Karte nicht der Fall, dann stehen sie mit dem Fuß auf der zugehörigen Linie.

Diese Darstellungseigenschaften finden sich, wie auch alle weiteren verbindlichen Vorgaben im Signaturenkatalog der AdV (Hier ist der Link zur Seite: https://sg.geodatenzentrum.de/web_public/adv/sk/v1.2/alkis/docAlkisFB/SymbologyCatalog.html).

In topographischen Karten gibt es zusätzlich zu den Höhenlinien Punktobjekte mit Höheninformationen, die die Höhenlinien ergänzen. Erfolgt die Höhenangabe im Bezugssystem, dann werden diese auch Höhenkote genannt (IFAG 1993, o. S.).

- Höhenkote: Der Gipfel des Brockens erhält die Höheninformation 1142 m NHN.
- Keine Höhenkote: Die Sendeanlage auf dem Gipfel des Brockens erhält die Höheninformation 123 m.

Je nach Gelände und Fragestellung sind unterschiedliche Höhendifferenzen von Interesse. Beispielsweise kann es in einer Karte möglicher Überschwemmungsgebiete in Norddeutschland sinnvoll sein, Unterschiede im Meterbereich oder sogar Dezimeterbereich erkennen zu können. In einer Wanderkarte der Alpenregion hingegen würde eine solch kleinteilige Darstellung die Karte überladen und unlesbar machen.

Abb. 11.5 Höhenlinien

Mulde

Kuppe

Sattel

In beiden Fällen ist es jedoch für die Lesbarkeit zwingend erforderlich, dass alle benachbarten Höhenlinien in einer Karte immer die gleiche Höhendifferenz zueinander aufweisen. Dieser immer gleiche Höhenunterschied benachbarter Höhenlinien nennt sich *Äquidistanz*. In einer Karte mit einer Äquidistanz von 10 m haben alle benachbarten Höhenlinien einen Abstand von 10 m. Wichtig ist dabei, zu betonen, dass es sich um den Abstand benachbarter *Haupthöhenlinien* handelt. In Karten mit zum Teil sehr geringen Höhenunterschieden kann es nötig sein, zusätzlich zu den Haupthöhenlinien noch weitere Hilfslinien einzufügen, da das Kartenbild ansonsten eventuell nur eine Höhenlinie könnte oder manche Kartenblätter im Verbund einer Kartenserie sogar gar keine Höhenlinien aufweisen könnten. Zu diesem Zweck ist es möglich, *Hilfshöhenlinien* in ein Kartenbild einzufügen, deren Höhenunterschied der Hälfte oder einem Viertel der Äquidistanz entspricht. Diese Hilfshöhenlinien müssen jedoch graphisch klar von den Haupthöhenlinien zu unterscheiden sein und werden deshalb in der Regel gestrichelt und/oder dünner dargestellt (IFAG 1997, o. S.).

11.2.7 Höhenprofil und Überhöhung

Je nach Nutzung einer Karte ist nicht der gesamte Höhenverlauf des Geländes einer Region relevant. Für Radfahrer:innen und Wander:innen und insbesondere im Rohr- und Leitungsbau ist in der Regel nur das *Höhenprofil* und die Steigung entlang einer Strecke interessant. So lässt sich einschätzen, wie beschwerlich eine Etappe einer Radfahrt ist oder ob für eine geplante Rohrleitung ein zusätzliches Pumpwerk notwendig ist. Abbildungen unterschiedlichster Höhenprofile finden sich in hoher Anzahl im Internet, insbesondere für die Radetappen der großen Rundfahrten, wie z. B. der Tour de France. In diesem Zusammenhang wird eher von einem Streckenprofil gesprochen.

Wie erstellt man zu dieser Strecke ein entsprechendes Höhenprofil?

Bei einem Höhenprofil werden in einem zweidimensionalen Koordinatensystem der zurückgelegte Weg auf der x-Achse und die zurückgelegte Höhe auf der y-Achse gegeneinander aufgetragen. Als Nullpunkt für die x-Achse wird in der Regel der Startpunkt der Strecke gewählt. Für die y-Achse wird häufig ein lokales Höhensystem genutzt, bei dem die Höhe am Startpunkt den Nullpunkt der Achse definiert. Alternativ kann es (obwohl dies mathematisch gesehen nicht ganz korrekt ist) sein, dass der Nullpunkt der y-Achse mit der Höhe des Startpunktes oder dem Punkt mit der niedrigsten Höhe im amtlichen Höhennetz angegeben wird. Der Höhenverlauf wird dann relativ zum Nullpunkt aufgetragen. Da dem Höhenverlauf bei dieser Art der Darstellung ein besonderes Gewicht beigemessen wird, findet sich in der Praxis meist eine überhöhte Darstellung der Höhenmeter. *Überhöhung* heißt, dass gleiche Einheiten – in diesem Fall Meter – für jede Koordinatenachse in unterschiedlichen Maßstäben dargestellt werden (IFAG 1993, o. S.).

Eine Fahrradetappe besitzt eine Länge von 150 km und einen Höhenunterschied von 1000 m. Diese Angaben werden in ein Profil mit einer Größe von 40×20 cm überführt. Das bedeutet, dass der zurückgelegte Weg von 150 km in einem Maßstab 1:300.000 dargestellt werden kann. Würde der Höhenunterschied von 1000 m ebenfalls in diesem Maßstab abgebildet, so hätte das Profil lediglich einen Höhenunterschied von 3,3 mm. Man könnte nichts erkennen. Daher wird für die Höhe ein geeigneterer Maßstab gewählt: Für das aktuelle Beispiel bietet sich ein Maßstab von 1:5000 an. Wird die Maßstabszahl des Entfernungsmaßstabs (300.000) durch die Maßstabszahl des Höhenmaßstabs (5000) dividiert, so erhält man den Wert der Überhöhung. In diesem Fall wird die überwundene Höhe gegenüber der zurückgelegten Strecke mit einer 60-fachen Überhöhung dargestellt.

Eine Überhöhung verzerrt die Wirklichkeit. Zu große Überhöhungen und dadurch zu große Verzerrungen sollten daher unbedingt vermieden werden. Stattdessen ist zu überlegen, ob nicht die Gesamtgröße des Profils angepasst oder die Strecke in Teilabschnitte unterteilt werden sollte.

11.3 Dimensionen der Höhendarstellung

Im Zusammenhang mit der Darstellung der Höhe in Geoprodukten wurden zwei zeitgemäße Möglichkeiten der Präsentation vorgestellt: das Höhenprofil und die Höhenlinien. Beide Modelle sind in ihren Ansätzen sehr unterschiedlich.

Das *Höhenprofil* versucht die Information der Höhe zweidimensional, also in *2D*, abzubilden. Die beiden Dimensionen sind in diesem Fall Länge und Höhe. Die Information über die räumliche Ausdehnung in der Breite wird dabei bewusst vernachlässigt (Pahl 1990, S. 47). Die *Höhenlinien* stellen einen Ansatz dar, der es ermöglicht, der bereits vorhandenen zweidimensionalen Darstellung einer Karte die dritte Dimension als attributive Information hinzuzufügen. Auch hier handelt es sich um eine Abbildung in 2D. Möchte man die Addition der Höhe auch im Namen kenntlich machen, ließe sich sinngemäß auch von einer Darstellung in 2 + 1D sprechen. Obwohl der Name auf den ersten Blick einleuchtend erscheinen mag, so lässt er doch offen, um welche Dimension es sich bei der zusätzlichen handelt. Neben der Höhe käme nämlich auch noch die Zeit in Betracht. Und so spricht man, obwohl drei Dimensionen abgebildet werden, nur von einer zweidimensionalen Darstellung.

Während zu Beginn des 20. Jahrhunderts dreidimensionale Darstellungen nur in Form von Plastiken und perspektivischen Zeichnungen realisiert werden konnten, gibt es heutzutage zahlreiche Computerprogramme, die eine räumliche Ausgestaltung von Geoprodukten ermöglichen. Je nach Programm und Produkt wird dabei zusätzlich zwischen einer Darstellung der Dimension in 3D und 2,5D unterschieden. Programme und Produkte in 2,5D können pro Punkt in der Bezugsebene nur eine zugehörige Höheninformation verwalten (Pahl 1990, S. 48). Aufgrund dieser Eigenschaft lassen sich diese Daten nicht nur gut in Text-, sondern auch in Rasterdateien speichern. Diese Art der Datenhaltung eignet sich besonders für Datensätze, bei denen durch Interpolations-

Abb. 11.6 Unterschied von
2,5D und 3D

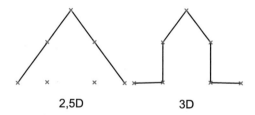

verfahren eine gleichmäßige Punktverteilung erzeugt wurde und bei denen die Höheninformation im Vordergrund steht. Dies ist zum Beispiel bei digitalen Höhenmodellen
wie dem digitalen Geländemodell (s. Abschn. 11.6.1) und dem digitalen Oberflächenmodell (s. Abschn. 11.6.2) der Fall. Es gibt jedoch zahlreiche Anwendungsfälle, in
denen es nicht ausreicht, nur die Höhe eines Punktes zu kennen. Man möchte zusätzlich
den Höhenverlauf zwischen den Punkten interpolieren und den Punkten sowie den von
ihnen begrenzten Flächen zusätzliche Informationen (Texturen, Bodenart …) mitgeben.
In diesen Fällen erfolgt eine Speicherung für gewöhnlich in den zumeist proprietären
Vektorformaten der einzelnen Softwareanbieter.

Stellt man sich nun Wände, Bäume, Vorsprünge, Bruchkanten und Gebäude vor, dann
wird schnell klar, dass in vielen Fällen eine Höheninformation pro Punkt in der Bezugsebene nicht ausreicht. Echte 3D-Modelle sind deshalb in der Lage für jeden Punkt in der
Bezugsebene beliebig viele Höhenpunkte zu erfassen (Pahl 1990, S. 50). Bei einer Wand
lassen sich auf diese Weise Ober- und Unterkante problemlos gleichzeitig modellieren,
was in einer 2,5D-Darstellung nicht möglich wäre. Dieser Darstellungsunterschied wird
in Abb. 11.6 deutlich erkennbar. Dies ermöglicht nicht nur einen erhöhten Informationsgehalt, sondern führt dazu, dass 3D-Modelle in den letzten Jahren immer detailreicher
und umfassender geworden sind. Dabei reicht die Spannweite der Anwendungsgebiete
von der Konstruktion kleinster Metallteile zum Bau von Maschinen bis hin zu Stadt-
modellen.

Die Zeit als zusätzliche Dimension wurde bereits kurz erwähnt. In 4D-Modellen
wird nicht nur der Raum, sondern auch die Entwicklung des Raumes über die Zeit
dargestellt. Solche Modelle kommen insbesondere bei der Raumplanung und beim
Katastrophenschutz zum Einsatz.

11.4   Geometrische Modellierung in mehrdimensionalen Geoprodukten

Für die Darstellung mehrdimensionaler Geoprodukte wurden im Laufe der Zeit verschiedene Grundkonzepte entwickelt, um Objekte und Körper zu modellieren. Im
Folgenden werden die aktuell gebräuchlichsten vorgestellt.

11.4.1 Punktwolke

Die Daten für die *Punktwolken*-Darstellung werden durch Laserscanning eines Objektes oder einer Landschaft erhoben. Dieses Verfahren wird in Kap. 8 im Zusammenhang mit dem Airborne Laser Scanning (ALS) erläutert. Alle vom Laserscanner erfassten Punkte erhalten (mindestens) die 3D-Koordinaten als Objektinformation und lassen sich räumlich darstellen. Je nach Größe des Aufnahmegebietes und der Genauigkeit des Laserscanners kann eine Punktwolke schnell mehrere Millionen Einzelpunkte enthalten. Objekte lassen sich durch die Anordnung und Häufung von Punkten bereits wahrnehmen. Eine konkrete Modellierung von Objekten ist allein durch eine Punktwolke noch nicht gegeben. Deshalb stellen Punktwolken in den meisten Fällen kein Endprodukt dar. Stattdessen dienen sie als Ausgangbasis für die Erstellung anderer mehrdimensionaler Geoprodukte.

Eine Ausnahme stellen die Laserpunktwolken dar, die durch die Behörden des amtlichen Vermessungswesens aufbereitet und angeboten werden. Auch sie dienen Kunden zur Herstellung von Geoprodukten, sind aber gleichzeitig auch das Endprodukt der internen Datenaufbereitung.

11.4.2 Drahtmodell

Der Name *Drahtmodell* (seltener Skelettmodell) ist von der äußeren Struktur des Endprodukts abgeleitet, das aussieht wie aus Draht geformt. Die Modellierung der skeletthaften Strukturen erfolgt lediglich auf Basis von Eckpunkten und Kantenlinien. Im Drahtmodell existieren keine Flächen. Es ist allein aufgrund des Skeletts nicht möglich zu erkennen, ob ein Kantenzug eine Fläche oder eine Öffnung umschließt. Darum existiert zu einem Drahtgestell meist auch kein eindeutiger Körper. Diese fehlende geometrische Eindeutigkeit kann durch das Hinzufügen einfachster semantischer Informationen aufgelöst werden. In der Praxis heißt das meist nichts anderes, als dass Punkte und Linien einem passend benannten Layer hinzugefügt werden. Liegen die Linien eines Drahtmodells beispielsweise auf dem Layer „Garage", so wird sich niemand ein offenes Gebäude vorstellen. Diese Art der Darstellung findet sich heute meist in Bereichen wie dem Rohrleitungsbau, in denen Linieninformationen im Vordergrund stehen und Flächeninformationen entweder vernachlässigbar sind oder bei Bedarf durch einfachste Informationen im Kontext erschlossen werden können (Pahl 1990, S. 51).

Auf Basis des Drahtmodells lassen sich die Lagebeziehung zwischen Punkten und Linien zueinander untersuchen. Folgende topologische Überprüfungen sind möglich:

- Punkte identisch
- Punkt in Linie
- Linie identisch

- Linie als Teil einer anderen Linie
- Linien schneiden sich

11.4.3 Flächenmodell

Während beim Drahtmodell die Konstruktion lediglich auf Eckpunkten und Kanten basiert, geschieht dies beim *Flächenmodell* durch Polygone und Flächen. Im Vordergrund steht dabei nicht mehr das Skelett eines Körpers oder Objektes, sondern seine Oberfläche. Dabei sind die Anforderungen an die Komplexität der Flächen je nach Anwendungsgebiet sehr unterschiedlich. Bei Dreiecksvermaschungen handelt es sich beispielsweise bei den einzelnen Teilflächen (wie der Name verrät) um sehr einfache Geometrien, basierend auf der Grundform Dreieck. Im Karosserie- und Fahrzeugbau sind die Anforderungen an die Möglichkeiten zur Konstruktion von Flächen deutlich höher.

Einzelne Flächen haben in dieser Art der Modellierung keine Abhängigkeiten zueinander. Durch das Gruppieren einzelner Teilflächen ist es jedoch möglich, Körper zu modellieren (Pahl 1990, S. 51).

Im Gegensatz zum Drahtmodell können eindeutige Körperhüllen konstruiert werden. In vielen Softwareanwendungen wird mit dem Flächenmodell die *Hidden-Line-Darstellung* eingeführt. Das bedeutet, dass den Anwender:innen je nach Drehung und Blickwinkel immer nur genau diejenigen Linien und Flächen angezeigt werden, die sie sehen würden, wenn sie das Objekt in Wirklichkeit aus dieser Position betrachten würden. So wird ein noch realistischeres Gefühl mehrdimensionaler Darstellungen erzeugt. Die Ergänzung um flächenhafte Geometrien erweitert die Möglichkeiten für die Untersuchung der Lagebeziehung zueinander. Die, im Drahtmodell genannten, topologischen Überprüfungen werden durch die folgenden ergänzt:

- Punkt in Fläche
- Linie in Fläche
- Linie schneidet Fläche
- Flächen identisch
- Fläche als Teil einer anderen Fläche
- Fläche schneidet andere Fläche

11.4.4 Volumenmodell

Das *Volumenmodell* kann als Erweiterung des Flächenmodells betrachtet werden. Der wichtigste Unterschied ist, dass alle Körper und Objekte aus einer geschlossenen Hülle bestehen. Diese Hülle kann aus mehreren Flächen bestehen. Die Geschlossenheit ist wichtig, da sie die mathematische Grundlage für eine Vielzahl an Berechnungen ist (Pahl 1990, S. 51–52).

Das Volumenmodell stellt sehr hohe Anforderungen an die Rechenleistung und Modellierung. Im Gegenzug ist der mögliche Erkenntnisgewinn immens. So lassen sich neben geometrischen Verschneidungen insbesondere Massen, Rauminhalte und Simulationen berechnen. Massen und Rauminhalte sind vor allem im Tiefbau von Interesse, wenn beispielsweise nachgewiesen werden muss, wie viel Erde für ein Bauprojekt ausgehoben wurde und wie viel Schotter oder Kies neu eingebracht werden muss.

Die Möglichkeiten für Simulationen auf der Basis eines Volumenmodells sind sehr vielseitig. Sie reichen von der Schattenwurfanalyse eines Neubaus bis hin zu Prognosen im Hochwasserschutz. Gerade im Hochwasserschutz ist es wichtig, das Volumen eines Wasserkörpers zu kennen, um geeignete Rückhalteflächen (Retentionsflächen) vorhalten zu können, Hochwassermauern effektiv zu planen oder bei Bedarf gezielt künstliche Deiche mit Sandsäcken anlegen zu können.

Hinsichtlich der topologischen Überprüfungsmöglichkeiten soll an dieser Stelle lediglich angemerkt werden, dass sich der Grad der Komplexität auf dieser Ebene noch einmal erhöht.

11.5 Landschaftsmodellierung

Nachdem im vorangegangenen Kapitel der Fokus auf der Modellierung von Körpern und Objekten lag, soll im Folgenden die Modellierung der Landschaft in mehrdimensionalen Geoobjekten näher betrachtet werden. Wie so häufig in der Geoinformation sind Dreiecke das Maß der Dinge. In diesem Fall kommt die sogenannte Dreiecksvermaschung zum Einsatz. Dabei wird für eine Vielzahl unregelmäßig verteilter Punkte – die beispielsweise aus dem Ergebnis einer Befliegung stammen können – ein Netz aus Dreiecken erstellt. Immer drei Punkte bilden ein Dreieck, sprich eine Masche. Alle Maschen zusammen ergeben ein Netz, das den Geländeverlauf modellhaft beschreibt. Entsprechend seiner Eigenschaften hat sich für diese Art Netz der Begriff *Triangulated Irregular Network* (TIN) etabliert (Esri 2018, o. S.). Für derartige Netzwerke gibt es diverse Anwendungsfälle. Der einfachste Fall ist die räumliche Darstellung von Bilddaten. Überlagert man etwa ein TIN mit einem Orthofoto, bekommt man ein wesentlich besseres Gefühl für die Landschaft. Da es sich im Kern um ein geschlossenes Flächenmodell (s. Abschn. 11.4.3) handelt, eignet es sich sehr gut für die Modellierung von Wasser und kommt deshalb beispielsweise bei der Simulation von Starkregenereignissen oder Überschwemmungen zum Einsatz. Außerdem eignet es sich als Untergrund für die Konstruktion von 3D-Darstellungen in der Bau- und Ausführungsplanung.

11.6   Mehrdimensionale Produkte des amtlichen Vermessungswesens

Das amtliche Vermessungswesen bietet Nutzer:innen ein großes Angebot mehrdimensionaler Geoprodukte an. Dabei gilt es zu beachten, dass die Beschreibung der nachfolgenden Produkte nur im Zusammenhang mit den entsprechenden Produkten des amtlichen Vermessungswesens gültig ist. Insbesondere die Begriffe „digitales Geländemodell" und „digitales Oberflächenmodell" besitzen ebenfalls eine allgemeingültige Bedeutung. Diese wird der genauen Produktbeschreibung vorangestellt.

11.6.1 Digitales Geländemodell (DGM)

Als *digitales Geländemodell* wird im Allgemeinen eine computergestützte Präsentation der Erdoberfläche ohne Gebäude und Vegetation bezeichnet. Die Vermessungsverwaltungen der Länder nutzen 3D-Messdaten, um aus der diffus verteilten Punktmenge einer Befliegung ein regelmäßiges Gitter an Höhenpunkten mit einer konstanten Gitterweite von einem Meter – das DGM1 – zu erzeugen. Zur Ermittlung der Geländeoberfläche sind insbesondere die Werte des *last pulse* entscheidend. Für Gebiete, in denen der last pulse auf bebautes und bewachsenes Gelände trifft, erfolgt eine Datenaufbereitung in Form einer *Interpolation*. Dabei handelt es sich um ein Verfahren „zur Schätzung von z-Werten einer Oberfläche oder zur Glättung des Verlaufs von Linien und Kurven" (Spektrum Akademischer Verlag 2001b, o. S.). Es ist ein Ableitungsverfahren, das auf dem Prinzip beruht, dass anliegende Flächen eine Ähnlichkeit besitzen und dementsprechend der Verlauf der Oberfläche voneinander abgeleitet werden kann.

Digitale Geländemodelle mit größeren Maschenweiten sind aus dem DGM1 abgeleitet. Jeder Punkt des Gitters besitzt einen eindeutigen Lage- und Höhenbezug. (BKG 2021a, o. S.). Die Lage wird dabei in UTM-Koordinaten (ETRS89) angegeben. Die Höhenangabe erfolgt im Bezugssystem DHHN 2016. Da es sich um einen Datensatz handelt, der lediglich eine Liste von jeweils drei numerischen Werten (Rechtswert, Hochwert, Höhe) enthält, wird das DGM häufig in ASCII-Datenformaten abgegeben. Um zu unterstreichen, dass es sich um räumliche Koordinaten handelt, wird für gewöhnlich die Datei-Endung „xyz" verwendet.

Hinsichtlich der Dimension ist anzumerken, dass es sich beim digitalen Geländemodell um einen Datensatz handelt, der den Kriterien einer 2,5D-Darstellung genügt, denn jeder Punkt besitzt genau eine eindeutige Höhe.

11.6.2 Digitales Oberflächenmodell (DOM)

Das *digitale Oberflächenmodell* ist im Allgemeinen eine computergestützte Präsentation der Erdoberfläche mit Gebäuden und Vegetation. Für das DOM der amtlichen Vermessungsverwaltungen werden hierfür ebenfalls 3D-Messdaten als Datengrundlage genutzt, um aus ihnen ein gleichmäßiges Raster (Rasterweiter 1×1 m) von Höhenkoten zu erzeugen. Im Gegensatz zum DGM sind hier vor allem die Punkte des *first pulse* von Interesse (s. Kap. 8). So können jeweils die höchsten Punkte von Bebauung und Bewuchs ermittelt und in die Berechnung des DOM eingebunden werden. DGM und DOM unterscheiden sich vor allem im Darstellungsgegenstand (s. Abb. 11.7). Abgesehen davon sind weitere Parameter, wie z. B. Raumbezug, Höhenbezug, Dimension und Dateiformat, in der Regel identisch.

11.6.3 Verwendung von DGM und DOM

Das digitale Geländemodell kann sehr vielseitig genutzt werden. Es eignet sich gut als Datengrundlage zur Erstellung eines TIN für das Gelände und bildet somit die Basis vieler mehrdimensionaler Geoprodukte. Darüber hinaus lassen sich aus dem Höhengitter des DGM sogenannte Höhenraster generieren, die beispielsweise in der Fließweganalyse von Regen- und Schmelzwasser besondere Bedeutung für den Starkregen- und Hochwasserschutz besitzen. Das DOM generiert seinen Erkenntnisgewinn meist dadurch, dass es mit dem DGM oder Geofachdaten in Kontext gesetzt wird. Aus dem Unterschied zwischen Oberfläche und Gelände lassen sich beispielsweise Gebäudehöhen für Stadtmodelle ermitteln. Ein weiteres Beispiel wäre, dass sich durch einen zeitlichen Vergleich Wachstumsraten ganzer Waldgebiete ableiten lassen.

11.6.4 3D-Stadt- und Gebäudemodell

Während DGM und DOM Daten in 2,5D liefern, wird das *Gebäudemodell* nach der Einführung des GeoInfoDok 7.0 in echtem 3D als Volumenkörper bereitgestellt (AdV 2014, S. 3). Laut Produktdefinition der AdV handelt es sich beim 3D-Gebäudemodell um ein „digitales, numerisches Oberflächenmodell der Erdoberfläche, reduziert auf die in ALKIS definierten Objektbereiche Gebäude und Bauwerke" (AdV 2022, S. 3). Welche Objekte in das 3D-Gebäudemodell einfließen, ist durch die AdV in einer Codeliste

Abb. 11.7 DGM und DOM

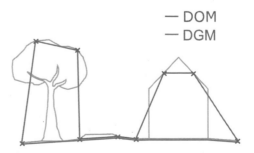

definiert. Im Wesentlichen entsteht das 3D-Gebäudemodell dadurch, dass Hausumringe extrudiert werden. Extrusion bezeichnet in Bezug auf mehrdimensionale Geoprodukte das Hinzufügen der dritten Dimension. In dem Fall bedeutet dies, dass die Hausumringe aus der zweidimensionalen ALKIS-Darstellung in die dritte Dimension „herausgezogen" werden. Das 3D-Gebäudemodell der amtlichen Vermessungsverwaltungen wird derzeit in zwei unterschiedlichen Detailstufen angeboten.

11.6.4.1 Präsentationsarten/Level of Detail (LoD)

Der Detailierungsgrad von 3D-Modellen wird auch als *Level of Detail* (LoD) bezeichnet. Im Allgemeinen werden fünf verschiedene LoD unterschieden, die in Tab. 11.1 aufgeführt werden. Zur Veranschaulichung und ergänzenden Information der einzelnen Level of Detail, wie sie hier aufgeführt werden, bietet sich Abschn. 6.2 der OGC Specification des GML-Standards an, die auf folgender Webseite heruntergeladen werden kann: https://www.ogc.org/standards/citygml.

Das 3D-Gebäudemodell der amtlichen Vermessungsbehörden steht derzeit in LoD1 und LoD2 zur Verfügung. Mit der neuesten Spezifikation des Standards, der auch die Grundlage für das 3D-Gebäudemodell darstellt, wurden auch die Definitionen der Level of Detail angepasst. Der größte Unterschied dabei ist, dass (Innen-)Räume nun kein gesondertes Kriterium mehr für den Detailgrad darstellen. Stattdessen gibt es die Möglichkeit, Räume in LoD1, LoD2 und LoD3 darzustellen, und somit entfällt LoD4. Zudem ist es nun möglich, die äußere Hülle von Gebäuden und die Innenräume in verschiedenen Detailstufen vorzuhalten.

BIM steht für *Building Information Management* und beschäftigt sich mit dem Lebenszyklus von Gebäuden und allem, was diese beinhalten, von der Bauplanung bis zum Abriss.

11.6.4.2 3D-Stadtmodell und City-GML

In immer mehr Städten und Gemeinden geht die Modellierung über die mehrdimensionale Erfassung von Gebäuden hinaus. Stattdessen wird der Versuch unternommen, einen sogenannten „digitalen Zwilling" aufzubauen. Darunter versteht man ein vielschichtiges Abbild der gesamten Stadt. Dieses Abbild benötigt eine Darstellung und die Möglichkeit, Objekte mit Sachinformationen zu hinterlegen. Die graphische Komponente der Darstellung bildet ein 3D-Stadtmodell. Dabei werden nicht nur Gebäude modelliert, sondern auch beispielsweise Straßenmöbel (Laternen, Ampeln, usw.) oder Wasserkörper (Seen, Flüsse usw.).

Im Sinne einer einheitlichen Geodateninfrastruktur hat sich für die Modellierung von 3D-Stadtmodellen ein Standard entwickelt: *CityGML*. GML steht dabei für Geography Markup Language. Die aktuelle Version des Standards CityGML 3.0 wurde 2021 vom OGC veröffentlicht. CityGML ist ein offenes und XML-basiertes Format zur Speicherung, Darstellung und zum Austausch von 3D-Stadtmodellen (OGC 2021, o. S.). Dabei ermöglicht es die Speicherung geometrischer, semantischer und topologischer Informationen. 3D-Stadtmodelle bilden dank CityGML also nicht nur die Möglichkeit der

Tab. 11.1 Übersicht: Level of Detail

Level of Detail	Beschreibung	Kurzbeschreibung
LoD 0	Der niedrigste Detailierungsgrad zeichnet sich durch eine 2,5D-Darstellung des Geländes aus, das zusätzlich mit topographischen Informationen (z. B. einer TK) überlagert werden kann	Geländeoberfläche mit Luftbild als Textur
LoD 1	Hierbei handelt es sich um das sogenannte „Klötzchenmodell". Bei den Gebäuden handelt es sich um extrudierte Umringe ohne Information zur Dachform. Dadurch wirkt das Erscheinungsbild ein wenig so, als wären die Gebäude mit Bauklötzchen erstellt worden	Klötzchenmodell ohne Dach (exakte Form und Höhe des Gebäudes)
LoD 2	In diesem Detailgrad werden zusätzlich zur Extrusion auch einfache Dachformen (z. B. Satteldach und Pultdach) modelliert. Diese Art der Darstellung ermöglicht bereits einen etwas detaillierteren Überblick über den Charakter der Bebauung, da die Gebäudeflächen zusätzlich thematisch eingefärbt werden können und auch primitive Vegetationsobjekte dargestellt werden können. Diese Detailtiefe lässt sich aufgrund der generalisierten Dachformen mit einem hohen Automatisierungsgrad erzeugen	Standarddachformen auf Klötzchenmodell
LoD 3	Im Unterschied zu LoD2 werden Wände, Dächer und Anbauten in einem viel höheren Detailgrad erfasst und können durch Texturen zu einem detailgetreuen Abbild der äußeren Hülle ausgearbeitet werden. Der benötigte Speicherplatz für diese Art von Modell steigt meist sprunghaft, da die Texturen für gewöhnlich durch die Einbettung hochauflösende Bilder als Gebäudeoberfläche entstehen	Detaillierte Darstellung von Fassaden, Texturen und auffälligere Dachformen
LoD 4	Der bislang höchste Detailgrad in der 3D-Modellierung wird dadurch erreicht, dass zusätzlich zur äußeren Hülle auch die Innenräume modelliert werden. Modelle dieser Genauigkeit finden Anwendung in der Indoornavigation oder auch im BIM	Innenraummodell, basierend auf LoD3

Präsentation, sondern lassen sich auch hinsichtlich ihrer (Lage-)Beziehungen zueinander und ihrer Sachinformationen analysieren. Bei weiterführendem Interesse steht auf der Seite des OGC die Spezifikation frei zum Download zur Verfügung. Diese enthält neben der technischen Spezifikation auch einige erläuternde UML-Diagramme zum Aufbau des Anwendungsschemas und seiner Geometrien.

11.7 Lernangebot und -aufwand

In Lernfeld 11 lernen die Auszubildenden eine konkrete Form der Produktentwicklung. Die Erstellung mehrdimensionaler Geoprodukte ist ein wesentlicher Bestandteil vieler Berufe im Bereich der Geomatik. Dafür ist es notwendig, die Abläufe von der Erhebung bis zur Konzeption und tatsächlichen Herstellung der Produkte zu kennen und kundenorientiert bearbeiten und wiedergeben zu können. Das Lernfeld ist im dritten Lehrjahr mit 60 Schulstunden veranschlagt.

Folgende Fragen helfen dir bei der Erarbeitung dieses Wissens:

Fragen

Welche Einflüsse wirken auf das Relief ein?

Nenne vier Geländeformen und beschreibe ihre kartographische Darstellung.

Beschreibe kurz die Begriffe Neigung und Exposition.

Wie werden Höhenlinien in Karten dargestellt?

Erkläre kurz den Begriff „Überhöhung"? Welche Vor- und Nachteile hat die Überhöhung?

Nenne die verschiedenen Dimensionen der Höhendarstellung und was sie beinhalten.

Auf welcher Methode basiert die Landschaftsmodellierung?

Was ist der wesentliche Unterschied zwischen DGM und DOM?

Erkläre kurz die folgenden Abkürzungen und fertige eine Skizze dazu an:

- LoD0
- LoD1
- LoD2
- LoD3
- LoD4

Welche Objekte werden in einem 3D-Stadtmodell erfasst und dargestellt?

Welche Anwendungen für Höhenmodelle fallen dir ein?

Literatur

AdV (Hrsg) (2014) AdV-CityGML-Profile für 3D-Gebäudemodelle Ergebnisse der. PG „3D-Gebäudemodelle" der AdV. https://www.adv-online.de/icc/extdeu/nav/a99/bin arywriterservlet?imgUid=01e607e7-a797-2a41-b71d-b35472e13d63&uBasVari ant=11111111-1111-1111-1111-111111111111. Zugegriffen: 23. Aug. 2022

AdV (Hrsg) (2022) Produkt- und Qualitätsstandards für 3D-Gebäudemodelle. Version 2.3. https://www.adv-online.de/AdV-Produkte/Standards-und-Produktblaetter/Standards-der-Geotopographie/binarywriterservlet?imgUid=bb510f6e-a708-d081-505a-20954cd298e1&uBasVari ant=11111111-1111-1111-1111-111111111111. Zugegriffen: 23. Aug. 2022

BKG (Hrsg.) (2021a) Digitale Geländemodelle. https://desktop.arcgis.com/de/arcmap/10.5/manage-data/tin/fundamentals-of-tin-surfaces.htm. Zugegriffen: 12. Aug. 2022

BKG (Hrsg.) (2021b) Quasigeoid der Bundesrepublik Deutschland (Quasigeoid). Beschreibung. https://gdz.bkg.bund.de/index.php/default/quasigeoid-der-bundesrepublik-deutschland-quasigeoid.html. Zugegriffen: 7. Juli 2022

Esri (Hrsg) (2018) Was ist eine TIN-Oberfläche? https://desktop.arcgis.com/de/arcmap/10.5/manage-data/tin/fundamentals-of-tin-surfaces.htm. Zugegriffen: 12. Aug. 2022

Institut für angewandte Geodäsie (IFAG) (Hrsg) (1993) Deutsches Fachwörterbuch Photogrammetrie und Fernerkundung. Institut für angewandte Geodäsie. Frankfurt.

Institut für angewandte Geodäsie (IFAG) (Hrsg) (1997) Fachwörterbuch: Benennungen und Definitionen im deutschen Vermessungswesen mit englischen und französischen Äquivalenten. Technical dictionary. Teil 6: Topographie. Institut für Angewandte Geodäsie, Frankfurt a. M.

Kommission Aus- und Weiterbildung DGfK (Hrsg) (2004) Focus. Kartographie. Grundlagen der Geodatenvisualisierung. Ausbildungsleitfaden Kartograph/in. CD-ROM im PDF-Format

Landeshauptstadt Potsdam (Hrsg) (o. D.) Digitales Geländemodell (DGM)/Digitales Oberflächenmodell (DOM). https://vv.potsdam.de/vv/produkte/173010100000013574.php. Zugegriffen: 12. Aug. 2022

OGC (Hrsg) (2021) OGC City Geography Markup Language (CityGML). Part 1: Conceptual Model Standard. https://docs.ogc.org/is/20-010/20-010.html. Zugegriffen: 23. Aug. 2022

Pahl G (1990) Konstruieren mit 3D-CAD-Systemen: Grundlagen, Arbeitstechnik, Anwendungen. Springer, Berlin

Spektrum Akademischer Verlag (Hrsg) (2001a) Lexikon der Geographie. Stichwort: Geomorphologie. https://www.spektrum.de/lexikon/geographie/geomorphologie/2956. Zugegriffen: 12. Aug. 2022

Spektrum Akademischer Verlag (Hrsg) (2001b) Lexikon der Geographie. Stichwort: Interpolation. https://www.spektrum.de/lexikon/kartographie-geomatik/interpolation/2456. Zugegriffen: 13. Aug. 2022

Spektrum Akademischer Verlag (Hrsg) (2001c) Lexikon der Kartographie und Geomatik Stichwort: Reliefdarstellung. https://www.spektrum.de/lexikon/geographie/geomorphologie/2956. Zugegriffen: 12. Aug. 2022

Richard Kupser schloss 2018 die Ausbildung zum Geomatiker beim Ingenieurbüro Dhom ab. Während des Studiums der Geoinformatik an der Jade Hochschule sammelte er weitere Berufserfahrung im Bereich Netz- und Bestandsdokumentation als Werkstudent bei der hansewasser GmbH. Seit Abschluss des Studiums ist er dort als System- und Anwendungsbetreuer in der GIS-Administration tätig.

Geoprodukte kundenorientiert konzipieren und umsetzen 12

Michael Franz

12.1 Lernziele und -inhalte

In Lernfeld 12 bearbeiten die Schülerinnen und Schüler selbstständig einen vollständigen Kundenauftrag, um berufliche Handlungskompetenzen zu erlangen. Es bietet sich an, dass sie dies in Form eines Projektes tun, da so die verschiedenen Schritte eines Kundenauftrags möglichst realitätsnah nachempfunden werden können.

Methoden des Projektmanagements und deren Vorzüge für die Vermittlung von praktischen Inhalten im Berufsschulunterricht werden in diesem Kapitel vorgestellt. Anschließend werden wichtige Begriffe und Konzepte im Zusammenhang mit dem Kundenauftrag geklärt.

Ein beliebtes Thema für einen beispielhaften Kundenauftrag in der Ausbildung ist die Erstellung eines Bebauungsplans. Die Themen Bauplanung, Bauleitplanung und Bauantrag sind im Berufsleben vieler Geomatikerinnen und Geomatiker alltäglich und werden in diesem Kapitel ausführlich behandelt (Abb. 12.1).

12.2 Kundenauftrag in der Berufsschule und im Betrieb

Im ersten Abschnitt dieses Kapitels wird die sogenannte Projektmethode zur Umsetzung in der Berufsschule vorgestellt. Neben den Vorzügen dieser Methode wird die Durchführung eines Projektablaufs umrissen.

Im zweiten Teil werden einige wichtige Begriffe im Zusammenhang mit Kundenaufträgen definiert und erklärt.

M. Franz (✉)
Vermessungs- und Katasteramt Westeifel-Mosel, Bernkastel-Kues, Deutschland
E-mail: micfranz@t-online.de

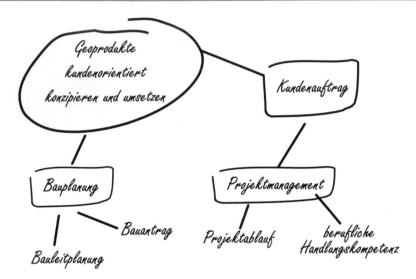

Abb. 12.1 Lernziele und -inhalte

12.2.1 Projektmanagement, Projektablauf und Kundenauftrag

„Die Projektmethode ist eine Form der lernenden Betätigung, die bildend wirkt. Sie ist ein alter Weg zu neuem Lernen. Erprobt vom Kindergarten über die verschiedenen Schulstufen bis zur Erwachsenenbildung; in den meisten Lehrplänen vorgesehen und doch nicht leicht zu verwirklichen." (Frey 2010)

In der Pädagogik handelt es sich beim Projekt um eine methodische Großform. Ein Projekt verbindet Leben, Lernen und Arbeiten miteinander. Die Arbeit an einem Projekt sollte neben Lehrerinnen und Lehrern bzw. Ausbilderinnen und Ausbilder auf der einen Seite und Schülerinnen und Schüler bzw. Auszubildende auf der anderen Seite auch Dritte mit einbeziehen. Dies können zum Beispiel Expertinnen und Experten bestimmter Fachgebiete, die für das Projekt relevant sind, Unternehmen oder Vereine sein.

Ziel der Projektarbeit ist die Förderung beruflicher Schlüsselqualifikationen. Dazu gehören insbesondere (in loser Reihenfolge):

- Verantwortungsbewusstsein
- Selbstständigkeit
- Fähigkeit, Probleme zu analysieren und Lösungswege zu ermitteln
- Teamfähigkeit
- Kreativität und Innovation
- Kommunikationsfähigkeit
- Kritikfähigkeit
- Planungsfähigkeit

Komplexe Probleme oder umfangreiche Aufgabenstellungen lassen sich mit den methodischen Möglichkeiten eines einzelnen Faches oder Lernfeldes nicht (mehr) zufriedenstellend bewältigen. In einem interdisziplinären Projekt können Aufgaben mithilfe verschiedener Fachkompetenzen umgesetzt werden. Die Auszubildenden werden auf diese Weise auf vielseitige Kundenaufträge und damit zusammenhängende Herausforderungen im Berufsalltag vorbereitet.

Obwohl sich Projekte im Berufsalltag je nach Unternehmen und Auftrag deutlich unterscheiden können, gibt es einige allgemeine Merkmale, die Projektarbeiten zu Lernzwecken auszeichnen:

Projekte sind ...

- ... handlungsorientiert
- ... produktorientiert
- ... schüler*innenorientiert
- ... gesellschaftlich relevant
- ... selbstorganisiert und selbstverantwortet
- ... in Gruppen organisierte Lernprozesse
- ... ausgerichtet auf soziales Lernen

Ziel der Arbeit in und an Projekten ist, dass sich Auszubildende berufliche Handlungskompetenzen aneignen können. Diese Kompetenz beschreibt Fähigkeiten einer bewussten, zielgerichteten, geistigen und körperlichen Ausdrucksweise zur Erzeugung eines beruflichen Handlungsprodukts. Aus pädagogischer Sicht wird Handlungskompetenz als die Bereitschaft und Fähigkeit des Einzelnen verstanden, sich in gesellschaftlichen, beruflichen und privaten Situationen sachgerecht, durchdacht sowie individuell und sozial verantwortlich zu verhalten.

Berufliche Handlungskompetenzen bestehen aus ...

- Fachkompetenzen
  (Fachwissen, Fachtheorie, Kenntnisse, Fertigkeiten)
- Methodenkompetenzen
  (Lern- und Arbeitstechniken, Arbeitsorganisation, Arbeitsqualität)
- Sozialkompetenzen
  (Teamarbeit, Kommunikation, Kundenkontakt, Konflikt- und Problemlösung, Reflexionsvermögen)
- Humankompetenzen
  (Selbstständigkeit, Verantwortung, Verlässlichkeit, Engagement)

In den vorangegangenen Abschnitten wurde beschrieben, warum sich Projekte für die Vermittlung praktischer Berufskompetenz während der Ausbildung eignen. Auch wenn diese

Vorzüge überwiegen, gibt es gewisse Risiken, die zu beachten sind: Bei mangelhafter Planung und Kontrolle (durch Ausbildende und Auszubildende) können die Ziele, die Ergebnisse, der Kompetenzzugewinn und die Freude am Projekt leiden. Bei einem großen Teilnehmerkreis können sich einzelne Auszubildende leichter aus ihren Verantwortungen ziehen. In diesem Fall bietet es sich an, Gruppen zu bilden und einzelne Arbeitsaufträge oder Projekte zu verteilen. So können alle gleichberechtigt mitarbeiten.

Weitere Risiken können sein, dass sich Ausbilderinnen und Ausbilder überfordert fühlen. Zudem erfordert die Projektarbeit eine hohe Betreuungszeit.

Im Projekt selbst gibt es verschiedene Phasen bzw. Ebenen, die unterschieden werden können, sich aber dennoch gegenseitig bedingen. Eine mögliche Einteilung ist die in das sogenannte Kompetenzdreieck (s. Abb. 12.2). Es wird unterschieden zwischen den einzelnen Prozessen innerhalb des Projektes, die zugrundeliegenden oder geschaffenen Produkte und die abschließende Präsentation des Projektes bzw. des Endproduktes.

- Prozesse:
  Ablauf, Phasen, Meilensteine
- Produkte:
  Ergebnisse, Daten
- Präsentation:
  Vorstellung des Endproduktes

Eine weitere Einteilung des Projektmanagements ist das sogenannte *4-Phasen-Modell*. Hier liegt der Fokus auf den aufeinanderfolgenden Arbeitsphasen. Diese können sich überschneiden beziehungsweise können während der Realisierung Schritte aus vorangegangenen oder anschließenden Phasen vorgezogen oder hintangestellt werden.

1. Projektdefinition/Projektidee:
   Das Ziel des Projekts wird festgelegt, Chancen und Risiken werden analysiert und die wesentlichen Inhalte festgelegt. Kosten, Ausmaß und Zeit werden grob geschätzt (Kalkulation). Am Ende dieser Phase steht der formelle Projektauftrag.

Abb. 12.2 Kompetenzdreieck

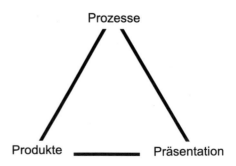

2. Projektplanung:

Das Team wird organisiert. Es werden Aufgaben-, Ablauf-, Termin-, Kapazitäts-, Kommunikations-, Kosten- und Qualitätspläne sowie das Risikomanagement festgelegt. In dieser Phase werden die Meilensteine des Projektes bis zur Fertigstellung definiert. Alles wird in der Projektstruktur und dem Projektzeitplan verbindlich festgehalten.

3. Projektdurchführung und -kontrolle:

Neben der Durchführung selbst wird in dieser Phase der Projektfortschritt kontrolliert und es wird auf eventuelle projektstörende Ereignisse reagiert und die Planung ggf. angepasst.

4. Projektabschluss:

Die Ergebnisse bzw. Endprodukte werden präsentiert und dem Kunden abgeliefert. Das Projekt wird rückblickend bewertet. Die gemachten Erfahrungen werden häufig in einem Kritikbericht festgehalten. Die Projektleitung wird vom Auftraggeber, sofern vorhanden, entlastet.

12.2.1.1 Projektverlauf (mit Datenerhebung)

Die folgende Aufstellung soll einen theoretischen Verlauf eines Auftrags vom ersten Kundenkontakt bis zur Fertigstellung und Lieferung des Produktes zeigen (s. LF 10 „Vom Kundenauftrag zum Printprodukt")

1. Auftrag
   - Vertrag
   - Weisung
   - (Amts-)Hilfe
2. Steuerung und Entscheidung
   - Registrierung
   - Zuständigkeit
   - Konzeption
   - Planung
   - Vergabe von Einzelaufträgen
3. Vorbereitung (inkl. Qualitätssicherung)
   organisatorische Vorbereitung
   - technische Vorbereitung
4. Datenerhebung (inkl. Qualitätssicherung)
   - An-/Abfahrt
   - Erhebung vor Ort
   - Sicherung der Messdaten
   - Aufbereitung der Erhebungsdaten
   - Erstellung der Abgabeformate
   - ggf. auch häusliche Datenerhebung

5. Datenverarbeitung/Produkterstellung (inkl. Qualitätssicherung)
   - Übernahme der Erhebungsdaten
   - häusliche Datenerhebung
   - Erstellung des Produkts
6. Abschlussarbeiten (inkl. Qualitätssicherung)
   - Rückmeldung und Freigabe durch Auftraggeber
   - Kostenrechnung
   - Archivierung
7. Abgabe und Präsentation
   - Auslieferung des Produkts

12.2.1.2 Projektthema und -koordination

Das *Projektthema* zur Übung im Berufsschulunterricht sollte gesellschaftlich relevant sein und den individuellen Bedürfnissen und Interessen der Auszubildenden entsprechen.

Mögliche Quellen sind neben dem Ausbildungsrahmenplan und Ausbildungsplan die Interessen der Schülerinnen und Schüler sowie die Berufswirklichkeit. Eventuell liegt auch ein Auftrag vor.

Das Thema kann in einem Gesprächskreis und mit einer Kartenabfrage ausgewählt werden. Um eine möglichst realitätsnahe Erfahrung zu gewährleisten, sollten Anfragen an Externe verschickt werden, um echte Informationen verwenden zu können.

Die folgenden fünf Kriterien sollten bei der Themenfindung berücksichtigt werden:

- Das Thema sollte einen Problembezug haben (Was wollen wir mithilfe des Projektes herausfinden?).
- Es sollte sich auf eine gesellschaftlich beziehungsweise beruflich wichtige Fragestellung auslegen lassen (Welchen Wert hat das Projekt für die Gesellschaft? Lässt sich das Projektthema auch im Berufsleben behandeln?).
- Das Thema sollte zum interdisziplinären Arbeiten anregen (Welche Fachgebiete werden mit dem Projekt verbunden?).
- Es sollte eine Kombination aus theoretischen und praktischen Aufgaben beinhalten (Welche Kenntnisse werden erworben? Lassen sich diese Kenntnisse in der Praxis umsetzen?).
- Das Thema sollte mit allen gemeinsam abgestimmt werden (Wie kann man sich auf ein Thema verständigen, z. B. mit einer Kartenabfrage?).

Die gemeinsame Abstimmung legt frühzeitig den Grundstock für die Motivation zur Aktivität, die Verantwortungsübernahme und die Identifizierung mit dem Projekt.

Die *Projektsteuerung oder -leitung* hat die Aufgabe, die einzelnen Projektphasen zu überwachen. Sie sorgt für die Einhaltung der Aufgabenerfüllung, der Fristen und Zeitvorgaben. Die Projektsteuerung dokumentiert Störungen und Probleme. Zudem koordiniert sie die einzelnen Phasen und Arbeitsschritte. Des Weiteren hält sie den Kontakt zu Auftraggebern beziehungsweise Lehrkräften.

Alle projektrelevanten Festlegungen, Arbeitsschritte, Zwischen- und Schlussergebnisse werden im Rahmen der *Projektdokumentation* festgehalten, um den Prozess nachvollziehen und bewerten zu können. Es empfiehlt sich, eine Ordnerstruktur zu Projektbeginn festzulegen. Die abgelegten Daten müssen redundanzfrei sein. Alle Dateien sind mit dem Datum der Aktualität zu bezeichnen, um zu vermeiden, dass gleichnamige Dateien mit unterschiedlichem Status existieren.

Die Dokumentation trägt zur Qualität des Projekts bei. Das Wissen wird vertieft, die Lernprozesse festigen sich, alle Ideen der Teilnehmerinnen und Teilnehmer werden wahrgenommen. Die Auszubildenden lernen ihren eigenen Entwicklungsstand kennen, sie erfahren ein Forschungs- und Prozessbewusstsein und stimmen ihre Methoden untereinander ab. Durch die Projektdokumentation wird das Lernen veranschaulicht und nachvollziehbar.

Folgende *Projektziele* sollen mit der Projektarbeit erreicht werden:

- Förderung der beruflichen Handlungsfähigkeit
- Verknüpfung von Ausbildungstheorie und Berufspraxis
- Identifikation mit Ausbildungs- und Berufsinhalten
- Spaß/Freude am Lernen und Lehren

Siehe auch die Literatur von Winkelhofer (2005) und den Vortrag von Rüsch (2017).
Hier findet man ein paar Beispiele der Carl-Benz-Schule Koblenz, BBS Technik:
https://bbs-technik-koblenz.de/lernfeldunterricht-geomatiker/
Besonders herausragende Projekte haben die Möglichkeit, den Ravenstein-Förderpreis der DGfK zu erhalten:
http://www.kartographie-stiftung-ravenstein.de/index.html#3

12.2.2 Glossar zum Kundenauftrag

Zum Abschluss des Abschnitts werden einige wichtige Begriffe im Zusammenhang mit Kundenaufträgen im Betrieb erläutert. Die Verwendung der richtigen Fachbegriffe ist genauso Teil der beruflichen Handlungskompetenz wie die praktische Umsetzung des Kundenauftrags.

12.2.2.1 Angebot

Mit dem *Angebot,* rechtlich Antrag genannt, richtet sich der Anbietende (Selbstständige, Unternehmen) an Kunden und erklärt, unter welchen Bedingungen eine Fertigstellung der geforderten Waren oder die Umsetzung einer Dienstleistung möglich ist. Der Anbietende ist rechtlich grundsätzlich an sein Angebot gebunden.

Es kann unterschieden werden zwischen an die Allgemeinheit gerichteten Angeboten und persönlichen Angeboten. Bei Letzteren unterscheidet man zwischen unbefristeten und befristeten Angeboten.

Ein Angebotsinhalt sollte umfassen:

- Beschreibung der Ware nach Art
- Güte und Beschaffenheit
- Preis einschließlich Nachlässen
- Lieferungsbedingungen einschließlich Lieferzeit
- Zahlungsbedingungen (bar oder auf Rechnung)
- Erfüllungsort (Wer haftet bei Beschädigung der Ware auf dem Weg zum Kunden?)
- Gerichtsstand (An welchem Ort werden eventuelle Prozesse geführt?)

(Bundeszentrale für politische Bildung 2021)

12.2.2.2 Auftragsanalyse

In der *Auftragsanalyse* werden alle anfallenden Aufgaben ermittelt. Die Aufgaben werden einzelnen Abteilungen oder Personen zugewiesen. Es kann festgelegt werden, in welcher Reihenfolge einzelne Teilaufgaben zu erfüllen sind. Die wichtigsten Aufgaben werden mittels der Auftragsanalyse gesammelt.

Die Auftragsanalyse soll Klarheit in die Aufgabe, das Umfeld und die dafür notwendigen Informationen bringen. Folgende Fragen sollten beantwortet werden können:

1. Was ist das Ziel? Was sind eventuelle Probleme beziehungsweise Herausforderungen?
2. Was sind die Bedingungen zur Erfüllung des Ziels?
3. In welche Aufgaben, Teilaufgaben und Arbeitspakete kann der Auftrag strukturiert werden?
4. Wo liegen die Gestaltungsgrenzen?
5. Bis wann muss die Aufgabe gelöst sein?
6. Welcher personelle, zeitliche und finanzielle Aufwand ist möglich?

12.2.2.3 Realisierungsanalyse

Die *Realisierungsanalyse* soll dabei helfen, möglichst viel von bereits umgesetzten Projekten und erstellten Produkten zu übernehmen und möglichst wenig neu erstellen zu müssen.

Fragen für die Realisierungsanalyse sind:

- Inwieweit kann auf Vorhandenes (Komponenten, Module, Teillösungen etc.) zurückgegriffen werden?
- Was muss tatsächlich im Detail neu erstellt werden?

- Auf welche Erfahrungen kann zurückgegriffen werden?
- Was muss bestellt oder anderweitig beschafft werden?
- Wie sieht der Zeitplan dazu aus?

12.2.2.4 Pflichtenheft

Das *Pflichtenheft* ist der vom Auftragnehmer erstellte Projektplan. Der Anbietende stellt dar, wie die im Lastenheft enthaltenen Anforderungen erfüllt werden sollen. Hierzu wird die Aufgabenstellung und der vorgeschlagene Lösungsansatz beschrieben. Das Pflichtenheft ist ein Bestandteil der Auftragserteilung. Es wird vor Erteilung des Projektauftrages erstellt und wird danach nicht mehr verändert, da dies auch eine Änderung des Vertrages zwischen Auftraggeber und Auftragnehmer zur Folge hätte. Da das Pflichtenheft beschreibt, welche Leistung der Auftragnehmer anbietet, sollte es mindestens den Projektstrukturplan mit den Arbeitspaketen enthalten. Ein ausführliches Pflichtenheft kann auch die vollständige Projektplanung umfassen, einschließlich Termin- und Ressourcenplänen. Darüber hinaus sollte das Pflichtenheft die auf das Projektmanagement bezogenen Leistungen des Auftragnehmers enthalten. Alle Produkte der Projektplanung, die erst nach Auftragserteilung entstehen, sind nicht dem Pflichtenheft dieses Projekts zuzurechnen.

(Angermeier 2021).

12.2.2.5 Marketing- und Verkaufsförderungsmaßnahmen

Marketing beinhaltet eine marktorientierte Unternehmensführung, die durch Einsatz von Marketinginstrumenten den Markt zu beeinflussen versucht. Marketing ist alles, was letztlich den Absatz fördert.

(Bundeszentrale für politische Bildung 2021).

Marketinginstrumente sind z. B.:

- die systematische Erforschung der Kunden- und der Konkurrenzsituation durch die Marktforschung,
- die Produktpolitik, zu der die Markenbildung und der Kundendienst sowie die Sortiments-politik und Programmpolitik zählen. (Welche Produkte biete ich an? Welche müssen neu aufgenommen, welche ausgesondert werden?),
- die Preispolitik und die Konditionenpolitik,
- der Weg zur Verteilung der Erzeugnisse bis zum Kunden durch die Distributionspolitik,
- die Maßnahmen der Werbung, der Verkaufsförderung und der Öffentlichkeitsarbeit zählen zur Kommunikationspolitik.

Unter *Verkaufsförderung* versteht man absatzstimulierende Maßnahmen am Ort des Verkaufs, z. B. Warenproben, Gutscheine, Sonderpreise, Vorführungen, Preisausschreiben bei Verbraucherpromotions, Rabatte, Verkaufsaktionen, Displaywerbung und andere Aktivitäten des Merchandisings sowie Prämien, Wettbewerbe, Schulungen bei Promotions für Verkaufspersonal und Außendienst.

Während Marketing mittel- und langfristig dazu dient, Produkte zu verkaufen, ist Verkaufsförderung nur auf kurzfristige Verkäufe ausgerichtet.

(Bundeszentrale für politische Bildung 2021).

12.2.2.6 Bürokommunikation

Bürokommunikation ist die Gesamtheit aller technikgestützten oder -unterstützbaren Informations- und Kommunikationsprozesse in Büro- und Verwaltungsfunktionen (s. Lernfeld 4, Grundlagen der Kommunikations- und Informationstechnik). Dazu gehören beispielsweise die Berechnung, Speicherung, Übermittlung und Verarbeitung von Daten (Voßbein 1998).

12.2.2.7 Kosten- und Leistungsrechnung

Mit der *Kosten- und Leistungsrechnung (KLR)* werden die anfallenden Kosten systematisch erfasst und den erstellten Leistungen gegenübergestellt. Sie bildet damit eine wesentliche Grundlage für ein effizientes und wirtschaftliches Handeln. Sie liefert wichtige Daten für Untersuchungen zur Wirtschaftlichkeit von Projekten und zur Erfolgskontrolle.

Grundkonzept der KLR:

- In der Kostenrechnung werden die Aufwendungen (Input) transparent gemacht.
- Der Input wird dem erbrachten Output gegenübergestellt (Leistungsrechnung).
- Kosten sind der in Geld bewertete Verbrauch an Gütern und in Anspruch genommene Dienste.
- Eine Leistung ist ein abgeschlossenes Arbeitsergebnis einer Reihe von Arbeitsschritten.
- Ein Produkt ist ein wiederkehrendes, nach außen gerichtetes Leistungsbündel.

Systematik der Kostenrechnung

- Kostenartenrechnung: Welche Kosten sind entstanden? Es wird in der Erfassung zwischen Sach- und Personalkosten unterschieden.
- Kostenstellenrechnung: Wo sind die Kosten angefallen? Die Kosten werden verschiedenen Bereichen zugeordnet.
- Kostenträgerrechnung: Wofür sind die Kosten angefallen? Sie dient der verursachungsgerechten Zuordnung der Kosten auf klar definierte Produkte. Auch Projekte können Kostenträger sein und werden dazu wie Produkte behandelt.

Die Leistungsrechnung ist das logische Gegenstück zur Kostenrechnung. Es sind Leistungsmerkmale zu definieren, die eine Beurteilung der Effizienz zulassen. Eine Leistung lässt noch keinen Rückschluss auf die Zielerreichung zu. Lediglich Qualitätskennzahlen geben

Hinweise auf das Ausmaß der Zielerreichung und die Effektivität der erbrachten Leistung. Quantitativ messbare Einzelleistungen, die mit der Erstellung eines Produkts erbracht werden, werden zu den verwendeten Ressourcen ins Verhältnis gesetzt. Hieraus ergeben sich Hinweise zur Effizienz der Leistungserbringung.

12.2.2.8 Nachkalkulation

Die *Nachkalkulation* erfolgt nach Beendigung des betrieblichen Leistungsprozesses. Sie wird erst dann vorgenommen, wenn die Kosten in der tatsächlichen Höhe bekannt sind. Die Nachkalkulation rechnet sowohl bei den Einzelkosten als auch bei den Gemeinkosten mit den Ist-Kosten. Sie dient somit als Kontrollrechnung und vergleicht die tatsächlich angefallenen Kosten nach der Fertigstellung des Erzeugnisses mit den im Kostenvoranschlag (Angebotspreis) angegebenen Kosten (Soll-Kosten) (Bundeszentrale für politische Bildung 2021).

12.3   Bauplanung, Bauleitplanung und Bauantrag

Die Erstellung eines Beplauungsplanes ist ein geeignetes Thema für die Bearbeitung eines Kundenauftrags. Bereits im ersten Lehrjahr sollen Auszubildende im Vermessungs- und Geoinformationswesen einschlägige bau- und planungsrechtliche Gesetze und Vorschriften anwenden können (s. Lernfeld 1). Da viele Geomatikerinnen und Geomatiker auch in ihrem späteren Berufsleben mit den Themen Bauplanung und Bauantrag in Berührung kommen, wird auf diese Themen ausführlicher eingegangen.

Die Bauplanung lässt sich in verschiedene Bereiche unterteilen (s. Tab. 12.1). Die Bauplanung ist zu unterscheiden von der Bauleitplanung (s. Abschn. 12.3.1).

12.3.1 Bauleitplanung

Die Bauleitplanung bietet den Gemeinden ein zentrales Instrument zur städtebaulichen Ordnung und Stadtentwicklungsplanung.

Tab. 12.1 Bereiche der Bauplanung

Architektur	Ingenieurbau	Tief-/Straßenbau
Wohngebäude	Brücken	Straßen
Geschäftshäuser	Türme	Kläranlage
Schulen/öffentliche Gebäude	Stützwände	Entwässerung
Industriegebäude		Deponie

Gesetzliche Grundlage der Bauleitplanung ist das Baugesetzbuch (BauGB).
„Aufgabe der Bauleitplanung ist es, die bauliche und sonstige Nutzung der Grundstücke in der Gemeinde nach Maßgabe dieses Gesetzbuches vorzubereiten und zu leiten. (Definition §1 (1) BauGB)"

Sie wird in zwei Stufen unterschieden. Dem vorbereitenden Bauleitplan *(Flächennutzungsplan (FNP))* (s. Abschn. 12.3.1.1) und dem verbindlichen Bauleitplan *(Bebauungsplan (B-Plan))* (s. Abschn. 12.3.1.2).

Kommunale Planungshoheit:
„Die Gemeinden haben die Bauleitpläne aufzustellen, sobald und soweit es für die städtebauliche Entwicklung und Ordnung erforderlich ist ... (§1(3) BauGB)." Träger der Bauleitplanung ist demnach die Gemeinde. Es hat jedoch niemand einen Anspruch die Aufstellung eines auf Flächennutzungsplans oder eines Bebauungsplans.

Die Bauleitplanung findet auf Gemeindeebene statt. Sie folgt den Vorgaben aus der Raumordnungs- und Landesplanung auf Bundes- bzw. Landesebene. Alles zusammen ergibt das *System der räumlichen Ordnung* (s. Tab. 12.2).

Tab. 12.2 System der räumlichen Planung

Planungsebene	Aufgaben	Instrumente	Gesetzliche Grundlage
Bund Raumordnung	Räumliche Entwicklung des Bundesgebietes	Raumordnungspolitischer Orientierungs- und Handlungsrahmen → Raumordnungsplan	Raumordnungsgesetz; BauGB §2
Land Landesplanung	Räumliche Entwicklung aufgrund des Raumordnungsgesetzes	Landesentwicklungsplan (Text- und Planwerk)	Landesplanungsgesetz (→ §17 Raumordnungsverfahren)
Regierungsbezirk bzw. Kreis Regionalplanung	Feststellung der regionalen Ziele der Raumordnung	Gebietsentwicklungsplan	
Gemeinde Bauleitplanung	Regelung der Nutzung der Grundstücke zur geordneten städtebaulichen Entwicklung	Flächennutzungsplan FNP, Bebauungspläne BPl	

Allgemeine Ziele und Grundsätze der Bauleitplanung gemäß BauGB §1(5) sind eine nachhaltige städtebauliche Entwicklung, eine sozialgerechte Bodennutzung, die Sicherung einer menschenwürdigen Umwelt sowie der Schutz und die Entwicklung natürlicher Lebensgrundlagen.

Da die Bauleitplanung unmittelbar das Leben in der Gemeinde beeinflusst, ist eine Beteiligung der Bürgerinnen und Bürger erforderlich. In der Regel werden die Planungsentwürfe für eine bestimmte Zeit öffentlich zur Einsichtnahme ausgelegt und Änderungsvorschläge wahrgenommen.

12.3.1.1 Flächennutzungsplan

Der Flächennutzungsplan (FNP) ist der erste von zwei Schritten der Bauleitplanung. Im FNP wird die beabsichtigte städtebauliche und räumliche Entwicklung beschrieben (Abb. 12.3). Mithilfe des Flächennutzungsplans soll die Bodennutzung für das gesamte Gemeindegebiet in den Grundzügen dargestellt werden. Der Planungshorizont beträgt circa 10 bis 15 Jahre. In eine Karte, meist im Maßstab 1:10.000, werden die geplanten Nutzungen der Flächen dargestellt. Dies erfolgt nicht parzellenscharf, sondern generalisiert. Die Darstellung erfolgt entsprechend der Planzeichenverordnung (PlanZV) (s. Abschn. 12.3.2) und der Baunutzungsverordnung (BauNVO). Ein Flächennutzungsplan bildet eine Grundlage für die Bebauungspläne. Er ist nicht rechtsverbindlich hinsichtlich der konkreten Bebauung, sondern er bereitet diese vor. Er ist jedoch bindend für die Verwaltung. Es liegt im Ermessen der Gemeinde, was detailliert dargestellt wird. Es gilt eine planerische Zurückhaltung. Eine Genehmigung des FNP ist gemäß §6 BauGB erforderlich.

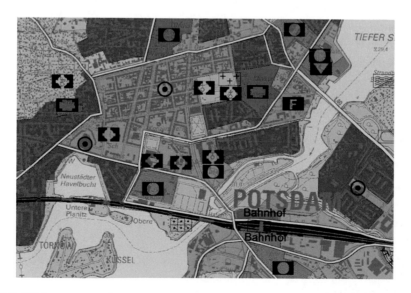

Abb. 12.3 Flächennutzungsplan

Mögliche Darstellungen im Flächennutzungsplan sind:

1. Die für die Bebauung vorgesehenen Flächen …
   - nach der allgemeinen Art der baulichen Nutzung (Bauflächen gemäß §1(1) BauNVO),
   - nach der besonderen Art ihrer Nutzung (Baugebiete gemäß §1(2) BauNVO; soweit erforderlich)
2. das Maß der baulichen Nutzung (soweit erforderlich)
3. Haupt-Verkehrsflächen
4. Ver- und Entsorgungsanlagen und Hauptleitungen
5. Grünflächen
6. Flächen für Nutzungsbeschränkungen und Schutz gegen schädliche Umwelteinwirkungen
7. Wasserflächen, Überschwemmungsgebiete
8. Flächen für Aufschüttungen, Abgrabungen, die Gewinnung von Bodenschätzen
9. Flächen für die Landwirtschaft, Wald
10. Flächen für Maßnahmen zum Schutz, zur Pflege und zur Entwicklung von Boden, Natur und Landschaft (sog. Ausgleichsflächen)

Bauflächen und -gebiete werden nach §1(1) und (2) BauNVO unterschieden in:

Bauflächen

- Wohnbauflächen (W)
- gemischte Bauflächen (M)
- gewerbliche Bauflächen (G)
- Sonderbauflächen (S)

Baugebiete

1. Kleinsiedlungsgebiete (WS)
2. reine Wohngebiete (WR)
3. allgemeine Wohngebiete (WA)
4. besondere Wohngebiete (WB)
5. Dorfgebiete (MD)
6. Mischgebiete (MI)
7. Kerngebiete (MK)
8. Gewerbegebiete (GE)
9. Industriegebiete (GI)
10. Sondergebiete (SO)

Die jeweiligen Abkürzungen helfen, die einzelnen Elemente in den Bauleitplänen übersichtlich und eindeutig zu kennzeichnen.

Es gibt keine unmittelbare Rechtswirkung gegenüber dem Bürger. Der FNP ist kein Verwaltungsakt und keine Satzung. Daraus folgt, dass es keine Widerspruchs- bzw. Klagemöglichkeit der Bürgerinnen und Bürger gibt.

Gemäß §7 BauGB haben öffentliche Planungsträger ihre Planungen dem FNP anzupassen. Sie haben jedoch die Möglichkeit, den Darstellungen zu widersprechen.

Regionale und überregionale Planung beeinflussen sich gegenseitig (Gegenstromprinzip). Das heißt, dass durch die Aufstellung eines Bebauungsplans auch der Flächennutzungsplan geändert werden kann.

Das Bild zeigt den Ausschnitt des Flächennutzungsplans der Landeshauptstadt Potsdam. Der komplette Flächennutzungsplan ist auf der Homepage der Stadt einzusehen
(Landeshauptstadt Potsdam 2022).

12.3.1.2 Bebauungsplan

Der Bebauungsplan ist der zweite Schritt der Bauleitplanung. Er wird aus dem Flächennutzungsplan entwickelt. Er enthält die rechtsverbindlichen Festlegungen für die städtebauliche Ordnung eines Baugebietes (Abb. 12.4).

Art und Maß der baulichen Nutzung, Bauweise, Grundstückszuschnitt, Freiflächen und Flächen für Umweltschutzanlagen werden im Bebauungsplan bestimmt. Dies geschieht – im

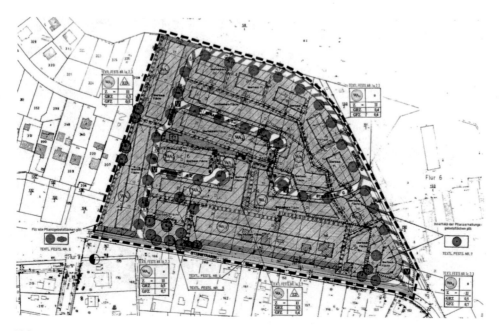

Abb. 12.4 Bebauungsplan

Gegensatz zum Flächennutzungsplan – parzellengenau. Gemeinsam mit einer Begründung wird der Bebauungsplan als Gemeindesatzung beschlossen. Er besteht in der Regel aus einem schriftlichen, erläuternden, und einem zeichnerischen Teil. Bebauungspläne bestehen aus einer Planurkunde, den textlichen Festsetzungen und einer Planbegründung.

Der Bebauungsplan ist rechtlich bindend. Dies gilt für Bauherren, Bauplaner und Bauaufsichtsbehörden. Andererseits erhalten Bauherren durch den Bebauungsplan auch ein grundsätzliches Recht zu bauen.

Bei der Aufstellung eines Bebauungsplans wird immer zwischen öffentlichen und privaten Belangen abgewogen.

> Zweck des Bebauungsplans
> „Der Bebauungsplan enthält die rechtsverbindlichen Festsetzungen für die städtebauliche Ordnung. Er bildet die Grundlage für weitere, zum Vollzug dieses Gesetzbuchs erforderliche Maßnahmen. (§8 (1) BauGB)"

Der genaue Inhalt des Bebauungsplans ist in §9 BauGB festgelegt. Hier folgt eine Auswahl der wichtigsten Inhalte:

- Art und das Maß der baulichen Nutzung
- Bauweise
- Mindestmaße und Höchstmaße für die Größe, Breite und Tiefe der Baugrundstücke
- Flächen für den Gemeinbedarf
- Flächen, die von der Bebauung freizuhalten sind
- höchstzulässige Zahl der Wohnungen in Wohngebäuden

Konkretisiert werden die Festsetzungen durch die *Baunutzungsverordnung* (BauNVO) und die *Planzeichenverordnung* (PlanZV).

Das Verfahren wird durch den Satzungsbeschluss der Gemeinde und die ortsübliche Bekanntmachung abgeschlossen.

Das Bild zeigt den Ausschnitt eines Bebauungsplans der Landeshauptstadt Potsdam. Der komplette Bebauungsplan ist auf der Homepage der Stadt einzusehen
(Landeshauptstadt Potsdam 2022).

12.3.1.3 Unterschiede zwischen Flächennutzungsplan und Bebauungsplan

Die folgende Tab. 12.3 zeigt die Unterschiede zwischen Flächennutzungsplan und Bebauungsplan:

Tab. 12.3 Unterschiede: Flächennutzungsplan und Bebauungsplan

Flächennutzungsplan	Bebauungsplan
Liste der möglichen Darstellungen im BauGB ist nicht abschließend	Liste der möglichen Festsetzungen im BauGB ist abschließend
Bindungswirkung nur für Gemeinde und übrige Planungsträger	Bindungswirkung für jedermann
Willenskundgebung	Satzung
Genehmigung höhere Verwaltungsbehörde zwingend	i. d. R. ohne Genehmigung, da aus FNP entwickelt
Vorbereitender Bauleitplan	Verbindlicher Bauleitplan
Darstellung der städtebaulichen Entwicklung in den Grundzügen	Festsetzungen zur Ordnung der städtebaulichen Entwicklung
Flächendeckend für Gemeindegebiet	Teilgebiet einer Gemeinde (nach Planungserfordernis)
Darstellungen nicht parzellenscharf (i. d. R. Maßstab 1:10000, 1:5000, bis zu 1:50000)	Festsetzungen parzellenscharf, Flurkarte (i. d. R. Maßstab 1:1000)

12.3.2 Vorgaben zur Darstellung im FNP und B-Plan

In der *Planzeichenverordnung* (PlanZV) wird verbindlich festgelegt, wie die Inhalte in den Bauleitplänen darzustellen sind. Beispiele sind die Farbgebung der Flächen, verwendete Symbole, Maßzahlen, Baulinien und Baugrenzen. Begründete Abweichungen oder Ergänzungen sind möglich. Die Darstellung kann in Farbe oder in SchwarzWeiß erfolgen.

Anforderungen an die Planunterlagen:

- ausreichende Genauigkeit und Vollständigkeit
- für B-Pläne muss Folgendes erkennbar sein:
  - Flurstücke
  - vorhandene bauliche Anlagen und Verkehrsflächen
  - Geländehöhe
  - Stand der Planunterlagen

Wesentliche Angaben im B-Plan werden mithilfe einer *Nutzungsschablone* abgebildet. Die Angaben zu Baugebiet, Geschosszahl, Gebäudeform, Grundflächenzahl, Geschossflächenzahl, Dachform und -neigung sowie zur Bauweise werden darin zusammengefasst.

Die (geplante) Nutzung des jeweiligen Baugebiets wird mit zwei Großbuchstaben angegeben, z. B. WR als reines Wohngebiet. Die Anzahl von Vollgeschossen wird in römischen Ziffern angegeben. Dies ist möglich als Höchstzahl (z. B. II), als zwingend einzuhaltende Anzahl (z. B. (II)) oder als Mindest- und Höchstzahl (z. B. II-III). Die Grundflächenzahl GRZ steht auf der linken, die Geschossflächenzahl auf der rechten Seite. Bei Bebauungsplänen für Gewerbe- bzw. Industriegebiete wird häufig eine Baumassenzahl BMZ festgelegt, häufig in einem Kasten, z. B. $\boxed{3,0}$.

12.3.2.1 Grundflächen-, Geschossflächen- und Baumassenzahl

Die *Grundflächenzahl* (GRZ) gibt an, wie viele Quadratmeter Grundfläche je Quadratmeter Grundstücksfläche zulässig sind (BauNVO §19). Grundfläche ist die Fläche, die von baulichen Anlagen überdeckt wird. Sie wird von Außenkante zu Außenkante des Gebäudes gemessen. Bei der Ermittlung der Grundflächenzahl sind auch die Flächen der Garagen und Stellplätze oder baulichen Anlagen unter der Geländeoberfläche mitzurechnen. Die zulässige Grundflächenzahl darf durch diese Flächen um bis zu 50 % überschritten werden.

$$GRZ = \frac{Grundfläche}{Grundstücksfläche} \tag{12.1}$$

Die *Geschossflächenzahl* (GFZ) gibt an, wie viele Quadratmeter Geschossfläche je Quadratmeter Grundstücksfläche zulässig sind (BauNVO §20). Sie ist nach den Außenmaßen der Gebäude für alle Vollgeschosse zu ermitteln. In der jeweiligen Landesbauordnung ist festgelegt, welche Geschosse als Vollgeschosse gelten. Balkone, Loggien, Terrassen und untergeordnete Teile werden bei der Ermittlung der GFZ nicht mitgerechnet.

$$GFZ = \frac{Geschossfläche}{Grundstücksfläche} \tag{12.2}$$

Die *Baumassenzahl* (BMZ) gibt an, wie viele Kubikmeter Baumasse je Quadratmeter Grundstücksfläche zulässig sind (BauNVO §21). Die Baumasse ist nach den Außenmaßen der Gebäude vom Fußboden des untersten Vollgeschosses bis zur Decke des obersten Vollgeschosses zu ermitteln. Dies entspricht dem tatsächlichen Volumen. Sie dient der Begrenzung des Bauvolumens bei großen gewerblichen Gebäuden (Abb. 12.5).

Beispiel zur Berechnung von GRZ und GFZ (Abb. 12.6)
  Berechnung der Grundflächenzahl (GRZ)

Grundstücksfläche:

$$\frac{12,50 \cdot (27,00 + 20,00)}{2} = 293,75 [m^2]$$

Grundfläche des Gebäudes:

$$10,49 \cdot 8,25 = 86,54 [m^2]$$

Grundflächenzahl:

$$GRZ = \frac{Grundfläche}{Grundstücksfläche} = \frac{86,54\,m^2}{293,75\,m^2} = 0,29$$

Die zulässige GRZ von 0,3 wird nicht überschritten.

Berechnung der Geschossflächenzahl (GFZ) Geschossfläche (2 Vollgeschosse):

$$2 \cdot 10,49 \cdot 8,25 = 173,09 [m^2]$$

Geschossflächenzahl:

$$GFZ = \frac{Grundfläche}{Geschossfläche} = \frac{173,09\,m^2}{293,75\,m^2} = 0,59$$

Die zulässige GFZ von 0,6 wird nicht überschritten.

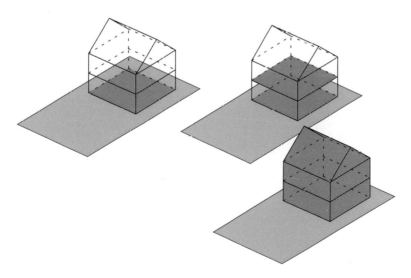

Abb. 12.5 GRZ, GFZ und BMZ (v. l. n. r.)

Abb. 12.6 Beispiel zu GRZ
und GFZ

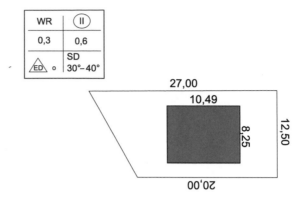

Tab. 12.4 gibt die zulässigen Maße (Obergrenzen) der baulichen Nutzung laut BauNVO §17 an.

Die *anrechenbaren Grundflächen* für die Ermittlung von Wohnflächen ergeben sich aus der *Wohnflächenverordnung* (WoFlV §4). Sie geben an, ob Flächen voll, teilweise oder gar nicht in die Errechnung der Wohnfläche einbezogen werden.

Tab. 12.4 Zulässiges Maß der baulichen Nutzung

Baugebiet	Grundflächenzahl GRZ	Geschossflächenzahl GFZ	Baumassenzahl BMZ
In Kleinsiedlungsgebieten (WS)	0,2	0,4	
In reinen Wohngebieten (WR), allgemeinen Wohngebieten (WA), Ferienhausgebieten	0,4	1,2	
In besonderen Wohngebieten (WB)	0,6	1,6	
In Dorfgebieten (MD), Mischgebieten (MI)	0,6	1,2	
In Kerngebieten (MK)	1,0	3,0	
In Gewerbegebieten (GE), Industriegebieten (GI), sonstigen Sondergebieten	0,8	2,4	10,0
In Wochenendhausgebieten	0,2	0,2	

- voll: Räume und Raumteile mit einer lichten Höhe von mindestens 2,0 m
- zur Hälfte:
  - Räume und Raumteile mit einer lichten Höhe von mindestens 1,0 m und weniger als 2,0 m sowie von Wintergärten, Schwimmbädern u.ä. geschlossenen Räumen
  - Balkone, Loggien, Dachgärten oder überdeckte Freisitze, die ausschließlich zu den Wohnräumen gehören, können bis zur Hälfte ihrer Grundfläche angerechnet werden.
- nicht: Räume oder Raumteile mit einer lichten Höhe < 1,0 m

12.3.2.2 Dachformen

Die gängigsten Dachformen werden mit den großen Buchstaben FD für Flachdach, SD für Satteldach oder PD für Pultdach angegeben (Abb. 12.7).

Das *Satteldach* ist die am häufigsten verbreitete Dachform. Dabei handelt es sich um eine zeitlose Konstruktion, die sich – als Sparren- oder Pfettendach ausgebildet – sowohl architektonisch wie auch konstruktiv bewährt hat. Zu den zahlreichen Varianten zählen Satteldächer mit gleichen oder unterschiedlichen Dachneigungen bzw. Traufhöhen. Bei Neubauten mit Satteldach gilt das Dachgeschoss häufig als Ausbaureserve. Bei Satteldächern folgt in der Regel eine Angabe zur maximalen Dachneigung (z. B. max. 45°), zu einer zwingenden Neigung (z. B. 45°) oder zu einem zulässigen Neigungsbereich (z. B. 30° – 45°).

Das *Zeltdach (oder Turmdach)* ist eine relativ seltene Dachform, da es praktisch nur auf einem quadratischen oder annähernd quadratischen Grundriss errichtet werden kann. Bei dieser Dachform ist die Symmetrie nach allen Seiten das beherrschende Element: klare und bestimmende Formen und Linien, die in einem Firstpunkt enden. Steile Zeltdächer auf Tür-

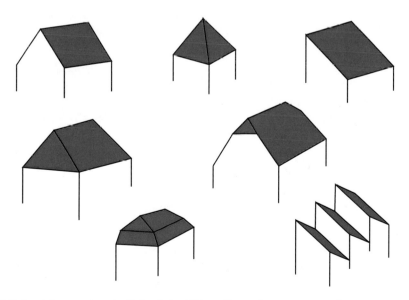

Abb. 12.7 Dachformen (Sattel-, Zelt-, Pult-, Walm-, Krüppelwalm- , Mansard-, und Sheddach)

men und Kirchtürmen wirken wie Fingerzeige und Orientierungspunkte in der Landschaft oder Stadtsilhouette.

Das *Pultdach,* ursprünglich die Einfachvariante für die Dachdeckung eines Nebengebäudes, einer Lagerhalle oder eines Produktionsbetriebes, hat sich seit den 1990er-Jahren in der designbetonten Wohngebäudearchitektur etabliert. Die Dachfläche von Pultdächern liegt meist zur Wetterseite hin, um das Haus vor Wind, Regen und Schnee abzuschirmen. Genau aus diesem Grund ragen Pultdächer häufig über die Hausgiebel hinaus. Pultdächer auf der Sonnenseite bieten viel Platz für Solaranlagen.

Das *Walmdach* gehört zu den ältesten Dächern und vermittelt einen Ureindruck der menschlichen Behausung. Es unterstreicht die Schutzfunktionen des Daches und gibt dem Haus ein repräsentatives Aussehen. Mit Gauben können die Akzente des Walmdaches unterstrichen werden.

Auch das *Krüppelwalmdach* hat eine lange historische Tradition. Es wurde dort eingesetzt, wo ein Steilgiebel an der exponiertesten Stelle, dem First, geschützt werden musste. Das Krüppelwalmdach bietet eine interessante, eigenständige Optik. Diese Dachform wird auch heute noch gern dort gewählt, wo Giebel vor rauer Witterung geschützt werden müssen.

Das *Mansarddach* wurde gewissermaßen aus der Not geboren, weil man quasi ein Vollgeschoss unter dieser Dachform ausbauen kann. Obwohl die Ursprungsbedingungen nicht mehr vorliegen, werden auch heute noch Mansarddächer gebaut. Sie sichern die größtmögliche Ausnutzung der Dachfläche. Durch diese Dachform werden die Schrägen wesentlich kürzer, die Abseiten als Stellfläche optimal nutzbar.

Das *Sheddach* ist ein aus mehreren parallel hintereinanderliegenden Pultdächern zusammengesetztes Dach, dessen Urform aus den frühkapitalistischen Zeiten Englands stammt. Der senkrechte Teil zeigt zur Nordseite und ist verglast. Das ermöglicht eine gute Ausleuchtung der Hallen mit Tageslicht ohne Blendeffekte durch hereinfallendes Sonnenlicht. Ein mit Sheddächern versehenes Gebäude wirkt von Ferne, als sei es mit überdimensionalen Sägezähnen bestückt. (A+K Verlag: Bauregion 2021).

12.3.2.3 Bauweisen

Es wird zwischen einer offenen und einer geschlossenen *Bauweise* unterschieden. Bei der *offenen Bauweise* werden die regulären Abstandsflächen zwischen den Gebäuden wie Einzelhäusern, Doppelhäusern oder Reihenhäusern eingehalten. Die Reihenhausreihe darf nicht länger als 50 m sein. Bei der *geschlossenen Bauweise* werden die Gebäude an die Nachbargebäude angebaut. Im Bebauungsplan kann auch ein einseitiger Anbau festsetzt werden. Das Planzeichen für die offene Bauweise ist ein kleines **o** und für die geschlossene ein kleines **g.**

12.3.2.4 Baulinie und Baugrenze

Die *Baulinie* wird rot oder mit dem Liniensymbol Strich-Punkt-Punkt dargestellt. An der Baulinie muss gebaut werden. Sie legt eine Gebäudeflucht fest. Gebäudeteile dürfen an der Baulinie nur geringfügig vor- oder zurückspringen.

Baugrenzen werden blau oder mit dem Liniensymbol Strich-Strich-Punkt dargestellt. Gebäudeteile dürfen die Baugrenzen nicht überschreiten. Baugrenzen umschließen den Bereich des Grundstückes, in dem gebaut werden darf. Das Gebäude muss nicht an die Baugrenze gebaut werden.

12.3.3 Bauantrag

Die Zulässigkeit von Bauvorhaben wird vor Baubeginn durch die zuständigen Behörden geprüft. Sind aber die Voraussetzungen nach §§30, 34 und 35 BauGB erfüllt, hat der Eigentümer/die Eigentümerin Anspruch auf die Erteilung einer Baugenehmigung; wenn die bauordnungsrechtliche Voraussetzungen ebenfalls erfüllt sind, ist sein Vorhaben zulässig.

Ausschnitt aus dem BauGB

- §30 Bebauungsplangebiet
- §34 unbeplanter Innenbereich
- §35 Außenbereich

Im Geltungsbereich eines qualifizierten Bebauungsplanes sind die Mindestfestsetzungen:

- die Art und das Maß der baulichen Nutzung
- die überbaubaren Grundstücksflächen
- die örtlichen Verkehrsflächen

Es besteht ein Anspruch auf Baugenehmigung, wenn das Vorhaben den Festsetzungen des Bebauungsplanes nicht widerspricht und die Erschließung gesichert ist.
Eine *gesicherte Erschließung* nach §30 BauGB gilt bei folgenden Mindestanforderungen:

- Anschluss an das öffentliche Straßennetz
- Versorgung mit Elektrizität und Wasser
- Abwasserbeseitigung ist gewährleistet

Gesichert heißt, dass spätestens bis zur Fertigstellung der baulichen Anlage die Erschließungsanlage benutzbar sein muss.
Der Bebauungsplan gibt nur den Rahmen vor, wie das Grundstück zu bebauen ist. Das konkrete Bauvorhaben muss als *Bauantrag* der zuständigen Behörde, dem Bauamt, zur Genehmigung vorgelegt werden. Diese prüft, ob die Bebauungsvorschriften eingehalten werden, ob die Nachbarschaftsrechte nicht verletzt werden, ob sich das Gebäude in das Ortsbild einfügt, ob die Sicherheit des Gebäudes gewährleistet wird und ob der Anschluss

an Wasser, Strom und Straße gesichert ist. Es sind nicht nur Neubauten, sondern auch Änderungen und Abbrüche genehmigungspflichtig.

(Batran B et al. 2012, S. 38–43).

12.4 Lernaufwand und -angebot

Im Rahmenlehrplan ist das Lernfeld 12 (drittes Lehrjahr) mit circa 80 Unterrichtsstunden angegeben. Für das selbstständige Arbeiten an einem Kundenauftrag und die Vorbereitung auf das spätere Berufsleben ist es von entscheidender Bedeutung. Die Projektmethode zielt darauf ab, lernfeldübergreifend zu arbeiten.

Lies dir die nachfolgenden Fragen und Aufgaben durch und versuche, Antworten zu finden:

Beschreibe je drei Vorzüge und Risiken von Projektarbeiten.

Nenne wichtige Merkmale der Projektmethode.

Erläutere die einzelnen Phasen während des Projektablaufs.

Erkläre den Begriff berufliche Handlungskompetenz in Verbindung mit Projektunterricht.

Nenne die verschiedenen Planungsebenen der räumlichen Planung in Deutschland.

Erläutere die Unterschiede zwischen Flächennutzungsplan und Bebauungsplan.

Erkläre, wie sich GRZ, GFZ und BMZ berechnen.

Literatur

Angermeier G Dr Pflichtenheft. In: Projektmagazin. https://www.projektmagazin.de/glossarterm/pflichtenheft#abbildung-pflichtenheft. Zugegriffen: 16. Nov. 2021

A+K Verlag: Bauregion 2007/2008. https://www.yumpu.com/de/document/read/4143258/region-breisgau-hochschwarzwald-freiburg-2007-2008-bauregion. Zugegriffen: 16. Nov. 2021

Baugesetzbuch in der Fassung der Bekanntmachung vom 3. November 2017 (BGBl. I S. 3634) das zuletzt durch Artikel 2 des Gesetzes vom 20. Juli 2022 (BGBl. I S. 1353) geändert worden ist

Batran B, et al (2012) Bauzeichnen – Architektur Ingenieurbau Tief- Straßen- und Landschaftsbau. Holland + Josenhans, Stuttgart

Bundeszentrale für politische Bildung: Das Lexikon der Wirtschaft. https://www.bpb.de/nachschlagen/lexika/lexikon-der-wirtschaft/18616/angebot. Zugegriffen: 16. Nov. 2021

Bundeszentrale für politische Bildung: Das Lexikon der Wirtschaft. https://www.bpb.de/nachschlagen/lexika/lexikon-der-wirtschaft/19921/kalkulation. Zugegriffen: 16. Nov. 2021

Bundeszentrale für politische Bildung: Das Lexikon der Wirtschaft. https://www.bpb.de/nachschlagen/lexika/lexikon-der-wirtschaft/20068/marketing. Zugegriffen: 16. Nov. 2021

Bundeszentrale für politische Bildung: Das Lexikon der Wirtschaft. https://www.bpb.de/nachschlagen/lexika/lexikon-der-wirtschaft/20989/verkaufsfoerderung. Zugegriffen: 16. Nov. 2021

Frey K (2010) Die Projektmethode: Der Weg zum bildenden Tun. Beltz, Weinheim

Landeshauptstadt Potsdam. https://www.potsdam.de/flaechennutzungsplan/page/0/1. https://www.potsdam.de/bebauungsplan-4-eigenheimsiedlung-steinstrasse. Zugegriffen: 22. Aug. 2022

Rüsch R (2017) Ein Projekt durchführen (Vortrag an der BBS Technik Koblenz)

Voßbein R (1998) Management der Bürokommunikation. Vieweg Friedr. + Sohn, Wiesbaden

Winkelhofer G (2005) Management- und Projekt-Methoden – Ein Leitfaden für IT Organisation und Unternehmensentwicklung. Kapitel 2 Projektphasen und Arbeitsschritte. Kapitel 3 Methoden der Projektplanung. Springer, Berlin

Michael Franz hat nach seiner Ausbildung als Geomatiker 2019 die Laufbahn für das zweite Einstiegsamt im vermessungs- und geoinformatischen Dienst absolviert und arbeitet seit 2020 am Vermessungs- und Katasteramt Westeifel-Mosel. Zuvor hat er das erste Staatsexamen für Gymnasiallehramt in Mathematik und Latein abgelegt und als Nachhilfelehrer und Schulintegrationshelfer gearbeitet.

Stichwortverzeichnis

Printed in the United States
by Baker & Taylor Publisher Services